茶艺学

CHA YI XUE

张凌云 主编

中国林业出版社

主　编　张凌云

编　者　(以姓氏拼音为序)
　　　　曹顺爱　陈文品　李金燕　吴　颖
　　　　张凌云　张　楠　张婉婷　张燕忠

图书在版编目（CIP）数据

茶艺学 / 张凌云主编． — 北京： 中国林业出版社，
2011.6
ISBN 978-7-5038-6186-4

Ⅰ．①茶… Ⅱ．①张… Ⅲ．①茶－文化
Ⅳ．① TS971

中国版本图书馆CIP数据核字（2011）第 093175 号

出版　中国林业出版社（100009　北京市西城区德内大街刘海胡同7号）
电话　(010) 83223051
印刷　北京顺诚彩色印刷有限公司
发行　新华书店北京发行所
版次　2011年9月第1版
印次　2011年9月第1次
开本　787mm×1092mm　1/16
印张　15
定价　38.00元

前　言

近年来，我国茶文化活动空前兴盛，带动了我国茶艺行业的发展。为适应茶艺人才培养需要，许多高校纷纷将茶艺文化作为专业必修课或选修课，本教材正是为了适应当前我国茶艺行业的大力发展和农林高校及具有茶文化、茶艺、旅游管理方向的教学需要而编写的。本教材编写上努力突出茶艺学内容，力争与已有的茶文化教材区分开来，在内容上特别强调了学习茶艺应该掌握的基础知识、国内外茶艺发展历史、茶艺表演礼仪、茶艺美学、茶艺表演中的环境布置、茶艺表演的创作与评鉴、国内外茶艺表演及解说词欣赏等，并对不同茶类茶艺表演流程及解说词设计进行了点评，尤其是在文中增加了扩展阅读部分，这些内容都是学习茶艺者、茶艺教学过程中学生最希望了解的东西，也是目前其他茶艺、茶文化教材所缺少的内容。因此，本书既可作为茶艺从业者茶艺创编、茶艺设计的指导性教材，还可作为高校茶艺方向专业课或选修课的教材，也可作为茶艺培训机构的参考教材，也是茶艺爱好者学习茶艺技能的重要读物。

本书在编写过程中，借鉴和参考了大量专家的相关专著和文献，在此一并向他们表示衷心感谢！由于时间所限，对于文中出现但并未在参考文献中列出的引文，向作者表示歉意！

鉴于编者的学识水平及表达能力所限，书中不妥或疏漏之处还望同行或广大读者不吝赐教。

编者
2011 年 5 月

目 录 CONTENTS

前 言

第一章 绪 论
第一节 茶艺与茶艺学概念 ……………………………………………… 1
一、茶艺的概念 …………………………………………………… 1
二、茶艺学概念与研究内容 ……………………………………… 4
第二节 茶艺学的学科体系 ……………………………………………… 7
一、茶艺的学科体系 ……………………………………………… 7
二、茶艺学与相关学科的关系 …………………………………… 8
第三节 茶艺学的研究目的与方法 …………………………………… 11
一、茶艺学的研究目的与方法 ………………………………… 11
二、茶艺学的教学方法 ………………………………………… 11

第二章 茶艺基本知识
第一节 茶文化的起源和发展 ………………………………………… 13
一、茶树的起源和原产地 ……………………………………… 13
二、茶的发现与最初利用 ……………………………………… 13
三、茶文化兴起与国内外传播 ………………………………… 15
第二节 茶的分类与加工 ……………………………………………… 20
一、我国茶区分布 ……………………………………………… 20
二、我国茶叶分类与各类茶叶加工 …………………………… 21
第三节 茶叶品质评定的方法 ………………………………………… 30
一、茶叶品质形成原理 ………………………………………… 30
二、茶叶品质评定的方法 ……………………………………… 34
第四节 饮茶与健康 …………………………………………………… 37
一、茶的营养价值 ……………………………………………… 37
二、茶的药用价值 ……………………………………………… 38
三、如何科学饮茶 ……………………………………………… 41

第三章 国内外茶艺发展简史
第一节 茶艺的起源 …………………………………………………… 44
一、关于茶艺起源的原因 ……………………………………… 44
二、茶艺起源于何时何地 ……………………………………… 44
三、茶艺发展的流派 …………………………………………… 45

第二节　中国茶艺发展简史…………………………………………… 46
　　　　一、饮茶文化的发展与中国茶艺的萌芽………………………… 46
　　　　二、中国茶艺的最初成形与煎茶法的发展……………………… 47
　　　　三、宋元时期中国茶艺的提升与中落…………………………… 51
　　　　四、茶类多样化发展时期的明清茶艺…………………………… 55
　　　　五、中国现代茶艺发展…………………………………………… 61
　　第三节　日本茶艺发展过程…………………………………………… 62
　　　　一、日本茶艺的起源与发展……………………………………… 62
　　　　二、日本茶道的社会教育功能…………………………………… 64
　　　　三、日本茶道的社会影响………………………………………… 66
　　第四节　韩国茶艺起源与发展………………………………………… 67
　　　　一、韩国茶艺的起源……………………………………………… 67
　　　　二、韩国茶文化的发展与兴盛阶段……………………………… 68
　　　　三、朝鲜时期的茶艺文化………………………………………… 69
　　　　四、韩国现代茶艺发展阶段……………………………………… 71
　　第五节　英国茶文化起源与发展……………………………………… 72
　　　　一、英国茶文化的起始与发展…………………………………… 72
　　　　二、英国茶文化的主要内容……………………………………… 73
　　　　三、英国茶文化对生活方式的影响……………………………… 75

第四章　茶艺礼仪和规范…………………………………………………… 78
　　第一节　茶艺礼仪……………………………………………………… 78
　　　　一、礼仪的重要性………………………………………………… 78
　　　　二、茶艺中的礼仪………………………………………………… 79
　　　　三、茶艺和茶艺表演中的各种礼仪……………………………… 84
　　　　四、礼仪禁忌，要学会尊重……………………………………… 86
　　第二节　茶艺表演的基本理论………………………………………… 87
　　　　一、茶艺表演概述………………………………………………… 87
　　　　二、基本理论……………………………………………………… 88
　　第三节　茶艺表演的基本原则………………………………………… 92
　　　　一、茶艺表演各要素的选择……………………………………… 92
　　　　二、茶艺表演动作要求…………………………………………… 94
　　　　三、茶艺表演心理………………………………………………… 94

第五章　茶艺的美学………………………………………………………… 96
　　第一节　茶艺的美学范畴与特征……………………………………… 96
　　　　一、茶艺美学的概念……………………………………………… 96
　　　　二、茶艺美学的范畴……………………………………………… 96

　　　　　三、茶艺美学的特征……………………………………… 97
　　第二节　茶艺表演的人体美学……………………………………… 101
　　　　　一、仪表美…………………………………………… 101
　　　　　二、风度美…………………………………………… 103
　　　　　三、语言美…………………………………………… 104
　　　　　四、心灵美…………………………………………… 105
　　第三节　茶艺表演的环境美学……………………………………… 106
　　　　　一、茶艺环境与茶艺表现…………………………… 106
　　　　　二、传统茶艺与茶艺背景选择……………………… 107
　　　　　三、现代茶艺的背景设置…………………………… 109

第六章　茶艺表演用具 …………………………………………… 111
　　第一节　茶具的种类及工艺特点…………………………………… 111
　　　　　一、陶质茶具………………………………………… 111
　　　　　二、瓷质茶具………………………………………… 111
　　　　　三、玻璃茶具………………………………………… 112
　　　　　四、竹木茶具………………………………………… 113
　　　　　五、金属茶具………………………………………… 113
　　　　　六、漆器茶具………………………………………… 114
　　　　　七、其他茶具………………………………………… 114
　　第二节　茶具器形鉴赏……………………………………………… 115
　　　　　一、主茶具…………………………………………… 115
　　　　　二、辅助泡茶用具…………………………………… 117
　　第三节　紫砂茶具赏析……………………………………………… 118
　　　　　一、紫砂茶器的起源………………………………… 118
　　　　　二、紫砂壶的材质特性……………………………… 120
　　　　　三、紫砂壶鉴赏与评价……………………………… 122
　　第四节　茶具的选配和使用………………………………………… 125
　　　　　一、休闲型茶艺茶具的选择原则…………………… 125
　　　　　二、表演型茶艺对茶具的要求……………………… 128

第七章　茶艺表演中的环境布置 ………………………………… 129
　　第一节　茶艺表演的室内设置……………………………………… 129
　　　　　一、茶艺馆表演环境的美学基础…………………… 129
　　　　　二、茶艺表演中的茶席设计………………………… 130
　　第二节　茶艺音乐…………………………………………………… 134
　　　　　一、茶艺表演背景音乐的设置……………………… 134
　　　　　二、茶艺表演中的背景音乐类别…………………… 135

  第三节 花艺在茶艺中的应用 …………………………………………… 136
    一、花艺的作用 ……………………………………………………… 136
    二、插花艺术与茶艺环境设置 ……………………………………… 137
    三、茶室中盆景的运用 ……………………………………………… 138

第八章 我国各类茶艺赏析 …………………………………………………… 139
  第一节 绿茶茶艺 …………………………………………………………… 139
    一、绿茶杯泡茶艺 …………………………………………………… 139
    二、绿茶壶泡茶艺 …………………………………………………… 141
    三、绿茶茶艺表演解说词欣赏 ……………………………………… 142
  第二节 红茶茶艺 …………………………………………………………… 143
    一、红茶清饮壶泡法茶艺 …………………………………………… 144
    二、冰红茶茶艺 ……………………………………………………… 145
    三、红茶茶艺表演解说词欣赏 ……………………………………… 146
  第三节 乌龙茶茶艺 ………………………………………………………… 147
    一、潮汕工夫盖碗茶茶艺 …………………………………………… 147
    二、乌龙茶壶杯泡茶法 ……………………………………………… 149
    三、武夷山工夫茶茶艺表演解说词欣赏 …………………………… 151
  第四节 白茶茶艺 …………………………………………………………… 154
    一、茶具配置 ………………………………………………………… 154
    二、白茶茶艺程式 …………………………………………………… 155
    三、白茶茶艺表演解说词欣赏 ……………………………………… 156
  第五节 黄茶茶艺 …………………………………………………………… 157
    一、茶具配置 ………………………………………………………… 157
    二、黄茶茶艺程式 …………………………………………………… 157
    三、君山银针茶艺表演解说词欣赏 ………………………………… 158
  第六节 黑茶茶艺 …………………………………………………………… 160
    一、黑茶的特色与茶艺 ……………………………………………… 160
    二、普洱茶茶艺程式 ………………………………………………… 161
    三、普洱茶茶艺表演解说词欣赏 …………………………………… 162
  第七节 白族三道茶茶艺 ………………………………………………………… 163
    一、白族三道茶茶俗介绍 …………………………………………… 163
    二、白族三道茶表演所用器具及程式 ……………………………… 164
    三、白族三道茶表演解说词欣赏 …………………………………… 165

第九章 韩国与日本茶艺赏析 ………………………………………………… 167
  第一节 韩国茶礼赏析 ………………………………………………………… 167
    一、韩国茶礼分类 …………………………………………………… 167

　　　　二、韩国茶具 ··· 168
　　　　三、韩国茶艺礼节 ·· 169
　　　　四、韩国茶礼赏析 ·· 171
　　第二节　日本茶道赏析 ·· 174
　　　　一、日本茶道流派 ·· 174
　　　　二、日本茶室布置及茶具 ··· 175
　　　　三、日本茶道礼节 ·· 178
　　　　四、日本茶事赏析 ·· 179

第十章　茶艺创作与评鉴 ·· 183
　　第一节　茶艺表演的创作 ··· 183
　　　　一、茶艺表演的艺术表现要求 ·· 183
　　　　二、茶艺程序编排 ·· 183
　　　　三、解说词编写的一般要求 ··· 186
　　　　四、茶艺表演材料的准备 ·· 188
　　　　五、茶艺表演的训练 ··· 189
　　第二节　茶艺评价与鉴赏 ··· 191
　　　　一、茶艺表演的评判准则 ·· 191
　　　　二、茶艺表演评价内容 ··· 192

第十一章　茶艺与茶文化活动 ··· 199
　　第一节　古代茶文化活动 ··· 199
　　　　一、唐代茶会与茶宴 ··· 199
　　　　二、宋代的点茶与斗茶 ··· 203
　　第二节　现代茶文化活动形式 ··· 209
　　　　一、现代斗茶 ·· 209
　　　　二、现代茶文化活动 ··· 209
　　　　三、无我茶会 ·· 210
　　　　四、开茶节 ··· 212
　　第三节　茶艺活动对社会政治经济的影响 ·· 212
　　　　一、茶文化的兴盛对古代社会政治经济的影响 ··························· 212
　　　　二、茶文化活动对当代社会政治经济的影响 ······························ 213

附录一　茶艺师国家职业标准 ··· 217

附录二　茶艺表演常用专业术语 ··· 222

参考文献 ·· 227

第一章 绪 论

中国是茶的故乡,也是最早发现和利用茶的国家。根据《华阳国志·巴志》"园有芳蒻香茗"记载,我国人工栽培利用茶树已有3000多年历史。在这悠久的历史发展进程中,茶已成为我国各族人民日常生活的一部分。在茶的发现和利用过程中,茶文化逐渐成为我国传统文化艺术的载体。茶自从被人们当做饮料,人们利用其物质功能,用以清神益智、助消化,除此之外,更上升至精神境界,也就是人们在饮茶过程中讲究精神享受,对饮茶之水、器具、环境、程序等都有较高的要求,同时,在各种茶事活动中以茶行道,以茶雅志,以茶修身,以茶会友,沟通彼此的情感。在品茶过程中,儒家以茶激发文思,道家以茶的自然属性来修身养性,佛家以茶喻禅,最终将茶的物质、规程和精神思想相联系,使简单的饮茶过程上升至茶艺层面。

第一节 茶艺与茶艺学概念

一、茶艺的概念

(一)茶艺的含义

虽然茶艺出现于中国古代,并逐步形成完整体系,但"茶艺"一词最早于20世纪70年代在台湾出现。据文献介绍,1977年中国民俗学会理事长娄子匡教授等茶叶爱好者,倡议弘扬茶文化和品饮国饮——茶叶,提出了"茶艺"一词,用以表述茶叶泡饮过程及程序,以区别于日本的"茶道"。原因之一是,日本茶道,虽然起源于中国,但已被日本人传承,如果援用茶道,会引起误会,被以为是把日本"茶道"搬回中国;原因之二,认为"茶道"一词过于严肃,国人对"道"字特别敬重,有高高在上之感,一时难以被民众普遍接受。

关于"茶艺"一词的定义不同学者还持有不同观点。概括起来,可以分为广义的"茶艺"定义和狭义的"茶艺"定义。台湾中华茶艺协会范增平先生认为,广义的茶艺是"研究茶叶的生产、制造、经营、饮用的方法和探讨茶叶原理、原则,以达到物质和精神全面满足的学问"。广东潮州韩山师范学院的陈香白老师认为,"茶艺,就是人类种茶、制茶、用茶的方法与程式"。随着时代之迁移,其内涵也以"茶"为中心,向外延展而成"茶艺文化"系列:①茶诗、茶词、茶曲、茶赋、茶铭、茶联;②茶小说、茶散文、茶随笔;③茶书画、茶道具、茶雕塑、茶包装、茶广告;④茶乐、茶歌、茶舞;⑤茶录像、茶文化网络;⑥茶戏剧、茶影视;⑦茶室、茶座;⑧茶馆与茶馆学;⑨茶艺教育;⑩茶艺学与茶艺美学;⑪茶艺演示,包括了种茶演示、制茶演示、品饮演示三大主要门类。王玲认为,"茶艺是指制茶、烹茶、品茶等的艺茶之术"。丁文也认为："茶艺指制茶、烹茶、饮茶的技术，技术达到炉火纯青便成一门艺术"。

关于狭义的"茶艺"，范增平定义为"研究如何泡好一壶茶的技艺和如何享受一杯茶的艺术"；丁以寿认为，"所谓茶艺，是指备器、造水、取火、候汤、习茶的一套技艺"；蔡荣章认为："茶艺是指饮茶的艺术而言"。而余悦在他的《茶韵》一书提出了"茶艺"含义的几个观点：一是茶艺的范围应界定在泡茶和饮茶的范畴，种茶、卖茶和其他方面的用茶都不包括在此行列之内。二是指茶艺（包括泡茶和饮茶）的技巧。所讲泡茶的技巧，实际上是包括茶叶的识别、茶具的选择、泡茶用水的选择等。而饮茶的技巧则是对茶汤的品尝、鉴赏，对它色、香、形、韵的体味。只有掌握了泡茶和饮茶的技巧，才可能真正地、更深入地体会到茶艺。三是指茶艺包括泡茶、饮茶的艺术，茶艺属于生活美学、休闲美学的领域，茶艺包括环境的美、水质的美、茶叶的美、茶器的美、艺术的美、泡茶者的艺术之美，包括泡茶之仪表美和心灵美的统一，容貌、知识、风度和内心精神思想的统一。这样的茶艺才达到了艺术的准则，艺术的要求。

综上所述，广义的"茶艺"指茶叶生产、经营和品饮全过程涉及的技艺，也有将之称为"艺茶"。这一界定，其范畴几乎与"茶学"同等，即"研究茶的科学和技术"。狭义的茶艺则指"泡茶和饮茶技艺及其相关的艺术表现"。一般认为，"茶学"是研究茶叶生产、茶叶贸易、茶的功能与利用以及茶的品饮、消费的综合性学科，茶文化和茶艺是茶学领域的一部分。"茶艺"一词的出现，是用以区别日本"茶道"的，而日本"茶道"并不涵盖种茶、制茶和茶的贸易范畴。而且，将"茶艺"等同于"茶学"，容易引起人们对"茶学"的误解，不利于"茶学"学科的发展。

 如何正确理解茶艺的内容？

（1）简单地说，茶艺是"茶"和"艺"的有机结合，是泡茶和饮茶的技巧的体现。茶艺是茶人把人们日常饮茶的习惯，通过艺术加工，向饮茶者和宾客展现茶的品饮过程中选茶、备具、冲泡、品饮、鉴赏等的技巧，并把日常的泡茶饮茶技巧引向艺术化，提升品饮的境界，赋予茶以更强的灵性和美感。

（2）茶艺是一种泡茶、品茶艺术，更是一种生活艺术。茶艺内容丰富多彩，包括了生活的诸多方面，如茶艺内容包括生活美学与休闲美学、实用美学等艺术，在泡茶过程中讲究环境之美、茶叶之美、器具之美、用水之美、流程动态之美等内容，品茶过程讲究举止文雅得体，仪表、心灵、容貌、风度、精神等也要体现美感等，故茶艺的过程充满了生活情趣，对于丰富我们的生活，提高生活品位，是一种积极的方式。

（3）茶艺是一种文化。茶艺在融合中华民族优秀文化的基础上又广泛吸收和借鉴了其他艺术形式，并扩展到文学、艺术等领域，形成了具有浓厚民族特色的中华茶文化。

（4）茶艺是一种具有思想和精神的茶事活动艺术。所谓具有思想和精神，是指茶艺过程中所贯彻的思想和精神，如在茶艺表演过程中，要尊重自然规律，崇尚纯朴的审美情趣，在程序上，要顺应茶理，合乎泡茶原理，灵活掌握泡茶环节，而在品茶过程中，进入内心的修养过程，感悟酸甜苦辣的人生，使心灵得到净化。

（5）要展现茶艺的魅力，还需要借助于人物、道具、舞台、灯光、音响、字画、花草等的密切配合及合理编排，给饮茶人以高尚、美好的享受，给表演带来活力。

（二）茶艺的分类

"茶艺"，顾名思义，茶应该是主体。不同茶类，由于茶树品种和加工方法不同而具有不同特性，因而要求不同的烹茶器具和烹茶方法。中国虽然茶类众多，但都可分别归入六大茶类之一。在某一茶类中，如绿茶类，除了炒青、烘青和蒸青以外，各地还有众多的名优茶，不同绿茶名优茶在泡饮上会有不同的方式，但基本要求是一致的，无论以何种泡饮法，都是为了更好地以保持"清汤绿叶"为出发点，即基本原理是一致的。因此，所谓"艺"应该是以"茶"为中心而制定的。不同地区、不同民族对于饮茶都有一定的茶类要求，如广东、福建和台湾普遍饮用乌龙茶，江南一带多饮绿茶，华北地区则偏向于饮用茉莉花茶；蒙古族和藏族人民喜爱黑茶类。按茶类划分茶艺种类，既体现饮茶技艺，也在一定程度上反映了民族和地区特点。所以，按茶类对茶艺分类，比较科学，容易为大多数人所接受。因此，可以将现有茶艺分为绿茶茶艺、红茶茶艺、乌龙茶、黑茶茶艺、白茶茶艺、黄茶茶艺6种。

由于不同茶类对烹茶用具和烹茶技艺有相似性，所以，也可将茶类、用具和烹茶技术三者综合起来，将茶艺分为煎茶茶艺、点茶茶艺、泡茶茶艺和煮茶茶艺4大类。其中，泡茶茶艺因用具和技艺不同，又分为工夫茶艺、壶泡茶艺、盖杯泡茶艺、玻璃杯泡茶艺、工夫法茶艺和民族茶艺6种，工夫茶艺又细分为武夷工夫茶艺（即青茶小壶单杯泡法）、武夷变式工夫茶艺（用盖杯替代茶壶的单杯泡法）、台湾工夫茶艺（小壶双杯泡法）和台湾变式工夫茶艺（用盖杯替代茶壶的双杯泡法）。壶泡茶艺又细分为绿茶壶泡茶艺、红茶壶泡茶艺。盖杯泡茶艺又细分为绿茶盖杯泡茶艺、红茶盖杯泡茶艺、花茶盖杯泡茶艺。玻璃杯泡茶艺可细分为绿茶玻璃杯泡茶艺和黄茶玻璃杯泡茶艺。工夫法茶艺又细分为绿茶工夫法茶艺、红茶工夫法茶艺和花茶工夫法茶艺。

也有学者从生活方式上划分的，据此可分为宫廷茶艺、民俗茶艺、文士茶艺、宗教茶艺4大类别。

另外，如果按茶艺在社会活动中不同的功能来划分，可以分为休闲型茶艺和表演型茶艺。表演型茶艺主要是对历史上、生活中的茶俗、茶礼、茶艺或茶道的挖掘、收集、整理、提炼，融进现代科技思想，使其具有一定的观赏性。表演型茶艺是一个或几个茶艺表演者在舞台上演示茶艺技巧，众多的观众在台下欣赏。这种表演适用于大型聚会，在推广茶文化，普及和提高泡茶技艺等方面都有良好的作用，具有很高的学习性。休闲型茶艺主要通过茶艺活动过程，调节精神状态，传递友情。一般是由一个主人与几位嘉宾围桌而坐，一同赏茶、鉴水、闻香、品茗。在场的每一个人都是茶事活动的直接参与者，而非旁观者，每一个人都参加了茶艺美的创作。

（三）茶艺的特性

茶艺包含作为载体的茶和使用茶的人因茶而有的各种观念形态两个方面，它就必然具有其物质属性和精神属性两个方面的形式与内涵。也就是说，茶艺是围绕茶及利用它的人所产生的一系列物质的、精神的、形式的、内容的现象，均属于茶艺的范畴，而作为一种文化现象，它具有以下3个特性：

1. 茶艺是物质和精神的统一

茶艺就其含义来说，是包括茶叶品评技法和操作手段的鉴赏以及品茗环境的领略等，茶艺过程体现着物质和精神的相互统一。就物质层面来说，茶艺包括：茶的选择、鉴泉评水、泡茶技术、茶具搭配、环境的选择与创造等一系列内容。就精神层面来说，包括茶艺过程所包含的思想精神、品茗过程的感受等，甚至广义的精神层面还包括了茶叶学、表演学、美学、文化学、茶艺馆的经营管理学等与茶艺文化相关的科学。如品茶讲究人品、讲究环境的协调，文人雅士讲求清幽静雅，达官贵族追求豪华高贵等。一般传统的品茶，环境要求多是清风、明月、松吟、竹韵、梅开等种种妙趣和意境，其过程无不体现艺是物质和精神的完美结合。

2. 茶艺常与艺术文化紧密结合

有人也把这一特性称之为饮茶行为的艺术性。茶艺通过审美创造再现饮茶活动的现实，表达其中的思想精神，是人们现实的饮茶活动与精神世界相结合的形象反映。茶艺的艺术性是有别于其他艺术的，茶艺的美是实质与形式统一的美，在展示形式的同时也实现了实质美的意义，茶艺以最直接的表现，给人们以最直接的感动。茶艺中体现的艺术性还包括舞台艺术，更强调审美创造的过程和结果，强调其他艺术元素在茶艺行为中的结合和运用，用茶艺的过程来展示美。在与艺术相通的交流中，融合为美的结晶，艺术丰富了茶艺，茶艺推广了艺术，比如书法、绘画、文学作品、戏曲、舞蹈、音乐等艺术形式与茶艺的结合，不仅使得茶艺具有更好的文化载体，也使上述艺术具有更多的文化特色。

3. 茶艺与生活文化密不可分

茶艺不仅仅是舞台艺术，还是生活艺术，是运用茶艺的行为，在生活中来创造美、表现美，在生活中来感动美、体会美，用茶艺之美来还原生活；茶艺来源于生活，故茶艺文化始终离不开生活文化。由于生活文化带有社会性，才使得饮茶不仅在社会文化走向中立，还通过对饮茶从形式到内容的精炼，使饮茶升华成为标志中国文化发展高度的代表性生活方式。生活文化具有民族性，不同民族不仅具有不同的生活方式，而且形成了不同民族茶俗。因此，中国茶艺不仅与最实际的生活相融合，也在其中表达最淋漓的快乐，自然也出现了茶艺娱乐的产业与活动。

二、茶艺学概念与研究内容

（一）茶艺学的定义

所谓茶艺学，是人们对茶艺理论化、茶艺系统化的观念体系，是研究茶艺的科学。它包含了茶文化与茶艺的历史和文化特征，综合地研究茶艺，强调茶的文化艺术、品位和思想精神的概念。其研究范围包括茶艺与现实的关系、茶艺本性、茶艺思维、茶艺语言、茶艺审美心理、茶艺审美特性和审美规律以及茶艺与其他门类艺术的关系等。

茶艺学的具体内容包含了茶艺技术、茶艺礼法和茶艺思想三个部分，其中，茶艺技术是指茶艺的技巧和工艺；茶艺礼法，是指茶艺演示过程中的礼仪和规范；茶艺思想是指茶艺表演或操作过程中所包含的思想精神。所以，技艺和礼法是属于形式部分，思想是属于精神部分。总之，茶艺学是一门新的学科，它包含有茶文化知识、茶艺技巧与艺术、茶艺思想等部分，是一门综合的学科。

本书以科学的角度和历史的眼光，详实地介绍茶艺的起源与发展，茶的加工与分类，茶的品质评品的方法，茶艺表演礼仪及茶艺表演欣赏与评价等内容，旨在为高等学校广大学生学习茶艺，了解我国的优秀传统文化，提高大学生文化素养，进而为推动我国茶文化事业的发展以及进行国内外交流奠定基础。

（二）茶艺学研究的内容

茶艺学，与茶文化学不同，它不仅包括了茶叶的基本知识，还有茶艺的技巧，茶艺表演过程中的礼仪和规范，以及茶艺表演过程中所体现的思想精神。茶艺就形式而言包括：选茗、择水、烹茶技术、茶具鉴赏、环境的选择与创造等一系列内容。品茶，首先要选择茶具功能，要做到以茶配具。另外，品茶还要讲究环境的协调、以茶配境、以茶配具、以茶配水、以茶配艺，要把所有的内容都融会贯通地运用。因此，茶艺学就是要不断研究与茶艺表演和艺术相关的文化知识，将相应的成果应用于茶艺表演与茶艺创新，具体地说主要包括以下几个方面：

1．茶叶的基本知识

学习茶艺，首先要了解和掌握茶叶的分类、主要名茶的品质特点、制作工艺，以及茶叶的鉴别、储藏、选购等内容。这是学习茶艺的基础，也是茶艺研究的最基本内容。通过对上述内容的研究，才能理解不同茶叶的品质特性，为茶艺表演环境的设置、茶具的选配、操作流程的选择提供依据。

2．茶艺的技术

是指茶艺的技巧和工艺。包括茶艺表演的程序、动作要领、讲解的内容，茶叶色、香、味、形的欣赏，茶具的欣赏与收藏等内容。这是茶艺的重要部分之一。研究茶艺的技术，主要是针对不同的茶类，研究如何设置适宜的表演技艺与程序，以及对表演程序的正确解说，最终使泡出的茶能够满足消费者的需要，并能够将表演过程进行合情合理的解说。

3．茶艺的礼仪与规范

茶艺的礼仪是指茶艺展示过程中的礼貌和礼节。包括服务过程中的仪容仪表、迎来送往、互相交流与彼此沟通的要求与技巧等内容。茶艺的规范可以理解为：茶艺要真正体现出茶人之间平等互敬的精神，因此对宾客都有规范的要求。作为客人，要以茶人的精神与品质去要求自己，投入地去品赏茶。作为服务者，也要符合待客之道，尤其是茶艺馆，其服务规范是决定服务质量和服务水平的一个重要因素。

4．茶艺思想精神

茶艺思想是指茶艺过程中所包含的思想精神。其思想内涵是属于茶艺的精神内容部分，茶艺思想是茶艺的精华与核心。有学者提出，茶艺精神是茶文化的核心与灵魂，我们应该在茶艺精神指引下从事茶艺文化活动。有学者提出，茶道是一种通过饮茶的方式，对人们进行礼法教育，提高道德修养的一种仪式。对于茶艺思想精神，主要通过研究茶艺演变过程中，茶艺文化的形成与中国传统文化的关系，挖掘茶艺文化思想精华，并将研究成果运用于在校学生的道德教育或素质教育过程。

（三）茶艺学研究的意义

茶艺学的研究与茶艺操作者的追求目标紧密相关，在茶艺表演过程中不仅讲究品茗环境、美感与气氛，还需要有一定的程序和规范。从事茶艺学的研究，就是为了弘扬传统文化，通过研究茶艺美学，以美化生活；通过挖掘茶艺精神，促进礼法教育。在茶艺发展历史上，由于茶艺的普及，糅合了多种文化内涵，茶与达官贵人、僧侣雅士、文人墨客，甚至社会各阶层紧密结合，使得饮茶生活的茶艺具有文化内涵，对于人类社会产生很深远的影响。因此，通过对茶艺学的研究，目的是让全社会的茶叶爱好者更好地了解茶艺文化，通过弘扬茶艺文化来更好地为我国茶文化与茶产业的发展服务。

1. 弘扬传统文化

传统茶文化对中国文化传承的意义主要表现在：一方面，它本身即是中国文化的重要载体；另一方面，它又可以为中国文化的顺利传承提供一种有效途径和模式。茶文化根植于华夏文化，其系统内渗透了古代哲学、美学、伦理学、文学及文化艺术等理论，并与宗教思想、教义产生了千丝万缕的联系，在几千年的科学实验、生产实践、商业流通等活动中逐渐形成和发展了茶树栽培、茶叶制作技术、品饮规范、欣赏艺术、饮茶礼仪，并由此引发创作了茶学的各种经典著作，如《茶经》、茶的文学作品（诗词、小说和散文）等，进而形成了茶文化和茶道。从唐代陆羽至今，历代文人雅士对不同历史时期的茶文化都进行了全面地搜集与整理，并使之系统化、科学化，已向世人展现了茶文化的历史连续性、内容的广泛性、思想内涵的深刻性。

传统茶文化在几千年的形成过程中，既拥有了内容丰富的有形内涵，又兼备了种种的无形内涵。而无论是有形还是无形，所有茶文化所负载的内涵，都无一例外地深蕴着中华文化的层层积淀，都是五千年文明史中一段历程、某个片段的升华和折射，都堪称是无数前哲先圣巧思佳构的创造转化。其实质上是一个高度浓缩的中华文化的有效载体，是在五千年中华文明史上由历代先民的精心呵护和捍卫之下日渐形成的，并最终成为了一个贯穿春夏秋冬的"文化链"。与此同时，它又转而肩负起凝聚民族智慧、引领文化承继的历史使命。它们以"雅文化"和"俗文化"形式共同承担起了传承中华文化这一任重道远的历史使命。

2. 提高在校学生的审美素养

茶艺文化根植于华夏文化，其体系中渗透了古代哲学、美学、伦理学、文学及文化艺术等理论，并融入了儒、道、佛各家的思想和传统文化的精髓。同时，饮茶又是美育、陶冶情趣、修身养性的过程。弘扬茶文化可以增长知识，提高青年学生的文化修养和审美能力。如内容丰富的各式茶艺、茶道都容纳了礼仪、道德、科学与艺术的内容，欣赏茶歌、茶舞和茶音乐，可提高欣赏美和创造美的能力；茶与一定的历史文化相融合，涉及生活的方方面面，上自社会的规章、制度与法令，下至各种风俗、风气与习惯，以及以茶为内容所产生的各种茶诗、茶楹联和茶书画都能拓宽学生的视野,增加他们的人文知识;博大精深的茶文化,可培养学生的专业兴趣,强化他们的专业思想。

3. 促进在校学生的礼法道德教育

因为茶艺学所研究的内容包括茶艺的礼仪与规范,并以茶文化的核心精神思想作为指导,贯穿于茶艺学的思想之中。因此,可以说,茶文化思想精神是茶艺学思想内涵的主要部分。茶文化的核心思想归之于儒家学说。这一核心即以礼教为基础的"中和"思想。儒家讲究"以茶可行道",是"以茶利礼仁"之道。所以这种茶文化注重的是"以茶可雅志"的人格思想,儒家茶人从"洁性不可污"的茶性中汲取了灵感,应用到人格思想中。因为他们认为饮茶可自省、可审己,而只有清醒地看待自己,才能正确地对待他人;将饮茶与人生处世哲学相结合,上升至哲理高度,形成所谓茶德、茶道等,这是茶文化的最高层次,也是茶文化的核心部分。

茶叶前辈吴觉农先生认为:茶道是把茶视为珍贵、高尚的饮料,饮茶是一种精神上的享受,是一种艺术,是一种修身养性的手段。庄晚芳教授认为:茶道是一种通过饮茶的方式,对人民进行礼法教育、道德修养的一种仪式。明确主张"发扬茶德,妥用茶艺,为茶人修养之道",提出中国的茶德应是"廉、美、和、敬"。陈香白教授认为,中国茶道是通过茶事过程,引导个体在美的享受过程中走向完成品格修养以实现全人类和谐安乐之道。上述所谓的茶道即指现代所称的茶艺。

作为培养新时期建设者和接班人的各级学校,通过对在校学生在人格塑造、情操追求、道德修养等方面进行精神教育已成为适应新时代的挑战,以及全面建设小康社会的迫切要求。茶艺的基本精神是以德为中心,注重人的思想、品德和个人的修身养性,重视人的群体价值,倡导和诚处世,敬人爱民,化解矛盾,增进团结,无私奉献,反对见利忘义和唯利是图。这对于培养大学生个人修养具有重要意义。

4. 促进茶业健康发展

中国是一个多民族的国家,各民族的风俗习惯不同,各地饮茶技艺不尽相同。目前全国茶艺馆先后大量涌现,基本上是以满足各种消费群体的消费需求为目标。因此,引导消费者如何科学地泡好一壶(杯)茶,如何正确地欣赏饮用茶,充分发挥茶的饮用价值,这是茶艺从业者和茶艺研究者最为注重的现实问题。目前,茶艺表演已经在茶叶经济贸易活动中扮演活跃的角色,全国各种形式的茶文化节此起彼伏,以茶艺比赛为内容的茶文化活动正悄悄拉动茶叶的健康消费。茶艺文化不仅是中国人的传统文化,而且已经对世界茶文化产生了积极的影响。进一步扩大国际茶文化教育交流活动,有利于增进友谊、促进和平事业的发展,也有利于更多的国际友人了解中国多种多样的茶叶产品,促进国际茶叶贸易的发展。

第二节 茶艺学的学科体系

一、茶艺的学科体系

茶文化是以茶叶为主体,包含人文和社会科学的一门学科,是人文和社会学科的结合,是人类在社会历史发展过程中所创造的有关茶的物质财富和精神财富的总和。而作为茶文化学的一个分支——茶艺学，学科体系贴近于茶文化学的学科体系，但又有所区别（茶文化学与茶艺学的区别在于，前者的主体是茶叶，是茶引起的文化及对社会的影响；后者的主体是茶和人）。它的学科体系主要包括茶艺史学、茶艺社会学、饮茶民俗学、茶艺美学、茶艺表演与交流学、茶艺功能学，以及茶艺基础理论等内容。如下略举几例加以说明：

茶艺史学　主要是以茶艺的发生、发展、演变作为研究对象，它可以从国家的角度、民族的角度、地域的角度、分类的角度及综合性的视野展开中国茶文化史演变过程中茶艺的研究，或以不同时期有代表性的茶艺发展为线索展开研究，还可以从茶艺的某一分类入手，进行专业史的研究。因此，可以说，茶艺史学是茶艺学中研究内容最为丰富的学科分支之一。

茶艺基础理论　不是研究茶艺个体现象的理论，而是以茶艺过程中所涉及的茶文化与茶学部分的资料为基础，通过对具有广泛性和代表性的茶艺进行高度的理论概括，为茶艺研究提供最为基础的价值观念和基本方法，它应该是一种方法上的工具。

茶艺美学　是从美的哲学、审美心理学、艺术社会学和文化人类学的结合上，对茶艺本质问题进行综合研究的一门学科。茶艺美学的研究范围包括茶艺与现实的关系、茶艺本性、茶艺思维、茶艺语言、茶艺审美心理、茶艺审美特性和审美规律以及茶艺同其他门类艺术的关系。

茶艺社会学　是指社会各方面对茶艺与茶艺思想的影响，社会发展与进步对茶艺的作用和社会各阶层与茶艺文化的关系。而目前茶艺社会学的研究内容也随着茶艺的发展而不断发展，甚至其社会功能也日趋明显，主要表现在发扬传统美德、展示文化艺术、修身养性、陶冶情操、促进社会文明和进步以及推进经济贸易发展。如在茶艺的社会功能方面，茶艺活动对提高人们生活质量、丰富文化生活的作用明显，茶艺文化对提高大学生道德素质具有重要作用等。

二、茶艺学与相关学科的关系

茶艺学作为以茶艺为研究对象的学科，是建立在相关学科基础之上的，这是因为，受作为茶文化的艺术形态和演示者所处的社会环境等因素的制约，其本身就带有交叉学科性质，况且，我们所指的"茶"和"艺"又并非是茶文化和艺术学的合二为一的复合体，而是更趋向人文的特征和其他相关学科的多层内涵。

（一）茶艺学与茶学之间的关系

作为茶艺学的主体内容之一，茶叶本身就属于茶叶学或者叫茶叶科学的研究内容，在茶叶科学中，茶被归于农学科，和其他农作物没有什么本质区别。作为茶艺学的一部分，它的内容包括茶树栽培、茶叶加工、茶叶品质评定方法、茶与健康等方面。

作为茶艺表演者，要想切实泡好一杯茶，要正确地品饮一杯茶，就必须对茶叶分类与加工、茶叶品质评定的方法、茶与健康知识作充分了解。也就是说，要掌握茶的基本分类，并从机理上认识各种茶类品质形成的原因，以及影响品质形成的主要因子，运用所学的基础理论知识，结合茶类的特点，设计出茶叶冲泡的新的方法和流程。在茶叶品质评定方面，也要掌握茶的感官品质评定基础知识，各类茶的品质特性，茶叶感官评定的项目、因子等，能够根据茶叶品质特点熟练地应用评茶术语进行表达，这样才能在茶艺设计中，评估设计的茶艺是否满足正确的泡茶方法。

在茶与健康方面，因茶学是与医学、药理学、营养学、生物化学、微生物学、食品工程等有密切联系的一门应用学科，所以泡茶者更要掌握这些领域内的基础知识，泡出一杯健康卫生的好茶。因此，可以说，茶艺学与茶学之间是密不可分的关系。

（二）茶艺学与社会学的关系

茶的发现与利用经过3000多年的发展，茶已不仅仅是一种有利用价值的物质，它更是一种社会与人文现象，茶不仅满足人们的物质需求，它还更多地满足人们的精神需要，随着经济的发展和社会的不断进步，茶的社会属性正越来越受到人们的重视。严格意义上来讲，茶艺学应属社会学的学科范畴。社会学是以社会构成、社会发展和社会问题为研究对象的一门独立的学科。

在茶艺学的社会学科方面，在如下几个领域有重要的关系：

茶艺方面，从社会行为学角度，对饮茶的技术、形式、规程和思想进行系统的总结，内容包括茶艺、茶道、茶俗等。

茶的文化方面，对茶文化的历史及相关的思想形成、茶与文学艺术等内容进行研究和总结，内容包括考古与历史，与茶相关的文化艺术等。

茶的宗教与哲学方面，由于中国的儒家思想、道家与佛家宗教文化与茶艺文化有着浓厚的渊源，进而上升到哲学层面，许多哲学思想和中国传统文化中茶也是不可或缺的元素之一。

而茶艺学的研究对象也离不开社会的各种因素，如茶人所处的社会、阶层、民族的差异，茶艺的社会功能等都与社会学密不可分。任何一个民族，处于一定的社会发展阶段，都具有形态不同的社会因素，茶艺学者应从社会中汲取博大的观点，从社会发展中着重研究各民族的文化生活、茶俗生活、精神生活的社会结构，逐步形成独立的或交叉的茶艺社会学领域，以补充茶艺学学科构建中社会学的有益成分。

（三）茶艺学与艺术学的关系

从字面来看茶艺学似乎属于艺术学的分支，如果说我们把茶艺学作为一个具有交叉性和具有独立性的学科看待，那么茶艺应该是艺术的一个层次，而且它又跨越其他学科，它们之间不应是简单的隶属关系，但艺术学的学科构建因素对茶艺学的建立有重要的借鉴意义，这是因为，从社会学的角度看，茶艺与部分习俗表现为运动的关系，茶艺与艺术则表现为形象的、可视的静态关系，前者注重社会的意义，后者则体现文化的内涵。所以说，艺术学将成为茶艺学学科的分类、审美对象、艺术形态等各方面的重要参照，虽然艺术学不等于茶艺学，但茶艺之"艺"应该具备艺术学的文化内涵。艺术学有它自身的局限性和交叉性，而茶艺更为复杂，两者虽然相似或相近，但都存在着共同的矛盾，如学科分科问题、学科所涵盖的内涵与外延问题、学科之间的并列与交叉界限等问题，这也是同类学科的研究难点。

（四）茶艺学与美学的关系

美学的研究对象"审美关系"包括三个部分：客观方面是现实审美对象，也就是广义的美。主观方面是人的审美意识，也就是广义的美感。两者相互作用辩证统一从而产生人对现实审美关系的最集中的表现形式——艺术，也可概括为美论（美的哲学）、美感论（审美心理学）、艺术论（艺术社会学）三个层次。因此美学就是包括美、美感和艺术在内的人对世界审美把握的一个有机系统。通俗地说，美是审美对象的客观属性，美感是人对客观事物的审美意识，艺术则是美与美感相互结合辩证统一的表现形式。

作为生活艺术行为之一的茶艺也是人们在茶事活动中的一种审美现象，同样具有美学的三个层次。茶艺的六大要素（茶叶、泉水、茶具、环境、冲泡、品尝）都具有它们固有的客观美，人们在感受茶艺各个要素之美的时候所产生的感官愉悦，这就是美感。当人们将茶艺各个要素进行有机的结合，就形成一种最集中的艺术表现形式，即品茗艺术。可以说，茶艺学在整个研究过程中都离不开美学范畴。如作为茶艺的活动过程，对茶叶的色香味形及饮茶艺术意境的追求一直是我国茶艺的重点。而从我国茶艺的发展历程来看，无论是宋代的点茶法，还是明清时期的小壶泡饮方式，都朝向自然、简约、生活化的方向发展，可见，中国人越来越追求茶叶本身天然的香色味形品质，也越来越注重品茶所带来的丰富审美情趣。作为茶艺表演过程的茶叶品饮过程，也成为特殊的审美活动，即便是日常生活中的饮茶，也因为其具有精神的内涵而具有审美性质。甚至有人提议，将现代茶艺美学列为一个新兴学科，并可对现代茶艺的美学原理、美学法则及其形成和发展、美学特征、审美情趣和审美取向、审美经验和审美价值等进行探索和研究，进而形成揭示茶艺美的本质的一门美学分支学科。由此可见，茶艺与美学具有非常紧密的关系。作为以美学为应用领域的茶艺学，还要不断地用美学思想来丰富茶艺学，诸如，茶艺中的审美思想——"真、善、美"，"意境"等，才能使茶艺学得到健康的发展。

（五）茶艺学与其他学科的关系

茶艺学除与上述学科有着直接的关系之外，还与哲学、科技学、考古学、历史学、心理学、花艺学、建筑学、宗教学、旅游学、民俗学等相关学科有着直接或间接的关系。这是因为，茶艺学作为文化的载体，它不仅具有社会变异的因素，与茶文化发展史相关联的共性，与茶叶科学技术的发明创造同步或有同等位置，甚至与历史上的哲学观点、政治主张、审美心理等多种因素发生着潜移默化的作用。可以说，茶艺在融合中华民族优秀文化的基础上又广泛吸收和借鉴了其他艺术形式，并扩展到文学、艺术等领域，形成了具有浓厚民族特色的中华茶艺。只有弄清楚这些众多学科与茶艺学之间的关系，弄清多学科的交叉点，才能有的放矢地将茶艺学科构建得符合科学体系，形成一个与多学科相关联而独立的学科。

第三节　茶艺学的研究目的与方法

一、茶艺学的研究目的与方法

茶艺学研究的目的在于，正确运用科学研究的思想观点与方法，在中国源远流长的茶文化历史中不断挖掘艺术与美学内涵，以科学和求实的态度丰富茶艺内容与范畴；了解和探索茶艺发展的客观规律；运用茶艺基础知识和茶与其他学科之间的关系，不断创新和提高茶艺表演艺术与审美情趣。对大中小学生而言，将茶艺成为教书育人的载体。对社会而言，让茶艺更好地为我国经济繁荣和社会建设服务。因此，在现代物质和文化生活的基础上，充分挖掘茶艺资源，发挥茶艺的育人功能，为人类精神文明建设服务，已经成为茶艺研究人员的重要任务。

茶艺学是一个具有悠久发展历程的文化现象，但作为一个新的文化学科的分支，还需要新一代茶人不断地去研究和培育，使它更加系统和完整，并通过茶艺创新行为而不断得到提高。

茶艺学研究方法应该是综合研究方法：茶艺学是一个跨多学科的综合体，没有哲学的理论思考，就不可能了解其他学科与茶艺的相互作用和相互关系。作为社会意义上的茶艺，它是哲学的、生活的、文化的，也是艺术的，其茶艺审美者也是多元的、变化的。综合研究的方法将打破交叉学科之间的限定，将有利于茶艺自身学科框架的充实和加固。另外，除对艺术本体研究之外，对茶艺相关的社会结构、经济结构、文化传承因素、习俗因素以及茶人审美心理的取向，都是综合研究所涉及的课题，将促使茶艺学科不仅仅在茶文化学的圈子里打转，而且向学术的深度和广度进取。也就是说，综合性的研究将打破单学科的约定俗成的戒规，使茶艺学步入人文学科的领域，同时用哲学的观点提出茶艺学的整体框架。

二、茶艺学的教学方法

《茶艺学》课程通常是作为高校茶文化或茶艺专业的必修课教材，也可作为大中专学校为提高大学生思想素质而开设的公共选修课，或者旅游管理、饭店管理、历史与文化旅游等专业的学生了解茶的知识、提高艺术修养、进行学科交叉而设立的课程。在教学过程中，应尽量做到融科学性、艺术性、趣味性于一体，把茶艺学知识深入浅出地介绍给同学。在教学方法上，可以采用以下方式：

（一）课堂教学

茶艺学作为一门非常注重应用性的学科，教师除了讲授茶文化历史、茶的分类与加工、茶叶品质评定方法等这些茶艺基础知识之外，更要注意课程的理论联系实际，真正让学生理解茶艺过程的审美实质。教师还可以在教学过程中布置思考题，让学生课下运用图书馆、网络等媒体形式去寻找答案，并通过课堂讨论来活跃学习气氛，实现教与学的互动。

（二）实践教学

实践教学是课堂教学的重要补充，在实践环节中，要将茶叶相应知识的传授与实际操作和实地参观相结合，使同学们经过对该课程的学习，可对茶艺学有一个相应的了解。如在茶的分类与加工教学环节中，可以结合所讲内容，有目的地让同学们了解六大茶类，并从外观上了解我国各地名优茶的外形之美。

通过让学习者对茶叶品质评定方法的实验教学，可以学习和掌握茶叶品质感官评定的方法，为茶艺精神内涵的了解打基础。还可以安排学习者观看茶艺表演，以增加对茶艺的感性认识，并且可以使同学们对茶艺的表演技术、审美方法、茶艺礼节等有一个综合了解。

（三）茶艺创新比赛

可根据不同学校的教学条件，增加茶席设计、茶艺创新设计、茶艺流程设计、茶艺解说词创编、无我茶会等活动，既可作为课堂作业，也可以作为课程的毕业设计内容，通过这些教学环节，不仅可以让同学们在茶艺学有从理论到实践的真切的理解，还可以不断体会茶艺学的内涵。

第二章 茶艺基本知识

第一节 茶文化的起源和发展

一、茶树的起源和原产地

中国是茶的原产地。茶原产于我国云、贵、川一带的密林之中。中国从发现和利用茶至今，已有约 5000 年的历史，人工栽培茶树，也有约 3000 年历史。1753 年植物学家林奈把茶的学名定为"*Thea sinensis*"，根据这一分类方法，茶树属于被子植物门，双子叶植物纲，山茶目，山茶属，茶种，起源于中国西南地区。

中国西南地区作为茶树起源地的证据有很多。从茶树的自然分布来看，全世界山茶科植物共有 23 属计 380 余种，而在中国就有 15 属 260 余种，且大部分分布在云南、贵州和四川一带。山茶科、山茶属植物在我国西南地区的高度集中，说明了我国西南地区就是山茶属植物的发源中心，当属茶的发源地。同时，自第四纪以来，云南、四川南部和贵州一带，由于受到冰河期灾害较轻，因而保存下来的野生大茶树也最多。并且既有大叶种、中叶种和小叶种茶树，又有乔木型、小乔木型和灌木型茶树。从茶树的进化类型来看，茶树在其系统发育的历史长河中，总是趋于不断进化之中。因此，凡是原始型茶树比较集中的地区，当属茶树的原产地。茶学工作者的调查研究和观察分析表明：我国西南三省及其毗邻地区的野生大茶树，具有原始茶树的形态特征和生化特性。这也证明了我国西南地区是茶树原产地的中心地带。

20 世纪七八十年代，日本学者志村桥、桥本实，从细胞遗传学角度和形态学角度，对自中国东南部的台湾、海南茶区起，直至缅甸、泰国、印度的主要茶区的茶树进行了全面系统的分析比较，结果认为：茶树的原产地在中国的云南、四川一带。我国著名茶学专家庄晚芳从社会历史的发展、大茶树的分布及变异、古地质变化、茶字及其发音、茶的对外传播五方面作了深入细致的分析，认为：茶树原产地在我国云贵高原以大娄山脉为中心的地域。

二、茶的发现与最初利用

对于茶叶的利用起源说法不一，有的认为茶叶开始于药用，也有认为茶叶最初是用于食用，还有一种观点是食用和药用交叉进行。有人认为，茶"由祭品而菜食，而药用，直至成为饮料"；还有的认为，"最初利用茶的方式方法，可能是作为口嚼食料，也可能作为烤煮的食物，同时也逐渐为药料饮用"。归纳起来，对茶的利用，有如下几种说法。

（一）食用阶段

茶的利用，我们的祖先在发现茶树的早期，最先是把野生茶树上嫩绿的叶子当做新鲜

"蔬菜"或"食物"来嚼吃的，或是纯粹当做蔬菜，或是配以必要的作料一起食用的，这是我们祖先利用茶叶最早、最原始的方式。这种史实从古文献中也可窥一二。如"未有火化，食草木之实、鸟兽之肉，饮其血，茹其毛"（《礼记·礼运》），人们采集各种植物作为食物，那么茶叶被当做野菜食用的可能性是很高的。茶叶最早应该是生食的，其后有了火和陶器，茶叶开始与其他食物一起进行煮食。现在我国西南少数民族尚保留有食用茶叶的习俗，如基诺族的凉拌茶、侗族的油茶。根据现有史料记载，这种"吃茶"方法，一直流行到魏晋初期或此之前，历时约3000年之久。如据三国魏张揖的《广雅》有关记载："……荆巴间采叶作饼，叶老者，饼成以米膏出之。欲煮茗饮，先炙令赤色，捣末，置瓷器中，以汤浇覆之，用葱、姜、橘子芼之。"这就是说，当时的饮茶方法已经从直接用茶鲜叶煮作羹（粥）饮，开始转向先将制好的饼茶炙成"赤色"，再捣碎成茶末"置于瓷器中"烧水煎煮，加上葱、姜、橘皮作作料，调煮成"茶羹"，供人饮用。

（二）药用阶段

在食用茶叶的过程中，远古先民发现茶叶具有清热、解毒等功效，随即将其作为药用。有关茶为药用最早的记载是《神农本草》："神农尝百草，日遇七十二毒，得荼而解之。"其中的"荼"便是茶。随着茶叶的使用，人们对它的药用功能越来越了解。早期对于茶的功效的记载有《神农食经》："荼茗久服，令人有力、悦志。"另外，司马相如在《凡将篇》中列举了20多种药材，其中就有"荈诧"，即茶叶（陆羽《茶经·七之事》）。东汉华佗的《食论》云："苦荼久食，益意思"（陆羽《茶经·七之事》），可说是对《神农食经》"荼茗久服，令人有力、悦志"说法的再次论证。西汉以及西汉以后的论著对茶药理作用的记述更多更详，这说明茶药的使用越来越广泛，也从另一个方面证明茶在作为正式饮料前还主要用做药物。

（三）饮用与食用阶段

茶的饮用是在食用和药用的基础上进行的。随着人们对茶叶的效用及其色、香、味的不断认识和利用，茶叶逐步成为了人们日常生活不可缺少的一部分，更是中上流社会生活追崇的物质与文化消费品。到西晋时期，人们不再仅仅把茶汤当做一种饮料或药汤，而是把饮茶活动当做艺术欣赏的对象或审美活动的一种载体，在对茶叶的认知和饮用上，开始了品饮与欣赏的"饮茶"阶段。这一阶段的根本特征，就是把饮茶与吃饭分开，并开始讲究煮茶与鉴茶的"技艺"。根据目前掌握的史料，关于"饮茶"阶段的起源，最少可以追溯到西晋以前。西晋诗人张载在《登成都白菟楼》中"芳茶冠六清，溢味播九区"的诗句，已经在描写对茶叶芳香和滋味的感悟。杜育的《荈赋》除了描述茶树生长环境和茶叶采摘外，还对喝茶用水、茶具、茶汤泡沫及茶的功效等进行了描述。魏晋南北朝时期，长江以南地区开始将饮茶与吃饭分开，这可以视为茶叶"清饮法"的开端，但在饮用形式上还没有将茶渣（末）与茶汤分开，而仍沿袭着"汤渣同吃"的"羹饮法"。这一时期茶叶饮用方法的创新主要表现在两个方面：一种是"坐席竟，下饮"，即饭后饮茶；另一种是王濛的"人至辄命饮之"式的客来敬茶，与吃饭已经完全无关。到唐、宋时期，"煎茶"、"斗茶"

蔚然成风，这种茶叶与茶汤同吃的古老"羹饮法"仍然得到继承和发展。如唐宣宗十年（公元856年）杨华的《膳夫经手录》所载："茶，古不闻食之，今晋、宋以降，吴人采其叶煮，是为茗粥。"

（四）泡饮阶段

随着茶叶加工方式的改革，我国成品茶已经由唐代的饼茶、宋代的团茶发展为明代的炒青条形散茶，因此人们饮茶时不再需要将茶叶碾成细末，只需把成品散茶放入茶盏或茶壶中直接用沸水冲泡即可饮用。这种散茶"直接冲泡法"（又称"泡茶法"或"瀹茶法"）尽管在元代已经出现，但是真正成为主流饮用方法并取代宋代点茶法，则在明太祖朱元璋废除团茶而改成进贡芽茶之后。明代"泡茶法"分为"上投法"、"中投法"和"下投法"3种，其中应用最多的"下投法"的基本程式是：鉴茶备具、茶铫烧水、投茶入瓯（壶或盏）、注水入瓯和奉茶品饮。这种瀹茶法演变发展成为盖碗泡法和玻璃杯泡法，一直沿用至今，并依然成为当今主流的饮茶方式之一。

三、茶文化兴起与国内外传播

中国茶文化源远流长，随着茶叶作为饮料的普及扩展，不断地浸润着人类的心灵。随着历史的脚步，中华茶文化由内而外，由近及远地不断传播于中华大地各族人民，并泽被海外，闻名于世。茶在国内的传播途径是通过商人带到全国各地。茶的对外传播途径主要是通过来华的僧侣、使节、商人等将茶叶带往各个国家和地区。

（一）饮茶文化兴起于古代巴蜀之地

我国的饮茶起源和茶业初兴的地方，是在古代巴蜀或今天四川的巴地和川东。陆羽《茶经》所载："巴山、峡川有两人合抱者，伐而掇之"，由此可见，至唐朝中期，这一带即发现了野生大茶树。有人估计，两人合抱的茶树，其树龄应在千年以上，大多应该都是战国以前生长的茶树，据此可以肯定，"巴山、峡川"，无疑也是我国茶树原始分布的一个中心。

在《华阳国志·巴志》讲到西周初年的情况时提到："武王既克殷，以其宗姬于巴，爵之以子，……鱼盐铜铁、丹漆茶蜜……皆纳贡之。"这里清楚记述到，在周初亡殷以后，巴蜀一些原始部族，一度也变成了宗周的封国，当地出产的茶叶和鱼盐铜铁等各物，悉数变成了"纳贡"之品；而且明确指出，所进贡的茶叶，"园有芳蒻（竹）香茗……"，不是采之野生，而是种之园林的茶树。由此可见，在当时茶叶已经成为当地人经常饮用的植物资源。

（二）饮茶习俗的早期传播

"自秦人取蜀而后，始有茗饮之事。"秦统一全国后，巴蜀一带，尤其是成都，成了中国早期茶业发展的重要地区，并且影响了以后中国茶叶传播的路线和速度。从秦汉到两晋，巴蜀一直是我国茶叶生产和技术发展的重要地区。

汉代，茶叶贸易已初具规模，成都一带已成为我国最大的茶叶消费中心和集散中心，当时的成都是"芳茶冠六清，溢味播九区"。据考证，成都以西的崇庆、大邑、邛崃、天全、名山、雅安、荥经等地已成为茶叶的重要产区。

西汉王褒的《僮约》(公元前59年)是能反映古代茶业的最早记载,其中有"武阳买茶,烹茶尽具",反映了当时饮茶已与人们的生活密切相关,且富实人家饮茶还用专门的茶具。

茶陵(今茶陵)县是西汉时设置的县份。《茶陵图经》称,茶陵县因陵谷产茶而得名。表明时至西汉,茶已传播到了今湖南、湖北一带。

从东汉到三国,茶业又进一步从荆楚传播到了长江下游的今安徽、浙江、江苏等地。三国时魏人张揖在《广雅》中提到:"荆巴间采茶作饼,成以米膏出之",这是我国最早有关制茶的记载,也表明三国及以前,我国所制茶叶为团饼茶。

西晋时,饮茶习俗传播到北方豪族。南方种茶的范围和规模也有了较大发展,长江中下游茶区逐渐发展起来。荆巴茶业已可相提并论。杜育《荈赋》中描写,"灵山惟岳,奇产所钟,厥生荈草,弥谷被岗",反映了晋时南方茶叶生产的繁荣景象。《荆州土地记》记载:"浮陵茶最好"、"武陵七县通出茶,最好"。可见,晋时长江中下游茶区的生产规模和茶叶品质,均不亚于巴蜀。

东晋时,有识之士借茶叶以倡俭朴,士大夫之间以茶为礼,也推动了茶业与茶文化的发展。到南北朝时,我国产茶区域,已东及浙江的温州、宁波,北至江苏宜兴。一些名山名寺也陆续开始种茶,如江西庐山,浙江天台山、径山,四川青城山、峨眉山,安徽九华山、黄山等地,都有名茶出产。

历史上的隋唐宋元时期,是我国封建社会的鼎盛时期,也是古代茶业的兴盛阶段。茶从南方传到中原,再从中原传到边疆少数民族;消费层次扩展至庶民百姓,茶叶逐渐发展成为举国之饮。种茶规模和范围不断扩大,生产贸易重心转移到长江中下游地区的浙江、福建一带。植茶、制茶技术有了明显的进步,茶类生产开始由团饼茶向散茶转变。茶书茶著相继问世,茶会、茶宴、斗茶之风盛行。

隋朝,饮茶在北方逐渐普及开来。隋炀帝命修凿大运河,促进了南北方经济文化的交流,也为以后茶业的迅速发展创造了条件。

唐代茶业日益繁荣。中唐时期,是古代茶业的大发展时期。《膳夫经手录》(公元856年)记录了唐朝茶业的发展过程:"茶,古不闻食之,至开元、天宝之间,稍稍有茶,至德、大历遂从,建中已后盛也。"封演《封氏闻见记》记载:"古人亦饮茶耳,但不如今人溺之甚;穷日尽夜,殆成风俗。始之中原,流于塞外。"该书描述从山东的邹县、历城、惠民和河北的沧县,一直到陕西西安,许多城镇开办茶店,处处都可买到茶喝。这反映了中唐时期茶叶消费的盛况,以及茶从南方传到中原,再从中原传向塞外的过程。唐朝南方所产茶叶,大多沿大运河销往北方。扬州是唐代南茶北运的主要中转站。各地所产茶叶往往有较固定的销售市场。如新安茶(今蜀茶),主销今西南、华南、华中地区;浮梁茶,主销关西、山东一带;歙州、婺州茶,主销今河南、河北一带。

(三)茶向边疆传播

西藏 茶入西藏的最早记载是在唐代。唐代的文成公主进藏,就是出于安边的目的,与此同时，也将当时先进的物质文明带到了那片苍古的高原。据《西藏日记》记载，文成公主随带物品中就有茶叶和茶种，吐蕃的饮茶习俗也因此得到推广和发展。到宋代时，西藏地区饮茶大兴。

西北地区　西汉时，武帝派张骞出使西域，由此开通了丝绸之路，茶叶开始向西北地区传播。中原地区由于需要战马，西北民族便开始用战马跟中原换茶叶，从汉到明，除了元代，茶马交易一直在边疆盛行。金朝在同宋朝不断进行的战争中，也逐渐从宋朝那里取得饮茶之法，而且饮茶之风日甚一日，茶饮地位不断提高，如《松漠记闻》载，女真人婚嫁时，酒宴之后，"富者遍建茗，留上客数人啜之，或以粗者煮乳酪。"同时，汉族饮茶文化在金朝文人中的影响也很深。

西南地区　地处我国西南边陲的滇、藏、川"大三角"地区，早在西汉时期，这里的各族人民就在这悬崖峭壁的深山密林中开辟驿道，马帮成为唯一的交通工具。人们用马帮把这里的特产茶叶等物资驮运出去，与外界进行互市交流。这就是鲜为人知的以贩茶为主要物资的"茶马古道"。《普洱府志》〔光绪〕卷十九《食货志》载："普洱古属银生府，则西蕃之用普茶，已自唐时。"茶马古道的形成，不仅沟通了四川、西藏、云南、贵州、重庆等国内各省区市，而且延伸到缅甸、印度、尼泊尔及东南亚国家，成为连接地域文化的重要纽带，在我国茶文化的传播过程中起到了极为重要的作用，在沟通中外经济文化交流方面有着极重要的历史地位，影响深远。另外，西南丝路也是我国西南地区各民族对外贸易的又一条重要商路。茶叶也是在这条商路上输出的重要商品。公元前3世纪庄蹻入滇、秦人取蜀之后，因战争原因，许多少数民族迁往缅甸、越南、老挝、泰国和印度，茶文化也由此传入这些地区。据云南省茶叶科学研究所蒋铨考证"缅北大茶山茶树也是'濮人（今仡佬族）'所栽的"。

（四）东亚

韩国和朝鲜　朝鲜半岛在4世纪至7世纪中叶，是高句丽、百济和新罗三国鼎立时代，据传6世纪中叶，已有植茶，其茶种是由华严宗智异禅师在韩国建华岩寺时传入。至7世纪初，饮茶之风已遍及韩国。在南北朝和隋唐时期，中国与百济、新罗的往来比较频繁，经济和文化的交流关系也比较密切。特别是新罗，在唐朝有通使往来120次以上，是与唐通使来往最多的邻国之一。新罗的使节大廉，在唐文宗太和后期，将茶籽带回国内，种于智异山下的华岩寺周围，韩国的种茶历史由此开始。朝鲜《三国史纪·新罗本纪》兴德王三年提到："入唐回使大廉,持茶种子来,王使植地理山。茶自善德王时有之，至于此盛焉"。至宋代时，新罗人也学习宋代的烹茶技艺。新罗在参考吸取中国茶文化的同时，还建立了自己的一套茶礼。

日本　中国的茶与茶文化，对日本的影响最为深刻，尤其是对日本茶道的发生发展，有着十分紧密的渊源关系。中国茶及茶文化传入日本，主要是以浙江为通道，并以佛教传播为途径而实现的。浙江名刹天台山国清寺是天台宗的发源地，径山寺是临济宗的发源地。并且，浙江地处东南沿海，是唐、宋、元各代重要的进出口岸。自唐代至元代，日本遣使和僧人络绎不绝,来到浙江各佛教圣地修行求学,回国时,不仅带去了茶的种植知识、煮泡技艺,还带去了中国传统的茶道精神,使茶道在日本发扬光大,并形成具有日本民族特色的艺术形式和精神内涵。在这些遣唐使和学问僧中,与茶叶文化的传播有较直接关系的主要是都永忠和最澄。1191年,荣西禅师到我国天台山学习经法,并在业余研究制茶和茶艺,回国后写了日本第一本茶书《吃茶养生记》。后又经千利休等人的发展,日本茶道大兴。

(五)东南亚

约于公元5世纪南北朝时,我国的茶叶就开始陆续输出至东南亚邻国及亚洲其他地区。明代,郑和七下西洋,加强了中国和各国之间的往来,发展了包括茶叶在内的中国大批货物和各国货物之间的交换。中国茶文化由此向海外传播,对东南亚饮茶风俗起到了推动作用。

马来西亚　1604年向中国引种茶树。

印度尼西亚　17世纪末由荷兰殖民者引种茶种成功,以后又引入中国、日本茶种及阿萨姆种试种。历经坎坷,直至19世纪后叶开始有明显成效。第二次世界大战后,茶叶发展迅速,并在国际市场居一席之地。

越南　越南与我国云南、广西接壤,茶树很早就顺着河流传入。

(六)南亚

印度　印度饮茶很早就由西藏传入,但16世纪前,茶叶只被视为药物用。17世纪,印度沦为英国殖民地,英国东印度公司在1780年从中国引种茶叶至印度失败。19世纪中叶,东印度公司从武夷山引种成功。

斯里兰卡　1600年荷兰人在斯里兰卡引种中国茶树失败,1839年从印度引入阿萨姆种成功。后咖啡树受大范围虫害,斯里兰卡开始大规模种茶,由此斯里兰卡的茶业开始兴盛。

(七)中西亚

唐代时,茶叶通过丝绸之路传入中亚,宋元时期已传入西亚。宋元时期海上贸易发达,茶叶也通过海上丝绸之路向西亚传播。据研究,土耳其自5世纪已经开始有商队来我国购买茶叶,到唐代更是以马换茶。

(八)俄国

中国茶叶最早传入俄国,据传是在公元6世纪时,由回族人运销至中亚。到元代,蒙古人远征俄国,中国文明随之传入。到了明朝,中国茶叶开始大量进入俄国。至清代雍正五年(公元1727年)中俄签订互市条约,以恰克图为中心开展陆路通商贸易,茶叶就是其中主要的商品,其输出方式是将茶叶用马驮到天津,然后再用骆驼运到恰克图。1883年后,俄国多次引进中国茶籽,试图栽培茶树,1884年,索洛沃佐夫从汉口运去茶苗12000株和成箱的茶籽,在查瓦克—巴统附近开辟一小茶园,从事茶树栽培和制茶。

(九)欧美

14～17世纪,茶叶经陆上丝绸之路传到西欧。16世纪中叶,西欧通过西班牙和葡萄牙船队带回茶叶。17 世纪，荷兰人通过海路首先来华采购茶叶运销欧洲，激起了西欧各国对于茶叶的兴趣。茶叶随着西欧各国的殖民地开拓而传播向美洲、非洲等地。

（十）非洲和南美

1903 年肯尼亚首次从印度引入茶种，1920 年进入商业性开发种茶，规模经营则是自 1963 年独立以后。

20 世纪 20 年代几内亚共和国开始茶的试种。1962 年我国派遣专家赴几内亚考察与种茶，并帮助设计与建设规模为 100hm^2 茶园的玛桑达茶场及相应的机械化制茶厂。

1924 年南美的阿根廷由我国引入茶籽种植于北部地区，并相继扩种。以后旅居的日本与苏联侨民也辟建茶园。50 年代以后茶园面积不断扩大，产量不断提高，成为南美主要的茶生产、出口国。

茶圣陆羽及其《茶经》简介

大唐开元二十一年（公元 733 年）中秋节的第二天，竟陵（今湖北省天门市）龙盖寺的智积禅师在西湖之滨的杨柳林中发现一个哭泣的婴儿，于是将他带回了寺院。智积以《周易》之法为可怜的孩子占了一卦，卦曰："鸿渐于陆"，即鸿雁渐渐降落在地上的意思，于是给他取姓为"陆"，取名为"羽"，又以"鸿渐"为他的字。当然这只是一个传说，陆羽后来写《陆文学自传》时，仅仅写道：3 岁时孤苦伶仃，被智积禅师收养于寺院。

智积禅师，人称积公，是龙盖寺的住持，将年幼的陆羽托付给寺西村的李公抚养，直至陆羽 8 岁时李公赴江南任职。陆羽返回寺内后，因积公是个茶癖，教陆羽的第一件事就是服侍自己与宾客饮茶，没有多久，小陆羽就对茶叶的掌故、传说、种种用途了如指掌，并渐渐掌握了炙茶烹茶的技艺，深得积公的赞许和喜爱。后来陆羽离开了龙盖寺，开始了流浪生活，为了生计加入了一个戏班，四处演出，渐渐成为了竟陵一个参军戏的名角，并且可以自己编脚本和唱词，有著名的《谑谈》三篇。天宝五年（公元 746 年）春天，竟陵郡给新任太守洗尘，特聘陆羽为"伶正之师"组织演出，陆羽表现出了非凡的戏剧才能与组织才能，得到了新任太守李齐物的赞赏。不久在李太守的帮助下，陆羽前往火门山拜邹墅为师。

陆羽师从邹夫子 5 年返回竟陵城后不久，与被贬至竟陵的前礼部员外郎、颇享诗名的崔国辅成了忘年之交，得到了不少熏陶与指导。天宝十四年（公元 755 年），陆羽第一次向崔大夫表明了自己的志向：立志茶学研究，写一部关于茶的专著。随后陆羽开始了他的第一次周游考察。带着沿途采集的茶树标本，陆羽回到竟陵，定居于东冈岭，在这幽静之地潜心整理出游所得。

不久安史之乱爆发，陆羽南下避难，遍历长江中下游和淮河流域各地，沿途考察茶树，访问山僧野老，收集了大量关于采茶制茶的资料。上元初年（公元 760 年）的冬天，在朋友们的帮助下，陆羽在湖州城郊将军山麓苕溪边结庐定居下来。大历八、九年（公元 773～774 年），趁为湖州刺史颜真卿修订《韵海镜源》之机，陆羽遍检古籍，辑录出从前没有收集到的若干有关茶事的资料，补充进了"七之事"，今天我们所见到的就是这次修订后的本子。5 年之后，在朋友们的帮助下，《茶经》得以出版，很快风靡一时。《茶经》既是当时和唐以前有关茶事的总结，也是陆羽自己参与茶事活动的亲身体验。贞元末（公元804年）的冬天，一代茶圣终老于青塘别墅，被安葬于湖州杼山。

《茶经》仅有七千字，但内容丰富、主旨深邃，可称言简意赅。《茶经》分上、中、下三卷，共计十篇，即一之源、二之具、三之造、四之器、五之煮、六之饮、七之事、八之出、九之略、十之图，是一部关于茶叶生产历史、源流、现状、生产技术以及饮茶技术、茶道原理的综合性论著。它系统总结了唐代以前劳动人民有关茶叶的丰富经验，用客观忠实的科学态度对茶树的原产地、茶树形态特征、适宜生态环境，做了形象生动的描述和深刻细致的分析，按照现代茶叶科学来说，涉及植物学、生态学、生物学、选种学、栽培学、植物生理学、生化学、药理学、制茶学、审评学、地理学、水文学、民俗学、史学、文学等多种学科的知识，它既是自然科学著作，又是茶文化的专著，不愧为古代茶叶的"百科全书"。史书上称，由于《茶经》的问世，"天下益知饮茶"，虽有夸大之词，但陆羽的《茶经》在历史上确曾起着不可忽视的作用。

第二节　茶的分类与加工

一、我国茶区分布

中国茶区分布辽阔，东起东经122°的台湾省东部海岸，西至东经95°的西藏自治区易贡，南自北纬18°的海南岛榆林，北到北纬37°的山东省荣城县，东西跨经度27°，南北跨纬度19°。共有浙江、湖南、湖北、安徽、四川、福建、云南、广东、广西、贵州、江苏、江西、陕西、河南、台湾、山东、西藏、甘肃、海南等21个省（自治区、直辖市）的上千个县市。地跨热带、亚热带和暖温带。在垂直分布上，茶树最高种植在海拔2600m高地上，而最低仅距海平面几十米或百米。在不同地区，生长着不同类型和不同品种的茶树，从而决定着茶叶的品质及其适制性和适应性，形成了一定的茶类结构。国家一级茶区分为4个，即江北茶区、江南茶区、西南茶区、华南茶区。

江北茶区指南起长江，北至秦岭、淮河，西起大巴山，东至山东半岛，包括甘南、陕南、鄂北、豫南、皖北、苏北、鲁东南等地，是我国最北的茶区，主要以生产绿茶为主。

江南茶区在长江以南，大樟溪、雁石溪、梅江、连江以北，包括粤北、桂北、闽中北、湘、浙、赣、鄂南、皖南和苏南等地。江南茶区产茶历史悠久，资源丰富，历史名茶甚多，如西湖龙井、君山银针、洞庭碧螺春、黄山毛峰等，享誉国内外。该茶区种植的茶树大多为灌木型中叶种和小叶种，以及少部分小乔木型中叶种和大叶种。该茶区是发展绿茶、乌龙茶、花茶、名特茶的适宜区域。

西南茶区在米仓山、大巴山以南，红水河、南盘江、盈江以北，神农架、巫山、方斗山、武陵山以西，大渡河以东的地区，包括黔、川、滇中北和藏东南。西南茶区茶树资源较多，由于气候条件较好，适宜茶树生长，所以栽培茶树的种类也多，有灌木型和小乔木型茶树，部分地区还有乔木型茶树。该区适制红碎茶、绿茶、普洱茶、边销茶和花茶等。

华南茶区位于大樟溪、雁石溪、梅江、连江、浔江、红水河、南盘江、无量山、保山、盈江以南，包括闽中南、台、粤中南、琼、桂南、滇南。华南茶区茶树资源极其丰富，汇集了中国的许多大叶种（乔木型或小乔木型）茶树，适宜加工红茶、普洱茶、六堡茶、大叶青、乌龙茶等。

二、我国茶叶分类与各类茶叶加工

我国生产的茶类有绿茶、黄茶、黑茶、青茶（俗称乌龙茶）、白茶和红茶六大类，各类茶均有各自的品质特征。分类的主要依据是根据初制加工过程中鲜叶的主要化学成分，特别是多酚类中的一些儿茶素类发生不同程度的酶性或非酶性的氧化，其氧化程度的不同而形成不同风格的茶类。绿茶、黄茶和黑茶类在初制中，都先通过高温杀青，破坏鲜叶中的酶活性，制止了多酚类的酶促氧化。绿茶经揉捻、干燥形成绿茶清汤绿叶的特征；黄茶和黑茶在初制过程中，通过闷黄或渥堆工序使多酚类产生不同程度的非酶性氧化，黄茶形成黄汤黄叶，黑茶则干茶乌黑、汤色呈橙黄。相反，红茶、青茶和白茶类，在初制过程中，都先通过萎凋，为促进多酚类的酶促氧化准备条件。红茶继而经过揉捻或揉切、发酵和干燥，形成红汤红叶的品质。青茶则进行做青，破坏叶子边缘的细胞组织，多酚类局部与酶接触发生氧化，再经杀青固定氧化和未氧化的物质，形成具有汤色金黄和绿叶红边的特征；白茶经长时间萎凋后干燥，多酚类缓慢地发生酶性氧化，形成白色芽毫多、汤嫩黄、毫香毫味显的特征。

当然，也可按照茶叶发酵程度来划分：不发酵茶——绿茶，半发酵茶——青茶，全发酵茶——红茶，微发酵茶——黄茶和白茶，后发酵茶——黑茶。也可以根据加工层次分为初制茶、精制茶以及再加工茶，花茶、速溶茶、袋泡茶、保健茶、茶饮料等都属于再加工茶。

（一）绿茶

绿茶是我国主要茶类，其品质特征是清汤绿叶，香气清高，滋味鲜醇。绿茶是鲜叶先经锅炒杀青或蒸汽杀青，揉捻后炒干或烘干，或炒干加烘干加工而成的。在绿茶加工过程中，由于高温湿热作用，破坏了茶叶中的酶的活性，阻止了茶叶中的主要成分——多酚类的酶性氧化，较多地保留了茶鲜叶中原有的各种化学成分，保持了"清汤绿叶"的品质风格。因此，绿茶也叫"不发酵茶"。绿茶主产于中国，其次日本、越南、韩国等国也有生产。

1. 绿茶的加工工艺流程

绿茶的初制加工的一般步骤是：鲜叶—杀青—揉捻—干燥。

鲜叶原料 普通绿茶鲜叶嫩度要求为一芽二叶和一芽三叶，高档绿茶要求芽头、一芽一叶和一芽二叶初展。

杀青 采用高温破坏鲜叶中多酚氧化酶的活性，阻止鲜叶中多酚类物质在酶的作用下氧化，保持茶叶固有的绿色，同时蒸发叶内部分水分，使叶质变软，便于揉捻，随着水分蒸发，一些低沸点的芳香物质挥发，高沸点的芳香物质显露，从而使成品茶香气改善。

揉捻 用手或机器的力量使叶子卷曲，为茶叶塑形，并使叶细胞适量破坏，细胞中的茶叶生化成分以茶汁的形式溢出，并附于茶叶表面，冲泡时溶解于茶汤，增加茶汤浓度，形成茶的滋味。

干燥 干燥的目的是利用高温蒸发水分，固定茶叶品质，进一步巩固和发展香气。干燥的方法有烘干、炒干、晒干3种形式。烘干一般分为初干（也叫毛火）和足干（也叫足火），初干温度较高，高温有利于迅速固定品质，进一步发展香气，将茶叶烘至八成干，再用足火低温烘至足干。

2. 绿茶的分类

绿茶也按照杀青与烘干的方法不同分为蒸青、炒青、烘青和晒青四类。由于采用的工艺不同，所形成的品质特征也有较大差别。

蒸青　是指采用热蒸汽瞬间破坏茶叶中多酚氧化酶的活性，由于茶叶受热时间短，茶叶中的绿色成分如叶绿素得到大量保存，故所加工出的茶叶形成的"叶色、汤色、叶底"都具有嫩绿的特征。在我国唐宋时期广泛应用，现在国内只有个别省区生产蒸青绿茶。蒸青茶在唐代随着茶叶种植与蒸青茶制作技术传入日本后一直沿用至今。蒸青茶有煎茶、玉露、番茶、碾茶之分，目前主要在日本流行。上好的玉露被碾成粉末，称碾茶或末茶，在举行茶道时使用。在国内常见的绿茶面包、月饼里添加的绿茶粉也多为蒸青绿茶原料。

图 2-1　蒸青绿茶

炒青　是指利用金属传热方式，茶鲜叶通过与高温锅体接触引起多酚氧化酶的变性失活，是我国现代绿茶的主要杀青方法，以干燥方式的不同还可分为烘青、半烘炒青、炒青、晒青。

图 2-2　炒青绿茶

如果杀青后再采用热炒方式进行干燥的叫炒青绿茶。炒青绿茶由于炒制时作用力不同，产生了不同的形状，分为长炒青、圆炒青、扁炒青等。长炒青经过精加工之后称为眉茶，成品花色有珍眉、贡熙、雨茶、茶芯、针眉、秀眉、茶末等，是出口绿茶的主要花色。圆炒青其品质特征是外形颗粒圆浑状，色泽深绿油润，汤色黄绿，有栗香，滋味浓厚，叶底深绿较壮实，有平炒青、泉岗辉白、涌溪火青等。扁炒青外形扁平光滑，产于西湖周边的龙井为西湖龙井，素有"色绿、香郁、味甘、形美"四绝，外形光扁平直，色翠略黄，滋味甘鲜醇和，香气幽雅清高，汤色碧绿黄莹，叶底细嫩成朵。

名优炒青，多指名优茶炒青，也称细嫩炒青绿茶，指著名的炒青绿茶，包括龙井茶、涌溪火青等扁炒青、圆炒青，也包括毛尖型、芽型的各种名茶。特种炒青绿茶品质各异，名扬中外，有洞庭碧螺春、南京雨花茶、安化松针等。其品质的共同特点是外形独特，色泽鲜活翠绿，内质香气清鲜高长，滋味鲜美纯甘，汤色绿亮，叶底嫩匀鲜活。

烘青　烘青指茶叶原料经过杀青、揉捻处理后，采用热风进行干燥所形成的绿茶。普通烘青绿茶大多作为制作茉莉花茶的原料,香气一般不如炒青高。品质优越的烘青也称为特种烘青绿茶,有黄山毛峰、太平猴魁、六安瓜片、开化龙顶等。其基本特征是条索紧直、显锋毫、色泽深绿油润,香气清高,汤色清澈明亮,滋味鲜醇,叶底匀整嫩绿明亮。是现在绿茶消费市场上的主流产品之一。

晒青　晒青是指利用日光晒干的绿茶。这种茶在市场上直接流通的并不多,主要产于云南、四川、湖南、湖北等地。晒青绿茶以云南大叶种的品质为最佳,称为"滇青"。晒青绿茶再加工成紧压茶,如果不渥堆仍属于绿茶,经过渥堆之后属于黑茶类。

(二)红茶

红茶是世界上生产和贸易的主要茶类,但在中国它的生产量次于绿茶。红茶是全发酵的茶类。鲜叶经萎凋→揉捻(揉切)→发酵→干燥等工序加工,制出的茶叶,汤色和叶底均为红色,故称为红茶。红茶根据其加工方法的不同,分为工夫红茶、小种红茶和红碎茶。其主要品质特点是"红汤红叶"。

1. 红茶的加工工艺流程

萎凋　萎凋是红茶初制的第一道工序,萎凋的目的是鲜叶在一定的条件下,均匀地散失适量的水分,使细胞张力减小,叶质变软,便于揉卷成条,为揉捻创造物理条件。伴随水分的散失,叶细胞逐渐浓缩,酶的活性增强,引起内含物质发生一定程度的化学变化,为发酵创造化学条件,并使青草气散失。

图 2-3　烘青绿茶

图 2-4　晒青绿茶

揉捻　揉捻是红茶初制的第二道工序,是形成工夫红茶紧结细长的外形、增进内质的重要环节。揉捻的目的是在机械力的作用下,使萎凋叶卷曲成条;充分破坏叶细胞组织,茶汁溢出,使叶内多酚氧化酶与多酚类化合物接触,借助空气中氧的作用,促进发酵作用的进行。由于揉出的茶汁凝于叶表,在茶叶冲泡时,可溶性物质溶于茶汤,增进茶汤的浓度。

发酵　发酵是红茶初制的第三道工序。发酵在萎凋、揉捻的基础上,是形成红茶色香味的关键,是绿叶红变的主要过程。发酵的目的是增强酶的活化程度,促进多酚类化合物的氧化缩合,形成红茶特有的色泽和滋味。在适宜的环境条件下,使叶子发酵充分,减少青涩气味,并产生浓郁的香气。

干燥　干燥目的是利用高温破坏酶的活性,停止发酵,固定萎凋、揉捻、特别是发酵所形成的品质。蒸发水分使干毛茶含水量降低到6%左右，以紧缩茶条，防止霉变，便于储运。继续发散青臭气，进一步发展茶叶香气。一般红茶烘干分两次进行，第一次烘干称毛火，中间适当摊晾，第二次烘干称足火。毛火掌握高温快速的原则，抑制酶的活性，散失叶内水分。足火掌握低温慢烤的原则，持续蒸发水分，发展香气。

2. 红茶的分类与品质特点

小种红茶 是福建特有的一种外销茶，是我国红茶生产历史最悠久的传统茶类。各种红茶制法都是在小种红茶制法的基础上发展起来的。小种红茶的主要产区是福建，生产产品有正山小种和人工小种之分。正山小种的产制中心是福建省崇安县的桐木关星村一带，所以正山小种又称星村小种。

图 2-5　正山小种红茶

在小种红茶盛期，福建的福安坦洋，闽侯的政和、屏南、古田、建阳等地仿效正山小种的制法制茶，但产品品质较差，另外将工夫红茶中粗老叶熏烟加工，品质更差，此类茶统称为人工小种。

正山小种红茶，香气高，微带松柏香味，茶汤呈深黄色，滋味浓而爽口，活泼且醇，似桂圆汤味。

工夫红茶 是我国传统茶类，产地较广，分布各主要产茶地。至今我国生产的工夫红茶主要有：安徽祁红、云南滇红、四川的川红、闽红、宁红（江西）、湘红、宜红（湖北）、浙江的越红、贵州的黔红、江苏的苏红、广东的粤红等。其中以安徽祁红最佳。工夫红茶的品质特点：原料细嫩，制工精细，外形条索紧直，匀齐，干茶色泽乌润，香气香甜，滋味醇和而甘浓，汤色、叶底红艳明亮，具有形质兼优的品质特征。

图 2-6　祁门红茶

红碎茶 是目前国际红茶市场的最主要品种，占世界红茶产销总量的95%以上。红碎茶具有叶色润泽（色泽稍红不枯），茶汤红亮，香气高锐持久，滋味浓强鲜爽的品质特征。

红碎茶的初制方法，是在我国工夫红茶的初制技术基础上发展来的，因此，初制原理与

图 2-7　红碎茶

工艺过程和工夫红茶基本相同,但在具体操作技术和掌握上却有较大的差异,特别是红碎茶的揉切过程与工夫红茶的揉捻过程不同,从而形成红碎茶特有的品质。鲜叶原料要求大叶种,以一芽二三叶为好;萎凋工艺与红条茶同;揉切是指在揉捻过程中将茶叶切碎,促进内含物质的氧化。红碎茶的发酵程度相对较轻。

红碎茶根据外形和内质分为叶茶、碎茶、片茶、末茶四大类。叶茶呈条状,碎茶呈颗粒状,片茶呈皱折状,末茶呈沙粒状。

(三)青茶(通常称为乌龙茶)

乌龙茶的加工结合了红、绿茶加工的优点,经过机械作用,使叶缘组织遭受摩擦,破坏叶细胞,使多酚类发生酶促氧化缩合,生成茶黄素(橙黄色)和茶红素(棕红色)等物质,而叶子中心细胞保持完整,叶色不变,形成绿叶红边的特征,而且散发出一种特殊的芬芳香味,形成了独特的风格。

1. 乌龙茶加工工艺流程

晒青　晒青是青茶制造的重要工艺之一,对于青茶香气和滋味的形成具有重要的作用。晒青与红茶不同,水分的丧失比红茶要轻,减重率8%～15%,青茶的萎凋过程中,叶和嫩梗含水分不均匀,叶片失水多,嫩梗失水少。晒青结束时叶子呈萎凋状态。鲜叶在阳光的红外线和紫外线作用下,使叶温迅速提高,水分蒸发,酶的活性逐渐加强,促进了多酚类化合物的转化和对叶绿素的破坏,同时对香气的形成与青气的挥发也起着很好的作用。

做青　做青是乌龙茶制作的重要工序,特殊的花香和绿叶红镶边的特征就是在做青过程中形成的。萎凋后的茶叶放入摇青机或筛子上,通过机械的摇动,使叶片与叶片或叶片与摇青工具间相互摩擦和碰撞,擦伤了叶缘细胞,从而促进细胞中的多酚类生化成分外溢,多酚类物质通过酶促作用与空气中的氧发生氧化反应,形成茶黄素氧化物质。通过晾青过程,将茶叶的水分重新分布,并促进醇系花香物质的形成。叶片刚开始时水分蒸发非常缓慢,失水也较少,摇青伴随着水分的蒸发,推动梗脉中的水分和水溶性物质,通过输导组织向叶片渗透、运转,水分从叶面蒸发,而水溶性物质在叶片内积累起来,最终形成茶叶的滋味物质。做青的过程也是走水过程,是以水分的变化控制物质的变化促进香气滋味的形成和发展过程。掌握和控制好摇青过程中的水分变化,是乌龙茶加工的关键。

杀青　杀青的目的是促使叶子在摇青过程中所引起的变化,不再因酶的作用而继续进行。青茶的杀青方法与绿茶有所不同,采取高温、快速、多闷的方法来达到杀青的目的。青茶在杀青的过程中,在热的作用下,内含物发生一系列复杂的变化,如叶绿素的进一步破坏,叶子中的青叶醛、青叶醇及正己醇等低沸点青臭气物质大量挥发,高沸点的芳香物质逐渐显现等。

揉捻　揉捻是形成青茶外形卷曲折皱的重要工序。由于青茶原料比红绿茶粗老,揉捻叶含水量较少,因此,必须采取热揉、少量重压、短时、快速的方法进行。否则,杀青叶冷却后变硬发脆,揉不成条。投叶多,时间长会产生水闷气。

做形(包揉)　包揉是安溪乌龙茶和台湾高山茶制造的特殊工序,也是塑造外形的重要手段。包揉运用"揉、搓、压、抓"等动作,作用于茶坯,使茶条形成紧结、弯曲螺旋状外形。通过初包揉可进一步摩擦叶细胞，挤出茶汁，粘附在叶表面上，加强非酶性氧化，增浓茶汤。包揉时，用力先轻后重，抓巾先松后紧，包揉过程中要翻拌1~2次，翻拌速度快，谨防叶温下降，包揉时间2~3分钟，初包揉后要及时解去布巾，进行复焙，如不能及时复焙，应将茶团解开散热，以免闷热泛黄。

干燥和烘焙　　青茶的干燥是在热力的作用下，茶叶中一些不溶性物质发生热裂作用和异构化作用，对增进滋味醇和、香气纯正有很好的效果。干燥的方法应采用"低温慢烤"，分两次进行。第一次干燥茶农称为"走水烘"，茶叶气味清纯，第一遍烘焙，约八至九成干，下烘摊放，使梗叶不同部位剩余水分重新分布，摊晾1小时左右，进行第二次烘焙。这次烘焙称为"烤焙"，烘焙的作用是蒸发水分，固定品质，紧结条形，发展香气和转化其他成分，对提高青茶品质有良好作用。如岩茶毛火时，采用高温快速烘焙法，使茶叶通过高温转化成一种焦脆香味，足火后的茶叶还要进行文火慢炖的吃火过程，对于增进汤色，提高滋味醇度和辅助茶香熟化等都有很好的效果。

2. 青茶（乌龙茶）的分类

乌龙茶是中国特色茶类，根据其产地不同可分为闽南乌龙、闽北乌龙、广东乌龙和台湾乌龙。

闽南青茶产于安溪、永春、平和、云霄、漳平等县市。这些地方主要生产铁观音、色种、水仙、乌龙、黄金桂。品质以安溪铁观音最优。铁观音和乌龙都是以茶树品种名称而命名的。色种是各种不同茶树品种混合制成的，包括毛蟹、本山、奇兰、梅占等。现在市场上也有单独作为一个产品花色而存在。

闽北青茶产于崇安（现武夷山市）、建阳、建瓯等县。其主要生产武夷岩茶和闽北乌龙。武夷岩茶包括武夷水仙、武夷奇种和一些高级名茶；闽北乌龙包括闽北水仙和闽北乌龙。武夷岩茶是闽北青茶中采制技术最高、品质最优的一种。由于产地的不同，又有正岩茶、半岩茶、洲茶、外山茶之分。品质以正岩茶最优，其中三坑二涧品质最优，即慧苑坑、牛栏坑、倒水坑，流香涧、梧源涧。半岩茶产于武夷山范围三坑二涧以外和九曲溪一带。洲茶产于平地和沿溪一带。外山茶产于武夷山以外和邻近一带。

图2-8　福建铁观音茶

广东乌龙产于广东省潮汕地区，为条形乌龙茶，分单丛、浪菜、水仙三个级别。其中以产于潮安凤凰山的单丛最为有名。

图2-9　广东凤凰单丛茶

凤凰单丛也是茶树品种名，是从凤凰水仙的茶树植株中选育出来的优异单株。其采制比凤凰水仙精细，是广东乌龙茶中的极品之一，产于广东省潮州市凤凰镇乌岽山茶区。茶形壮实而卷曲，叶色浅黄带微绿，汤色黄艳衬绿，有天然花果香，蜜韵，滋味浓、醇、爽、甘，耐冲泡。主销广东、北京和港澳地区，外销日本、东南亚、美国。凤凰水仙享有"形美、色翠、香郁、味甘"之誉。茶条肥大，色泽呈鳝鱼皮色，油润有光。茶汤澄黄清澈，味醇爽口回甘，香味持久，耐泡。现在市场上较为流行的广东乌龙有凤凰水仙、凤凰单丛（黄枝香、芝兰香、透天香、桃仁香等十大香型）、岭头单丛、白叶工夫等。

台湾乌龙茶源于福建，但是福建乌龙茶的制茶工艺传到台湾后有所改变，依据发酵程度和工艺流程的区别可分为：轻发酵的文山型包种茶、冻顶乌龙茶、重发酵的台湾乌龙茶。文山包种茶属轻发酵茶类，外观呈条索状，色泽墨绿。由于轻度发酵，文山包种茶大部分的成分也未氧化，所以风味比较趋近于绿茶，而介于绿茶与冻顶乌龙茶中间。冻顶乌龙茶属部分发酵茶类当中的一种，实际上应属"半球型包种茶"。与冻顶乌龙茶同属"半球型包种茶"者如松柏长青茶、竹山（或杉林溪）乌龙茶、梅山乌龙茶、玉山乌龙茶、阿里山珠露、阿里山乌龙茶、金萱茶、翠玉茶、四季春、高山茶等，其实都隶属部分发酵茶类当中的半球型包种茶。这种茶是目前台湾省产制最多也是最主要的茶类。它的发酵程度较文山包种茶稍重（成熟），外观呈紧结墨绿之半球状，加工过程繁复精细，极耗人力。台湾乌龙是乌龙茶类中发酵程度最重的一种，也是与红茶最相近的一种。优质的台湾乌龙茶茶芽肥壮、白毫显露、茶条较短，含红黄白三色，茶色绚丽，汤色橙红，叶底淡褐有红边，叶片完整，芽叶连枝。在国际市场上，台湾乌龙茶的名品白毫乌龙被誉为香槟乌龙或东方美人。

（四）黄茶

黄茶是我国所特有的茶类。在唐时已有蒙顶黄芽作为贡茶。黄茶具有干茶色黄、汤色黄、叶底黄的"三黄"品质特征，其香气高锐，滋味醇爽。

1. 黄茶的加工工艺

原料　黄大茶鲜叶原料要求一芽四五叶，其他的要求为芽头、一芽一叶或一芽二叶初展。

杀青　黄茶杀青原理、目的与绿茶基本相同，但黄茶品质要求黄叶黄汤，因此杀青的温度与技术就有其特殊之处。杀青锅温较绿茶锅温低，一般在120～150℃。杀青采用多闷少抖，造成高温湿热条件，使茶叶内含物发生一系列的变化，如叶绿素受到较多破坏，多酚氧化酶、过氧化物酶失去活性，多酚类化合物在湿热条件下发生自动氧化和异构化，淀粉水解为单糖，蛋白质分解为氨基酸等。这些都为形成黄茶醇厚滋味及黄色创造条件。

闷黄　闷黄是形成黄茶品质的关键工序。黄茶的闷黄是在杀青基础上进行的。在闷黄过程中，由于湿热作用，多酚类化合物总量减少很多，特别是复杂儿茶素类大量减少。由于这些酯型儿茶素自动氧化和异构化，改变了多酚类化合物的苦涩味，从而形成黄茶特有的金黄色泽和较绿茶醇和的滋味。

干燥　黄茶干燥分两次进行。毛火采用低温烘炒，足火采用高温烘炒。干燥温度先低后高，是形成黄茶香味的重要因素。堆积变黄的叶子，在较低温度下烘炒，水分蒸发得慢，干燥速度缓慢,多酚类化合物的自动氧化和叶绿素的降解等在湿热作用下进行的缓慢转化,促进了黄叶黄汤的进一步形成。然后用较高的温度烘炒,固定已形成的黄茶品质,同时在干热作用下,使酯型儿茶素裂解为简单儿茶素和没食子酸,增加了黄茶的醇和味感。

2. 黄茶种类

黄茶按鲜叶老嫩可分为黄大茶和黄小茶两类,制法各有特点,对鲜叶的要求也不同。一般高级的黄茶闷黄作业不是简单的一次完成,而是分多次逐步变黄,以防变化过度和不足,造形也不是一次造成,而是分次逐步地塑造,达到外形整齐美观。

图 2-10 君山银针

黄小茶有君山银针、北港毛尖、沩山毛尖、莫干黄芽、蒙顶黄芽、霍山黄芽等。黄大茶有皖西黄大茶、湖北远客鹿苑、广东大叶青等。

(五)白茶

白茶是我国的特产,产于福建省的福鼎、政和、松溪和建阳等县市,台湾省也有少量生产。白茶生产已有200年左右的历史。白茶最主要的特点是毫色银白,素有"绿妆素裹"之美感,且芽头肥壮,汤色黄亮,滋味鲜醇,叶底嫩匀。冲泡后品尝,滋味鲜醇可口,还能起药理作用。中医药理证明,白茶性清凉,具有退热降火之功效,海外侨胞往往将白茶视为不可多得的珍品。白茶的主要品种有白毫银针、白牡丹、新工艺白茶、贡眉、寿眉等。尤其是白毫银针,全是披满白色茸毛的芽尖,形状挺直如针,在众多的茶叶中,它是外形最优美者之一,令人喜爱。白茶汤色浅黄,鲜醇爽口,饮后令人回味无穷。

1. 白茶的加工工艺

白茶的制作工艺,一般分为萎凋和干燥两道工序,而其关键是在于萎凋。萎凋分为室内萎凋和室外日光萎凋两种。其加工要根据气候灵活掌握,以春秋晴天或夏季不闷热的晴朗天气,采取室内萎凋或复式萎凋为佳。其精制工艺是在剔除梗、片、蜡叶、红张、暗张之后,以文火进行烘焙至足干,只宜以火香衬托茶香,待水分含量为4%~5%时,趁热装箱。白茶制法的特点是既不破坏酶的活性,又不促进氧化作用,且保持毫香显现,汤味鲜爽。

图 2-11 白毫银针

2. 白茶的种类

白毫银针　简称银针，又叫白毫，为福鼎首创的历史名茶。选用"福鼎大白"和"福鼎大毫"良种的春季茶叶为原料，其成品多为芽头，全身披满白毫，干茶色白如银，外形挺直如针。它的制取有独特之处。整个初精制作过程，既不同于绿茶杀青、揉捻，也不同于红茶发酵、揉捻。成品茶外观茶叶肥壮，形状似针，白毫披覆，色泽鲜白光润，闪烁如银，条长挺直，茶汤呈杏黄色，清澈明亮，香气清鲜，入口毫香显露。

白牡丹　白牡丹的产区分布于福鼎的白琳等地。多采用"福鼎大白"、"福鼎大毫"一芽一二叶的茶鲜叶为主要原料制成，品质独特。高级白牡丹叶张肥嫩，毫心肥壮，汤色橙黄，滋味甜美鲜爽，毫香浓显。泡茶后绿叶托着嫩芽，宛若蓓蕾初开，故名白牡丹。

贡眉　产量约占白茶产量的一半以上。一般以贡眉为上品，质量优于寿眉，近年则一般只称贡眉，不再有寿眉的出口商品。制作贡眉原料采摘标准为一芽一叶至二三叶，要求芽嫩、芽壮。制作工艺与白牡丹基本相同。优质贡眉毫心显而多，色泽暗绿或灰绿，汤色橙黄。叶脉迎光透视呈红色，味醇爽，香气鲜纯。

（六）黑茶

黑茶属后发酵茶，主产区为四川、云南、湖北、湖南等地。黑茶是以绿茶为原料经蒸压而成的边销茶。由于四川、云南的茶叶要运输到西北地区，当时交通不便，运输困难，为减少体积，所以蒸压成团块。黑茶在加工成团块的过程中，要经过20多天的湿坯堆积，所以毛茶的色泽逐渐由绿变黑。成品团块茶叶的色泽为黑褐色，并形成了茶品的独特风味。黑茶是利用微生物发酵的方式制成的一种茶叶，它的出现距今已有400多年的历史。由于黑茶的原料比较粗老，制造过程中往往要堆积发酵较长时间，所以叶片大多呈现暗褐色，因此被人们称为"黑茶"。黑茶的基本工艺流程是杀青、揉捻、渥堆、干燥。黑茶主要供边区少数民族饮用，所以又称边销茶。

黑茶按地域分布，主要分为湖南黑茶、四川黑茶、云南黑茶及湖北黑茶。

湖南黑茶　主要集中在安化生产，最好的黑茶原料为高家溪、马家溪产茶叶，此外，益阳、桃江、宁乡、汉寿、沅江等地也生产一定数量。湖南黑茶条索卷折成泥鳅状，色泽油黑，汤色橙黄，叶底黄褐，香味醇厚，具有松烟香。黑毛茶经蒸压装篓后称天尖，蒸压成砖形的是黑砖、花砖或茯砖等。

湖北老青茶　老青茶产于赤壁、咸宁、通山、崇阳、通城等地，采收的茶叶较粗老，含有较多的茶梗，经杀青、揉捻、初晒、复炒、复揉、渥堆、晒干而制成。以老青茶为原料，蒸压成砖形的成品称"老青砖"，主销内蒙古自治区。

四川边茶　四川边茶分南路边茶和西路边茶两类。四川雅安、天全、荥经等地生产的南路边茶，压制成紧压茶——康砖、金尖后，主销西藏，也销青海和四川甘孜藏族自治州。四川都江堰、崇州、大邑等地生产的西路边茶，蒸后压装入篾包制成方包茶或圆包茶，主销四川阿坝藏族自治州及青海、甘肃、新疆等省（区）。南路边茶制法是用割刀采割来的枝叶杀青后，经过多次的"扎堆"、"蒸、馏"后晒干。西路边茶制法简单，将采割来的枝叶直接晒干即可。

云南黑茶 云南黑茶是用滇晒青毛茶经潮水沤堆发酵后干燥而制成，统称普洱茶，产于澜沧江领域的西双版纳及思茅（现普洱市）等地。其外形条索肥壮，色泽褐红；汤色红浓明亮；具有独特的陈香；滋味醇厚回甜，叶底厚实呈褐红色，可直接饮用。以这种普洱散茶为原料，可蒸压成不同形状的紧压茶，如饼茶、紧茶、圆茶（即七子饼茶）等。

广西黑茶 最著名的是六堡茶，因产于广西苍梧县六堡乡而得名，已有200多年的生产历史。现在除苍梧外，贺州、横县、岑溪、玉林、昭平、临桂、兴安等市县也有一定数量的生产。六堡茶制造工艺流程是杀青、揉捻、渥堆、复揉、干燥，制成毛茶后再加工时仍需潮水渥堆，蒸压装篓，堆放陈化。原料一般为一芽二三叶至三四叶，条索粗壮，黑润；香气陈醇；汤色红浓；滋味甘醇，并带有松木烟味和槟榔味，叶底呈铜褐色。

图 2-12　普洱饼茶

 再加工茶——茉莉花茶

花茶又称熏制茶或香片。主产于福建、广西、浙江等地，采用精加工好的茶叶与鲜花窨制而成。用于窨制花茶的茶坯主要是烘青绿茶。用于窨制花茶的鲜花主要有茉莉花、白兰花、珠兰花、桂花等。芬芳的花香加上醇厚的茶味是花茶的总体品质特征。其加工工序是：茶坯处理—鲜花处理—茶花拼和—窨花—通花散热—收堆续窨—起花烘焙—提花。

茶坯处理：毛茶进行筛分后进行复火，复火是为了减少茶坯含水量，增进吸香。

鲜花处理：鲜花采回后摊放至90%的花开成虎爪形时，便可用来窨花。

茶花拼和—窨花：将茶与花按照一定比例拼和，然后开始窨花。

通花散热—收堆续窨：窨花过程中会产生热量，因此要通花散热，散热之后又收堆，继续窨制。

起花烘焙—提花：窨花后期，鲜花失去生机，此时要将花提出，之后用高温快速干燥，干燥后再用少量花提香。

第三节　茶叶品质评定的方法

一、茶叶品质形成原理

（一）茶叶色泽的形成

茶叶的色泽分为干茶色泽、汤色、叶底色泽3个部分。色泽是鲜叶内含物质经过加工而发生不同程度的降解、氧化聚合变化的总反应。茶叶色泽是茶叶命名和分类的重要依据，是分辨品质优次的重要因子，是茶叶主要品质特征之一。

绿茶　杀青抑制了叶内酶的活性，阻止了内含物质反应，基本保持鲜叶固有的成分。因此形成了绿茶干茶、汤色、叶底都为绿色的"三绿"特征。

红茶　红茶经过发酵，多酚类充分氧化成茶黄素和茶红素，因此茶汤和叶底都为红色。干茶因含水量低，为乌黑色。

黄茶　黄茶在"闷黄"过程中产生了自动氧化，叶绿素被破坏，多酚类初步氧化成为茶黄素，因此形成了"三黄"的品质特征。

白茶　白茶只萎凋而不揉捻，多酚类与酶接触较少，并没有充分氧化。而且白茶原料毫多而嫩，因此干茶和叶底都带银白色，茶汤带杏色。

青茶　青茶经过做青，叶缘遭破坏而发酵，使叶底呈现出绿叶红边的特点，茶汤橙红，干茶色泽青褐。但发酵较轻的如包种色泽上与绿茶接近。

黑茶　黑茶在"渥堆"过程中，叶绿素降解，多酚类氧化形成茶黄素、茶红素，以及大量的茶褐素，因此干茶为褐色，茶汤成红褐色，叶底为青褐色。

茶叶色泽品质的形成是品种、栽培、制造及储运等因素综合作用的结果。优良的品种、适宜的生态环境、合理的栽培措施、先进的加工技术、理想的储运条件是良好色泽形成的必备条件。影响色泽的因素主要有茶树品种、栽培条件、加工技术等。如茶树品种不同，叶子中所含的色素及其他成分也不同，使鲜叶呈现出深绿、黄绿、紫色等不同的颜色。深绿色鲜叶的叶绿素含量较高，如用来制绿茶，则具"三绿"的特点。浅绿色或黄绿色鲜叶，其叶绿素含量较低，适制性广，制红茶、黄茶、青茶，茶叶色泽均好。另外，栽培条件的不同，如茶区纬度、海拔高度、季节、阴坡、阳坡的地势、地形不同，所受的光照条件也不同，鲜叶中色素的形成也不相同。土壤肥沃，有机质含量高，叶片肥厚，正常芽叶多，叶质柔软，持嫩性好，制成干茶色泽一致、油润。不同制茶工艺，可制出红、绿、青、黑、黄、白等不同的茶类，表明茶叶色泽形成与制茶关系密切。在鲜叶符合各类茶要求的前提下，制茶技术是形成茶叶色泽的关键。

（二）茶叶香气的形成

茶叶具有正常而特有的茶香，是内含各种香气成分比例恰当的综合反应。茶叶的香气种类虽然有600多种，但鲜叶原料中的香气成分并不多，因此，成品茶所呈现的香气特征大多是茶叶在加工过程中由其内含物发生反应而来。各类茶叶有各自的香气特点，是由于品种、栽培条件和鲜叶嫩度不同，经过不同制茶工艺，形成了各种香型不同的茶叶。

茶叶香气通过茶叶加工而挥发出来，鲜叶中青草气、青臭气较多，经过加工，叶内发生了一系列的生化反应，青草气等低沸点物质挥发，高沸点的芳香物质生成，形成茶叶的香气。已知茶叶香气成分有六七百种之多，不同香气成分组合形成了不同的香型。

一般来说，绿茶的典型香气是清香，红茶为甜香；嫩度高、毫多的茶具有嫩香、毫香；青茶、花茶和部分绿茶、红茶具有花香；闽北青茶、部分红茶具有果香；黑茶经过渥堆具有陈香；在干燥过程中火温高，会形成火香，黄大茶、武夷岩茶等属于此类；在干燥过程中用松柴、松树枝叶熏烟的茶叶具有松烟香，如小种红茶、六堡茶等。

茶叶香气组成复杂，香气形成受许多因素的影响，不同茶类、不同产地的茶叶均具有各自独特的香气。如红茶香气常用"馥郁"、"鲜甜"来描述,而绿茶香气常用"鲜嫩"、"清香"来表达,不同产地茶叶所具有的独特的香气常用"地域香"来形容,如祁门红茶的"祁门香"等。总之,任何一种特有的香气是该茶所含芳香物质的综合表现,是品种、栽培技术、采摘质量、加工工艺及贮藏等因素综合影响的结果。

(三) 茶叶滋味的形成

茶叶之所以具有饮用价值,主要体现溶解在茶汤中对人体有益物质含量的多少,以及有味物质组成配比是否适合于消费者的要求。因此,茶汤滋味是组成茶叶品质的主要项目。茶叶滋味的化学组成较为复杂,各种呈味物质的种类、含量和比例构成了不同的滋味。茶叶中的呈味物质主要有以下几类。

刺激性涩味物质 主要是多酚类。鲜叶中的多酚类含量占干物质的30%左右。其中儿茶素类物质所占百分比最高,儿茶素中酯型儿茶素含量占80%左右,具有较强的苦涩味,收敛性强,非酯型儿茶素含量不多,稍有涩味,收敛性弱,喝茶后有爽口的回味。黄酮类有苦涩味,自动氧化后涩味减弱。

苦味物质 主要是咖啡碱、花青素、茶皂素、儿茶素、黄酮类。

鲜爽味物质 主要是游离态的氨基酸类、茶黄素以及氨基酸、儿茶素、咖啡碱形成的络合物,茶汤中还存在可溶性的肽类和微量的核苷酸、琥珀酸等鲜味成分。氨基酸类中的茶氨酸具有鲜甜味,谷氨酸、天门冬氨酸具有酸鲜味。

甜味物质 主要是可溶性糖类和部分氨基酸,如果糖、葡萄糖、甘氨酸等。糖类中的可溶性果胶具有黏稠性,可以增进茶汤的浓度和厚感,使滋味甘醇。甜味物质能在一定程度上削弱苦涩味。

酸味物质 主要是部分氨基酸、有机酸、抗坏血酸、没食子酸、茶黄素和茶黄酸等。酸味物质是调节茶汤风味的要素之一。

以上不同类型的呈味物质在茶汤中的比例构成了茶汤滋味的类型,茶汤滋味的类型主要有浓烈型、浓强型、浓醇型、醇厚型、醇和型、平和型等。影响滋味的因素主要有品种、栽培条件、鲜叶质量等。不同的茶树品种其多种内含成分的含量明显不同,因为品种的一些特征、特性往往与物质代谢有着密切的关系,因而也就导致了不同品种在内含成分上的差异。栽培条件及管理措施合理与否直接影响茶树生长、鲜叶质量及内含物质的形成和积累,从而影响茶叶滋味品质的形成。如茶树在不同季节的鲜叶其内含成分含量的差异很大,制茶后滋味品质也明显不同。一般春茶滋味醇厚、鲜爽,尤其是早期春茶的滋味特别醇厚、鲜爽。

另外,鲜叶原料的老嫩度不同,内含呈味物质的含量不同。一般嫩度高的鲜叶内含物丰富,如多酚类、蛋白质、水浸出物、氨基酸、咖啡碱、水溶性果胶等的含量较高,且各种成分的比例协调,茶叶滋味较浓厚,回味好。

不同的茶叶滋味要求不同,一般小叶种绿茶滋味要求浓淡适中,南方的红茶绿茶要求滋味浓强鲜,青茶滋味要求醇厚,白茶要求滋味清淡,黄茶滋味要清甜,黑茶要醇和。

（四）茶叶形状的形成

茶叶的形状是组成茶叶品质的重要项目之一，也是区分茶叶品种花色的主要依据。茶叶形状包括干茶的形状和叶底的形状。

干茶形状类型　各种干茶的形状，根据茶树品种采制技术的不同，可分为条形、卷曲条形、圆珠形、扁形、针形等。

叶底形状类型　叶底即冲泡后的茶渣。茶叶在冲泡时吸收水分膨胀到鲜叶时的大小，比较直观，通过叶底可分辨茶叶的真假，还可以分辨茶树品种、栽培情况，并能观察到采制中的一些问题。再结合其他品质项目，可较全面地综合分析品质特点及影响因素。

1．茶叶形状的形成

干茶形状和叶底形状的形成及优劣与制茶技术的关系极为密切。制法不同，茶叶形状各式各样，而同一类形状的茶，如条形茶、圆珠形茶、扁形茶、针形茶、片形茶、团块形茶、颗粒形茶等也会因各自加工技术掌握的好坏而使其形状品质差异很大。如下面几种茶叶形状的形成各有以下特色：

条形茶　先经杀青或萎凋，使叶子散失部分水分，后经揉捻成条，再经解块、理条，最后烘干或炒干。

圆珠形茶　经杀青、揉捻和初干使茶叶基本成条后，在斜锅中炒制，在相互挤压、推挤等力的作用下逐步造形，先炒三青做成虾形，接着做对锅使茶叶成圆茶坯，最后做大锅成为颗粒紧结的圆珠形。

扁形茶　经杀青或揉捻后，采用压扁的手法使茶叶成为扁形。

针形茶　经杀青后在平底锅或平底烘盒上搓揉紧条，搓揉时双手的手指并拢平直，使茶条从双手两侧平平落入平底锅或烘盒中，边搓条、边理直、边干燥，使茶条圆浑光滑挺直似针。

总之，不同的制法将形成不同的形状，有的干茶形状和叶底形状属同一类型，有的干茶形状属同一类型，而叶底形状却有很大的差别。如白牡丹、小兰花干茶形状都属花朵形，它们的叶底也都属花朵形；而珠茶、贡熙干茶同属圆珠形，但珠茶叶底芽叶完整成朵属花朵形，而贡熙叶底属半叶形。

2．影响形状的因素

茶叶形状不同的原因，主要是制茶工艺造成的。但是，影响形状尤其是干茶形状的因素还很多，如茶树品种、采摘标准等，虽然它们不是形状形成的决定性因素，但对形状的优美和品质的形成都很重要，个别因素在某种程度上亦起着支配性的作用。

茶树品种不同，鲜叶的形状、叶质软硬、叶片的厚薄及茸毛的多少有明显的差别，鲜叶的内含成分也不尽相同。一般鲜叶质地好，内含有效成分多的鲜叶原料，有利于制茶技术的发挥，有利于造形，尤其是以品种命名的茶叶，一定要用该品种鲜叶制作，才能形成其独有的形状特征。而栽培条件也直接影响茶树生长、叶片大小、质地软硬及内含的化学成分。鲜叶的质地及化学成分与茶叶形状品质有密切的关系。采摘嫩度直接决定了茶叶的老嫩，从而对茶叶的形状品质产生深刻的影响。嫩度高的鲜叶，由于其内含可溶性成分丰富，汁水多，水溶性果胶物质的含量高，纤维素含量低，使叶子的黏稠性高，黏合力大，有利于做形，如做条形茶则条索紧结，重实，有锋苗；做珠茶则颗粒细圆紧结，重实。

二、茶叶品质评定的方法

茶叶品质评定，又叫感官审评，就是对茶叶的品质进行感官评定的过程。对于茶叶品质的评定是一项难度较高、技术性较强的工作，也是茶艺学习者需要掌握的内容。学习者可以通过不断的实践来锻炼自己的嗅觉、味觉、视觉、触觉，使自己具有较好的感官辨别能力，当然还要学习相应的理论知识，并通过反复练习，才能熟练掌握不同茶叶的评定方法。茶叶品质的感官审评可分为干茶外观审评和内质审评，俗称干评和湿评，即干评外形和湿评内质，一般以湿评内质为主。茶叶感官审评一般按外形、香气、汤色、滋味、叶底的顺序进行。

（一）茶叶的外观审评程序

在进行茶叶评审时，首先要做的是取茶样，专业的说法叫扦样，是指从一大批茶叶中抽取能代表本批茶叶品质的最低数量的样茶，作为审评检验品质优劣和理化指标的依据。一般的取样方法是均匀抽取200～250g放于专业的审评盘内，混合均匀，用于评审茶叶的色泽、大小、粗细、轻重、长短，以及碎片、末茶所占比例。外观评审结束的茶样可取出相应数量用于内质评定。

审评外形主要从嫩度、形状、色泽、整碎、净度等几个方面去辨别品质的好坏。

1. 嫩度

嫩度是指茶叶的老嫩程度。嫩度的高低一般以芽的含量来看，芽的比例高，嫩度好。一般炒青绿茶以芽苗多为好，烘青看芽毫，条形红茶看芽头。另外，就光洁度而言，茶叶越光润品质越好。

2. 条索

是指各类茶叶在加工过程中所形成的外形规格，茶叶叶片卷转成条形称为"条索"。它是区别商品茶种类和等级的依据。茶叶有长条形、圆形、扁形、针形，等等。

长条形　主要从条索的松紧程度、肥壮与瘦小程度、弯直、轻重、扁圆等方面去审评。

圆珠形　主要从颗粒的松紧、匀正、轻重、空实等方面去审评。

扁形　主要从从扁平、挺直、光滑度等方面去审评。

茶叶形状的评定还需要考虑该茶的风格特征，如珠茶中的涌溪火青是腰圆形，而贡熙是圆形；同是针形茶，都是单芽，白毫银针与千岛银针的形状是不一样的。

3. 色泽

干茶色泽好坏的评定主要从色度和光泽度去判断。色度是指颜色的种类以及深浅，如绿色的有翠绿、黄绿、绿；红色的有棕红、褐红等。光泽度是指茶叶接受外来光线后，一部分光线被吸收，一部分光线被反射出来，形成茶叶色面的亮暗程度。由于不同级别的茶叶表面光泽度不同，就形成了不同级别茶叶的色泽差异。一般高档茶叶光泽度好，中低档茶叶反光性差，形成枯和暗的品质特征。一般从以下几个方面来辨别色泽品质。

深浅　主要是看一个样品的色泽是否符合该茶类应有的色泽（色度）要求，如正常绿茶干茶随级别下降，颜色由绿转向黄色。

匀杂　茶叶的颜色是否调和一致，是否花杂，有青条，等等。

润枯　茶叶色面油润、反光性强为好。

鲜暗　色泽鲜活为佳。

4. 整碎

指茶叶的完整程度，主要是看茶叶的外观是否完整。按品质好坏可以有完整、平伏、匀称与短碎、碎茶过多之分。

5. 净度

指茶叶中含有杂物的多少，或是否有非茶叶夹杂物，其老片、黄叶是否超过标准样。

（二）茶叶品质的内质评定程序

茶叶的内质评定过程是，将准确称取的（按茶水比取好的）茶样置于审评杯中，冲入沸水加盖并准确计时，至冲泡时间后，及时将茶汤沥出，然后按次序看汤色→闻香气→尝滋味→评叶底；对茶叶的内在品质进行综合评价，是目前国际上对茶叶质量等级评定最通用的方法。

1. 看汤色

汤色即茶汤的颜色，是茶叶生化成分溶解于沸水中而反应出来的色泽。审评时看汤色要及时，因为茶汤中成分容易氧化导致汤色变化，因此有时把看汤色放在闻香气之前。

审评汤色时主要看茶汤的色度、亮度和清浊度。

色度　属哪一类型及深浅，分正常色、劣变色、陈变色。

亮度　亮度好，品质好。绿茶看碗底，反光；红茶看碗底及金圈，金圈发黄、亮而厚时较好。

清浊度　茶汤纯净透明，无混杂，清澈见底为佳；茸毛与冷后浑应区别对待。

绿茶汤色品质由好到差的描述：嫩绿明亮→黄绿明亮→绿明→绿欠亮→绿暗→黄暗等。

红茶汤色品质由好到差的描述：红艳→红亮→红明→红暗→红浊等。

2. 闻香气

香气是茶叶冲泡后随水蒸气挥发出来的气味，是茶叶品质好坏的重要指标之一。采用盖碗法或审评杯冲泡法评定茶叶内质时，可以在倒出茶汤后，一手拿茶杯（碗），一手半揭开盖，靠近杯沿（碗边）用鼻子深嗅或轻嗅，嗅1～2次，每次2～3秒。一般香气分热嗅、温嗅和冷嗅。热嗅主要辨别香气是否正常、香气的类型和香气的高低。温嗅是指待茶叶温热（55℃左右）时闻嗅，辨别香气的优次。冷嗅是指在茶叶凉后再进行闻嗅，辨别香气的持久性。审评香气除了辨别香型，主要比较香气的纯异、高低、长短。

纯异　纯指某茶应有的香气，异指茶香中夹杂有其他气味。

高低　香气高低可以从浓、鲜、清、纯、平、粗来区别。

长短　即香气持久度，香气持久为好。

香气品质好坏可采用香气术语来描述，如茶叶香气从高到低可以如下描述：

高鲜持久→高→尚高→纯正→平和→低→粗。

香气的类型：由于鲜叶的品种、生长环境和加工方法的区别，茶叶香气的种类千变万化。

清高　清香高爽，久留鼻间，为茶叶较嫩且新鲜，做工好的一种香气。

清香　香气清纯柔和，香虽不高，令人有愉快感，是自然环境较好，品质中等茶所具有的香气。与此相似的有清正，清纯，清鲜略高一点。

果香型　似水果香型，如蜜桃香（白毫乌龙），雪梨香，佛手香，橘子香（宜红），桂圆香，苹果香等。

嫩香　芽叶细嫩，做工好的茶叶所具有的香气，与此同时鲜嫩。

栗香　原料嫩，做工好的茶叶所具有的香气。

毫香　茸毛多的茶叶所具有的香气，特别是白茶。

甜香　工夫红茶具有甜枣香。

花香　自然环境好，茶叶细嫩，做工好的茶叶所具有的香气。如兰花香（舒绿具有），玫瑰香，杏仁香等。

火香　炒米香，高火香，老火香，锅巴香。

陈香　压制茶、黑茶具有，如普洱茶，六堡茶。

松烟香　小种红茶，黑毛茶，六堡茶等茶类所具有的香气。

另有低档茶的粗气，青气，浊气，闷气等。

3．尝滋味

滋味是品尝茶汤的人对茶汤的味觉感受。辨别滋味的最佳汤温在50℃左右。滋味的审评项目从浓淡、强弱、鲜滞、纯异等方面评断。对茶汤进行滋味品质评判时，要待茶汤温度降至50℃左右，茶汤太热或冷却后都不易正确评价。将一浅匙茶汤吮入口中，因为舌头各个部位对滋味感觉不同让茶汤在舌头上循环滚动，以便辨别滋味，感受滋味时，既要包括舌头处的味道，又要包括从喉咙处扩散至嗅觉器官的香气和来自鼻腔的香气的混合知觉，即严格来说应包括香气。然后，根据感觉对茶汤进行描述或排序或打分。审评滋味时的茶汤不宜下咽，在尝第二碗时，汤匙应该在白开水中洗净。

描述滋味品质从高档茶到低档茶的基本描述：

浓烈→浓厚→浓纯→醇厚→醇和→纯正→粗涩→粗淡等。

4．评叶底

叶底是指冲泡后过滤出茶汤的茶渣。审评叶底时可将茶渣倒在叶底盘上，用手触摸来感受叶底的软硬、厚薄等，再看芽头和嫩叶含量、叶张的色泽、均匀度等。一般好的茶叶叶底，嫩芽叶含量高，质地柔软，色泽明亮，叶底均匀一致，叶形均匀一致，叶片肥厚。主要评叶底的老嫩、整碎、色泽与匀杂。

嫩度　通过芽及嫩叶的含量比例和叶质的老嫩来评判。

色泽　看色度和亮度。
匀度　看厚薄，老嫩，大小，整碎，色泽是否一致。

第四节　饮茶与健康

茶为药用，在我国已有悠久的历史。东汉的《神农本草》、唐代陈藏器的《本草拾遗》、明代顾元庆的《茶谱》等史书，均详细记载了茶叶的药用功效。现代科学研究证明，茶叶内含化合物多达500种。这些化合物中有些是人体所必需的成分，称之为营养成分，如维生素类、蛋白质、氨基酸、类脂类、糖类及矿物质元素等。它们对人体有较高的营养价值。还有一部分化合物是对人体有保健和药效作用的成分，称之为有药用价值的成分，如茶多酚、咖啡碱、茶多糖等。

一、茶的营养价值

（一）茶叶含有人体需要的多种维生素

茶叶中含有多种维生素。按其溶解性可分为水溶性维生素和脂溶性维生素。其中水溶性维生素（包括维生素C和B族维生素），可以通过饮茶直接被人体吸收利用。因此，饮茶是补充水溶性维生素的好方法，经常饮茶可以补充人体对多种维生素的需要。

维生素C，又名抗坏血酸，能提高人体的抵抗力和免疫力。在茶叶中维生素C含量较高，一般每100g绿茶中含量可高达100～250mg，高级龙井茶含量可达360mg以上，比柠檬、柑橘等水果含量还高。红茶、乌龙茶因加工中经发酵工序，维生素C受到氧化破坏而含量下降，每100g茶叶只剩几十毫克，尤其是红茶，含量更低。因此，绿茶档次越高，其营养价值也相对增高。每人每日只要喝10g高档绿茶，就能满足人体对维生素C的日需要量。

由于脂溶性维生素难溶于水，茶叶用沸水冲泡也难以被吸收利用。因此，现今提倡适当"吃茶"来弥补这一缺陷，即将茶叶制成超微细粉，添加在各种食品中，如含茶豆腐、含茶面条、含茶糕点、含茶糖果、含茶冰淇淋等。吃了这些茶食品，则可获得茶叶中所含的脂溶性维生素营养成分，更好地发挥茶叶的营养价值。

（二）茶中含有人体需要的蛋白质和氨基酸

茶叶中能通过饮茶被直接吸收利用的水溶性蛋白质含量约为2%，大部分蛋白质为水不溶性物质，存在于茶渣内。茶叶中的氨基酸种类丰富，多达25种以上，其中的异亮氨酸、亮氨酸、赖氨酸、苯丙氨酸、苏氨酸、缬氨酸，是人体必需的8种氨基酸中的6种。还有婴儿生长发育所需的组氨酸。这些氨基酸在茶叶中含量虽不高，但可作为人体日需量不足的补充。

（三）茶叶含有人体需要的矿物质元素

茶叶中含有人体所需的大量元素和微量元素。大量元素主要是磷、钙、钾、钠、镁、硫等；微量元素主要是铁、锰、锌、硒、铜、氟和碘等。如茶叶中含锌量较高，尤其是绿茶，每克绿茶平均含锌量达73μg，高的可达252μg；每克红茶中平均含锌量也有32mg。茶叶中铁的平均含量，每克干茶中为123μg；每克红茶中含量为196μg。茶叶是一种富集锰的植物，一般低含量也在30mg/100g左右，老叶中含量更高，可达400～600mg/100g，茶汤中锰的浸出率为35%。成人每天需锰量约为2.5～5.0mg，一杯浓茶最高含量可达1mg。茶树也是一种富含氟的植物，其氟含量比一般植物高十倍至几百倍。氟在骨骼与牙齿的形成中有重要作用。茶叶中的氟很易浸出，热水冲泡时浸出率有60%～80%。上述这些元素对人体的生理机能有着重要的作用。因此，经常饮茶，是获得这些矿物质元素的重要渠道之一。

二、茶的药用价值

现代科学大量研究证实，茶叶含有与人体健康密切相关的生化成分，因此，茶叶不仅具有提神清心、清热解暑、消食化痰、去腻减肥、清心除烦、解毒醒酒、生津止渴、降火明目、止痢除湿等药理作用，还对现代疾病，如高血脂症、心脑血管病、癌症等疾病，有一定的药理功效。可见茶叶药理功效之多，作用之广，是其他饮料无可替代的。正如宋代欧阳修《茶歌》赞颂的："论功可以疗百疾，轻身久服胜胡麻。"茶叶具有药理作用的主要成分是茶多酚、咖啡碱、茶多糖等。

（一）茶多酚的药理作用

茶多酚是茶叶中30多种多酚类物质的总称，含量约占茶叶干物质总量的20%～30%，是由黄烷醇类为主和少量黄酮及苷组成的复合体。因为茶多酚分子中带有多个活性羟基(-OH)可终止人体中自由基链式反应，清除超氧离子，具有类似SOD之功效。茶多酚对超氧阴离子与过氧化氢自由基的消除率达98%以上，呈显著的量效关系，其效果优于维生素E和维生素C；茶多酚对细胞膜与细胞器有保护作用，对脂质过氧化自由基的消除作用十分明显。茶多酚还有抑菌、杀菌作用，能有效降低大肠对胆固醇的吸收，防治动脉粥样硬化，是艾滋病毒(HIV)逆转酶的强抑制物，有增强机体免疫能力，抗肿瘤，抗辐射，具有抗氧化防衰老作用。毒理学研究证实，茶多酚安全、无毒，是食品、饮料、药品及化妆品的天然添加成分，目前已经广泛应用于轻工业领域。

1. 抗氧化和增强机能免疫作用

多个研究表明，茶多酚清除自由基的功能极强。自由基是人体代谢过程中产生的一种物质，与其他物质处于平衡状态。由于人体的衰老或者外界影响，使这个平衡失调，自由基积累，导致人体衰老甚至生病。茶多酚不仅能够直接清除自由基，还可以作用于产生自由基的相关酶类，络合金属离子，间接清除自由基。茶多酚兼具内源性抗氧化剂和外源性抗氧化剂的双重特点，因此具有相互协调的综合效果。它对免疫功能低下的机体有刺激促进免疫提高作用（如延缓人体胸腺衰退，保护淋巴细胞，促进胸腺淋巴细胞增殖的活性，刺激抗体活性的变化等）；而对正常机体的免疫功能具有一定的调节和保护作用，预防免疫系统的变态反应。

2. 调节血脂、预防心脑血管疾病

茶多酚可以调节血脂代谢，有研究显示，喝茶多的人其血液中胆固醇总量较低。茶多

酚调节血脂的作用在于它能与脂类结合，并通过粪便将其排出体外，抑制脂质斑块的形成；同时它能促进高密度脂蛋白胆固醇逆向转运胆固醇，使血管内膜斑块中的胆固醇较多地逆向转运至肝脏，并在其中经代谢生成胆固酸排出体外，从而起到调节血脂、预防心脑血管疾病的作用。茶多酚通过抗凝促纤溶以及抑制血小板聚集，抑制动脉平滑肌细胞增生，影响血液流变学特性等多种机制，从多个环节对心血管疾病起作用。具体说就是，饮茶可以降血脂，抗动脉粥样硬化。

3. 防癌抗突变

实验表明，茶多酚能抑制啮齿动物中皮肤、胃、肺、食管、十二指肠、结肠肿瘤的致癌诱导。其功能主要体现在茶多酚的抗氧化作用，对细胞生长、分化、死亡过程中多种分子机制的调控作用，以及清除或抑制致癌化学物质，抗突变，抗离子辐射和紫外线辐射，抑制微生物和病毒入侵，提高人体免疫力等方面。茶多酚抗癌作用是多方面的，它可以清除活性氧和自由基，增强机体解毒酶活性，阻止转化细胞表达及促进DNA修复等。此外，茶多酚对肿瘤放、化疗引起的白细胞、血小板减少也有显著的提升作用。

4. 抗菌消炎

茶多酚具有广谱微生物抗性，对自然界中几乎所有动植物病原微生物都有一定的抑制能力，包括真菌、细菌、微浆菌、病毒及其分泌的毒素。其中茶多酚对细菌和病毒的作用最强，对酶菌的作用次之，对酵母的抑制作用很微弱，对霉菌则完全没有抑制作用。茶多酚对微生物有抑制和杀灭双重作用；并可抑制细菌毒素的活性和某些芽孢的萌发；茶多酚还可阻止病菌对机体的侵袭等。茶多酚的抑菌能力与细菌的性质相关。茶多酚对革兰氏阳性菌的抑制作用强于革兰氏阴性菌；茶多酚抑菌有极好的选择性，可抑制有害菌群的生长，维持正常菌群平衡，而对有益菌有促进作用；茶多酚对革兰氏具选择性的另一意义是对病原菌有毒性，而对正常寄主细胞（机体）则无害。这一特点使得茶多酚非常符合医药、食品及农业生产应用需要。

5. 抗辐射作用

大量的高能射线辐射会引起血液中白细胞减少、免疫力下降，从而引发多种疾病。随着社会经济的发展，电脑、手机、电视的普及，人们长期承受着越来越严重的低剂量长时间电磁辐射的危害。而长期辐射会引起头晕乏力、胸闷气滞、体质下降；重者可使胃肠功能紊乱，免疫力下降，导致各类慢性疑难疾病，危及身体健康。多年的研究证实，茶多酚具有抗辐射作用，主要表现在对辐射损伤的防护和对损伤机体的治疗两方面。茶多酚能直接参与竞争辐射能量及清除辐射产生的过量自由基，避免了生物大分子的损伤；通过提高体内抗氧化酶的活性，调节和增强免疫功能，从而提高细胞对辐射的抗性；防护并修复造血干细胞和骨髓细胞，促进造血功能，并使免疫细胞增殖和生长，使辐射损伤组织得到恢复。在动物试验中，发现服用茶多酚可减缓辐射引起的免疫细胞的损伤，促进受损免疫细胞和白细胞的恢复，防治骨髓细胞的辐射损伤。1945年8月一颗原子弹在日本广岛爆炸后10万多人丧生，十多万人遭受原子弹辐射伤害。若干年后，大多患上白血病或其他癌肿，先后死亡。经美日医药学等有关方面的专家学者调查研究发现，经常喝茶的人受到辐射伤害较少甚至没有，茶的抗辐射作用由此可见一斑。茶多酚还对紫外线引起的皮肤损害有防治作用，因此，也常用茶叶提取物制作防晒化妆品。

6. 消除口臭作用

饮茶能有效地消除口臭。因为茶多酚能与引发口臭的多种化合物起化学反应，生成无挥发性的产物，从而消除口臭。蛀牙及齿根膜疾病主要由口腔细菌感染引起，茶多酚对这些病原菌都有抑制效果。茶多酚不仅抑制各种口腔细菌的黏附、生长和繁殖，还可直接杀灭口腔细菌，因此对口腔细菌表现较强的抑制作用。

除了口腔微生物，茶多酚对咽喉微生物同样有抑制作用。茶多酚对口腔咽喉主要致病菌如肺炎球菌、金葡萄球菌、表皮葡萄菌、乙型链球菌及与牙周病相关的坏死梭杆菌、牙龈卟啉菌等都有明显的抑菌和杀菌作用，其中对厌氧菌抑制 MIC 值最低，其次是需氧菌，对兼性厌氧菌的抑制作用稍弱。

（二）咖啡碱的药理作用

咖啡碱是茶叶中重要的生物碱之一。咖啡碱对中枢神经系统有兴奋作用，能解除酒精毒害、强心解痉、平喘、提高胃液分泌量、增进食欲、帮助消化以及调节脂肪代谢。现代研究显示，如果过多的摄入咖啡碱，人体会产生不良反应，不过茶叶中有茶多酚、茶氨酸等成分对咖啡碱具有协调作用，从而消除纯咖啡碱的不良的作用。因此，喝茶时的不良反应发生的可能性较轻、较缓和。

（三）茶多糖的药理作用

茶多糖是茶叶中含有的与蛋白质结合在一起的酸性多糖或酸性糖蛋白，它是由糖类、蛋白质、果胶和灰分组成的一种类似灵芝多糖和人参多糖的高分子化合物，是一类相对分子量在 4 万～10 万 Da 的均一组分。现代科学研究证实，茶多糖有降血压和减慢心率的作用，能起到抗血凝、抗血栓、降血脂、降血压、降血糖、改善造血功能、帮助肝脏再生、短期内增强机体非特异性免疫功能等功效，是一种很有前景的天然药物。茶多糖含量高低也是茶叶保健功能强弱的理化指标之一。

（四）茶氨酸的药理作用

茶氨酸是茶叶中的一种特殊的在一般植物中罕见的氨基酸。它是茶树中含量最高的游离氨基酸，一般占茶叶干重的 1%～2%。春茶及特种品种的茶叶含量较高。茶氨酸能引起脑内神经递质的变化，促进大脑的学习和记忆功能，并能对帕金森氏症、传导神经功能紊乱等疾病起预防效果。茶氨酸能抑制脑栓塞等脑障碍引起的短暂脑缺血（常导致缺血敏感区发生延迟性神经细胞死亡），因此茶氨酸有可能用于脑栓塞、脑出血、脑中风、脑缺血以及老年痴呆等疾病的防治。茶氨酸具有促进脑波中 α 波产生的功能，从而引起舒畅、愉快的感觉，同时还能使注意力集中。动物和人体试验均表明，茶氨酸可以作用于大脑，快速缓解各种精神压力，放松情绪，对容易不安、烦躁的人更有效。人们在饮茶时感到平静、心境舒畅，也是茶氨酸对咖啡碱有颉颃作用的结果。茶氨酸是谷氨酰胺的衍生物，二者结构相似。肿瘤细胞的谷氨酰胺代谢比正常细胞活跃许多，因此，作为谷氨酰胺的竞争物，茶氨酸能通过干扰谷氨酰胺的代谢来抑制肿瘤细胞的生长。另外茶氨酸可降低谷胱甘肽过氧化物酶的活性，从而使脂质过氧化的过程正常化。

三、如何科学饮茶

茶叶的营养与保健功效虽然很多，但也不提倡喝得越多越好，要正确地发挥饮茶有益于健康的作用，还要求适时、适量、科学的饮茶。如果不讲究科学饮茶，一味地追求"口福"，也会给身体健康带来不利的影响，比如由于茶的摄入量过多导致失眠、贫血、缺钙等症状。因此科学饮茶是十分必要的。

（一）饮茶要适量

饮茶有益于健康，但也应该有个度。现代医学研究证明，每个饮茶者因具有不同的遗传背景，因而体质也有较大差异。脾胃虚弱者，饮茶不利，脾胃强壮者，饮茶有利；饮食中多油脂类食物者，饮茶有利；饮食清淡者也要控制饮茶的量。一般来说每天饮茶不超过30g为好，此数据是根据氟元素的摄入量来计算的。前文已经表述，氟是一种有益的微量元素，但是摄入过多则会损害人体健康。中国营养学会推荐成年人每天应摄取氟1.5～3.0mg。以茶叶实际氟含量最高值、泡水时茶叶中氟的浸出率计算，每天可饮茶30～60g。考虑到从其他食物和水中会摄取的氟，每天喝茶15～30g不会造成氟过量。

（二）空腹不适合饮茶

空腹不适合饮茶，特别是发酵程度较低的比如绿茶、黄茶等。由于其中茶多酚等的保留较多，假如在空腹状态下饮用，会对人体产生不利影响。空腹时，茶叶中的茶多酚等会与胃中的蛋白结合，对胃形成刺激。除了会对胃肠有刺激，空腹喝茶还会冲淡消化液，影响消化。同时，空腹时，茶里的一些物质容易被过量吸收，比如咖啡碱和氟。咖啡碱会使部分人群出现心慌、头昏、手脚无力、心神恍惚等症状，医学上称之为"茶醉"现象。一旦发生茶醉现象，可以吃一块糖、喝杯糖水，或者吃甜食，上述症状即可缓解并消失。患有胃、十二指肠溃疡的人，更不宜清晨空腹饮绿茶，因为茶叶中的多酚类会刺激胃肠黏膜，导致病情加重，还可能引起消化不良或便秘。

（三）饮茶的浓度有讲究

有许多嗜茶者喜欢饮用浓茶，但科学研究表明，浓茶不利于健康。大量饮浓茶会使多种营养元素流失。因为过量饮茶会增加尿量，引起镁、钾、B族维生素等重要营养元素的流失。浓茶易引起贫血、骨质疏松。茶叶中的多酚物质易与铁离子络合，从而影响人体对铁的吸收而导致缺铁性贫血。因此饭后也不适合立即饮茶。茶叶中的咖啡碱含量较高，若过多的摄入可导致体内钙的流失，引起骨质疏松。由上可知，饮茶以清淡为宜。或有人习惯饮浓茶，则应减少饮用量。

（四）饮茶与解酒

饮茶到底能不能解酒，一直有争论。一般认为，茶虽然有利尿功能，可以加快人体的水分代谢，饮茶之后小便增多，这样人体通过排尿将血液中的酒精带出体外以达到醒酒的目的，通过饮茶醒酒减轻了肝脏的负担，但如此一来，却增加了肾脏的负担，长此以往会造成肾脏的一些疾病。另外，过量饮酒者会因为饮酒而心跳加速，如果饮用大量浓茶，增加咖啡碱的摄入，由于咖啡碱也有兴奋神经的作用，饮用浓茶会使心跳过快，从而增加心脏功能负担。但是，如果通过饮用淡茶来补充人体所需要的水分，通过增加人体内茶多酚浓度，清除酒精代谢过程中产生的过量自由基，也会有利于酒精代谢。科学实验表明，饮茶可以解酒，但要在饱腹的情况下才有效，若空腹则不仅无效，而且会加剧酒精对人体的损害。

（五）饮茶要适时

从科学饮茶的角度而言，由于每个人的生活习惯不同，饮茶的时间并不需要固定，但是由于饮茶与一日三餐不同，还需要讲究一定的时间。一般来说，饭前饭后都不适合饮茶。空腹不能饮茶在上面已经说明，而饭后也不可以立即饮茶，因为饭后如果立即饮茶会影响到铁元素的吸收，长期下去会引起缺铁病症，而等到饭后一个小时，人体对铁的吸收基本完成，所以饭后一个小时饮茶最佳。另外，如果是对咖啡碱的兴奋作用特别敏感的人在睡前也不要饮茶，否则咖啡碱的兴奋作用会使人失眠，而对此不敏感的人则可不忌讳。当然，在吃药时也不可用茶水送服，主要原因是茶水中的茶多酚会络合药物中的有效成分，进而引起药物失效。

（六）饮茶要结合身体状况

科学饮茶，应根据饮茶者的身体状况、生理时期来决定。一般来说，身体健康者可根据自己的嗜好饮用各式各样的茶叶，而对于身体健康状况不太好或处于特殊时期的人来说，饮用时茶类的选择是有一些讲究的。

处于"三期"的妇女最好少饮茶，或饮脱咖啡因茶。因为茶叶中含有的茶多酚对铁离子会产生络合作用，使铁离子失去活性。处于"三期"的妇女饮浓茶易引起贫血症；茶叶中含有的咖啡因对神经和心血管有一定的刺激作用，处于"三期"的妇女饮浓茶对本人身体的恢复，对婴儿的生长会带来一些不良的影响。

对于心动过速的冠心病患者来说，宜少饮茶，饮淡茶，或饮脱咖啡因茶，因为茶叶中的生物碱，尤其是咖啡碱和茶碱，都有兴奋作用，能增强心肌的机能。多喝茶或喝浓茶会促使心跳过快。有早博或心房纤颤的冠心病患者，也不宜多喝茶，喝浓茶，否则会促使发病或加重病情。对于心动过缓，或窦房传导阻滞的冠心病患者来说，其心率通常在每分钟60次以内，适当多喝些茶，甚至喝一些偏浓的茶，不但无害，而且还可以提高心率，有配合药物治疗的作用。

对神经衰弱患者来说，一要做到不饮浓茶，二要做到不在临睡前饮茶。这是因为患神经衰弱的人，其主要症状是晚上失眠，而茶叶中含有咖啡碱的最明显的作用是兴奋中枢神经，使精神处于兴奋状态。晚上或临睡前喝茶，这种兴奋作用表现得更为强烈，所以，喝浓茶和临睡前喝茶，对神经衰弱患者来说，无疑是"雪上加霜"。神经衰弱患者由于晚上睡不着觉，白天往往精神不振。因此，早晨和上午适当喝点茶水，吃些含茶食品，既可以补充营养之不足，又可以帮助振奋精神。但对神经衰弱患者来说，品饮脱咖啡因茶是不影响睡眠的。

中医认为，人的体质有实、热、虚、寒之别，而茶叶也有凉性及温性之分。一般认为绿茶属于凉性，红茶、黑茶属于温性，青茶茶性较平和，黄茶、白茶与绿茶相似，应该也属凉性。实热体质的人，应喝凉性茶如绿茶；虚寒体质者，应喝温性茶如红茶。对于脾胃虚寒者来说，饮绿茶是不适宜的，因为绿茶性偏寒，对脾胃虚寒者不利。脾胃虚寒者饮茶时在茶类的选择上，应以喝性温的红茶、普洱茶为好。

对于有肥胖症的人来说，饮各种茶都是很好的，因为茶叶中咖啡碱、黄烷醇类、维生素类等化合物，能促进脂肪氧化，除去人体内多余的脂肪。但不同的茶，其作用有所区别，根据实践经验，喝乌龙茶及沱茶、普洱茶、砖茶等紧压茶，更有利于降脂减肥。据国外医学界一些研究资料显示：云南普洱茶和沱茶具有减肥健美功能和防止心血管疾病的作用。临床实验表明：常饮沱茶，对年龄在 40 ~ 50 岁的人，有明显减轻体重的效果，对其他年龄段的人也有不同程度的效用。乌龙茶有明显分解脂肪的作用，常饮能帮助消化，有利于减肥健美。

第三章　国内外茶艺发展简史

关于茶艺发展的历史轨迹，在 20 世纪 80 年代以前鲜有涉及。由于目前人们对茶艺的理解和释义存在着不同的分歧，为便于对茶艺的发展历史作归纳总结，必须对所要关注历史上的茶艺现象划定一个范围。本书所指的茶艺现象是伴随人类发展利用茶的过程，以茶为载体、以技术发展和人们对茶的功能和审美取向相结合为特点，所产生的有关茶的技艺和艺术过程和产品及表现形式的总和，其要素分为主观要素和客观要素：主观要素主要指功利性和审美性相交织的思想感情、标准、情趣意蕴等；客观要素主要包括：人、茶、水、茶具、环境、程式、技艺等。纵观中外历史，茶艺现象的发展经历了从早期零散现象出现到大量模式化呈现，从人们偶然审美发现零散记载到有意识的去总结创新发展，从强调统一的单一形式到多样化并存发展，从简单到综合的过程。不同的历史时期，茶艺因技术和人们对茶叶功能和审美取向的变化而发展变化。

第一节　茶艺的起源

关于茶艺起源的问题包含：茶艺现象最早起源于何时、茶艺现象最早诞生于何地、茶艺为什么会产生这样几个主要问题，要回答这三个方面的问题，有效途径是从历史文献资料和考古学中寻找线索和依据。

一、关于茶艺起源的原因

对于茶艺起源的原因，我们认为茶艺的起源存在多元性，围绕茶叶的生产劳动、以茶祭祀、斗茶游戏、饮茶活动都可能是不同茶艺产生的源泉。如后面将要讨论的韩国五行茶礼就是源于祭祀为重要形式的茶艺；中国宋代斗茶和分茶为特征的茶艺可以更多地理解为一种饮茶游戏和点茶技巧的竞赛活动。三千家为代表的日本茶道源头是禅宗佛教思想融入武家茶会，是茶游戏、佛教、餐饮待客综合交织演变产生的茶艺。总之，茶艺是一种生活艺术，茶艺是茶文化发展的高级形式，是伴随茶文化发展到一定阶段，其审美功能逐渐被发现、发展、强化，在茶文化活动中功能认识与审美实践相结合的产物。

二、茶艺起源于何时何地

目前，有限的历史资料和考古学资料很难笼统地证明艺术最早出现于何时何地。人们更倾向于探讨系列艺术形态起源与发展的标志性事件和历史记载来梳理艺术的发展脉络。同样对整个茶艺最早发生于何时何地的问题也很难有一个正确答案。为此，对国内外系列茶艺样态的发生发展标志性事件进行适当梳理，似乎更直接和更有价值，且更具有可行性。

"神农尝百草之滋味,水泉之甘苦,令民知所避就,当此之时,日遇七十二毒,得茶而解",这一传说被公认为在人类发现利用茶叶之初,茶叶最早被人类发现利用于巴蜀鄂西一带是因为其特殊的解毒功能而被人类偶然发现,从此人类与茶结下了不解之缘,茶文化创生之始是在中国处于还没有清晰纪年的母系氏族社会,推测至今至少已3000多年了。茶文化的起源与茶艺起源并不是同步的,茶艺是茶叶功能与审美相结合的产物,根据老子"道进乎技"的论断,只有在人们对茶叶有了普遍性的认识,茶叶产制利用技术发展到一定阶段,被赋予审美功能后,茶艺才可能被创生发展,因此茶艺比茶文化的产生要晚。如:三国时期张揖的《广雅》:"荆巴间采叶作饼,叶老者,饼成以米膏出之。欲煮茗饮,先炙令赤色,捣末,置瓷器中,以汤浇覆之,用葱、姜、橘子芼之。其饮醒酒,令人不眠。"是目前发现最早具体记载饮茶方式的历史文献,但张揖的《广雅》并没有对茶叶及其器具有关审美的描述。

据考证,对人类饮茶审美实践特性的记述,最早出现于西晋杜育的《荈赋》,《荈赋》也是现存最早专门歌吟茶事的诗赋类作品,其主要内容如下:

《荈 赋》

灵山惟岳,奇产所钟,厥生荈草,弥谷被岗。承丰壤之滋润,受甘霖之霄降。

月惟初秋,农功少休,结偶同旅,是采是求。

水则岷方之注,挹彼清流;器择陶拣,出自东瓯;酌之以匏,取式公刘。

惟兹初成,沫成华浮,焕如积雪,晔若春敷。

诗中除了描写茶叶生长环境、采制情况之外,特别对煮茶择水、适用茶具、烹茶方法的记载表明了饮茶技艺进入了讲究形式的高级阶段,特别是最后四句对茶汤外观的描述和欣赏,是对茶汤的审美实践的描述,赋予了饮茶审美功能和艺术性。因此可以推断,具有审美特征的茶艺产生发展最迟不晚于杜育(? ~ 311年)所生活的年代,至今已有1700多年。中国茶文化具有多元起源的特点,茶艺的产生发展也因地域民族生活文化的差异可能存在多元起点,这些多元性起源的特点在时间上有先有后。

三、茶艺发展的流派

如前所述:茶艺的发生发展经历了1700多年的历史继承、传播与演变,如何区分古今中外的茶艺,把握不同历史时期、不同地域、不同民族和不同国家的茶艺特征,首先面临着如何划分茶艺流派的问题。

茶艺现象是以茶为载体,强调其功能与审美相结合为特征的人类实践活动,因此对古今中外茶艺流派的划分应该以对其功能和审美特征要素的研究区别为核心内容。从现存历史资料来看,中华民族对茶叶功能的利用经历了从药用、食用、饮用的发展历程,药用和食用当菜强调茶的功能为主，其审美特性没有大的发展。只有茶叶被当做一种休闲饮品以后，其审美功能特性才有较大发展。随着饮茶的普及，饮用方法不断发展变化，从西汉至明代，出现了煮茶、煎茶、点茶、泡茶饮用方式，而明代开始的泡茶法一直沿用到今天。以茶汤制备方法和饮用形式为出发点对茶艺源流进行考察往往比较直观，历史上先后发展出煎茶茶艺、点茶茶艺、泡茶茶艺。

在世界范围内，以东西方因文化体系的显著不同而传播演化出东西方饮茶与审美诉求的二水分流；缩小范围探讨，中、日、韩三国茶文化同宗异脉，中国茶艺、日本茶道、韩国茶礼被世人当做三国特色茶艺的代表性词汇广泛使用，三国"茶艺"发展经历了不同的历史脉络，而日本茶道的审美特性经过了长期的"家元制"传承发展而最为成熟，并具有综合性艺术的特点，融入了中国宋代点茶的茶汤形式和禅宗哲学思想，以村田珠光为鼻祖，千利休为祖师被称为日本茶道的茶艺，经过几百年"家元制"的继承演变出众多日本草庵风格的茶道流派。

近现代茶艺的流派表现得更为纷繁复杂，如有以茶类不同为特点衍生出乌龙茶茶艺、绿茶茶艺、红茶茶艺、普洱茶茶艺等；以民族的不同有各种民族茶艺；而且自20世纪80年代以来，由于茶艺表演事业的迅速发展，众多茶人创新发展出了千姿百态的茶艺形式。

第二节　中国茶艺发展简史

一、饮茶文化的发展与中国茶艺的萌芽

如前所述，从西晋经过南北朝和隋朝，到中唐陆羽《茶经》成书这一时期被称为中国茶艺萌芽期；这一时期人们对茶的利用完成了由药用和食用到饮用为主流的发展转变，与此同时，茶文化功能与审美相结合的特点缓慢发展。

（一）饮茶文化的发展为茶艺早期萌生创造了条件

早期的茶或是用鲜叶或干叶煮成羹汤食用，或是在茶中加入各种香料如茱萸、桂皮、葱、姜、枣等煮成汤汁做药饮。晋郭璞注《尔雅》对"槚，苦荼"的注释："树小如栀子，冬生叶，可煮作羹饮。今呼早采者为荼，晚取者为茗，一名荈，蜀人名之苦荼"，"羹"是指用肉类或菜蔬等制成的带浓汁的食物。今指煮成或蒸成的浓汁或糊状食品。唐皮日休《茶中杂咏》序说："自周以降及于国朝茶事，竟陵子陆季疵言之详矣。然季疵以前称茗饮者，必浑以烹之，与夫瀹蔬而啜者无异也。""与夫瀹蔬而啜者无异也"说明喝茶汤跟喝蔬菜汁一样。也就是说西晋到中唐陆羽《茶经》成书之前，茶叶主要是当菜煮饮的。

作为药用和食用的茶更多地关注于其功能，其审美倾向未能得到较大发展。其原因在于：从主体来看，人们对作为药用的茶更多地关注其明确的目标诉求——治疗功能，而阻碍了人的审美创造性。从客体来看，和其他香料混煮食用的茶，由于混用而掩盖了其本身的自然美而妨碍了主体的审美实践。

（二）初具审美特性的饮茶文化——煎茶法

人们在食用和药用过程中发现茶的饮用价值，在食物不再匮乏，吃"羹"、喝"粥"

已成习惯的条件下，茶才慢慢转化为主要作为饮用，茶饮用休闲文化的推广普及强化了人们对茶的审美倾向。其原因在于：①茶由食用到饮用的转变，饮茶主体在对饮茶目的诉求变得相对闲散而休闲化，饮茶过程变得相对虚静，一方面成为待客之道的客来敬茶之礼仪的表达对饮茶形式变得相对重要，另一方面成为僧人参禅悟道的茶饮与僧人追求虚静的状态激发了饮茶主体的审美意念；②饮茶从餐饮中独立出来，成为待客之道，客观上促进了其制茶技艺、专用茶具选择与制作、饮茶环境等审美客观要素的创新发展；③茶叶清饮方式的普及促进了人们对茶叶色、香、味、形审美特征的赏识与创新。

如前所述，西晋杜育《荈赋》对茶汤的记载最早表现出了其审美特征，如《荈赋》中对茶艺的要求有择水："水则岷方之注，挹彼清流"，水要选择岷江中的清水；选器："器择陶拣，出自东瓯"，茶具要选择出自江浙一带东隅的陶瓷；酌茶："酌之以匏"，用匏瓢酌分茶汤等方面的要求。并对于煎茶时茶汤汤花的艺术性描述"沫成华浮。焕如积雪，晔若春敷"，即煎好的茶汤茶末下沉，汤花显现，像白雪般明亮，如春花般灿烂；表明当时文人饮茶已经超越对于茶汤解渴、提神、解乏等单纯生理上的诉求，开始讲究饮茶技艺并注重对于茶汤的审美、器具的讲究，可以说煎茶法是最早具有审美特征的一种饮茶形式。

二、中国茶艺的最初成形与煎茶法的发展

煎茶法不知起于何时，陆羽《茶经》始有详细记载。《茶经》第一次总结和全面反映了饮茶文化功能与审美相结合的特征，标志着饮茶美学诞生和中国茶艺的最初成形。其后，斐汶撰《茶述》，张又新撰《煎茶水记》，温庭筠撰《采茶录》，皎然、卢仝作茶歌，推波助澜，使中国煎茶法日益普及。

（一）煎茶法的审美特征与陆羽对茶汤的艺术追求

所谓煎茶法，就是采摘茶芽叶、蒸汽杀青、干燥后碾成粉末，烧水烹煮的茶汤制备和饮用的方法，陆羽《茶经》完整记述其程序，包括选茶、用水、茶具、烘茶、碾磨、罗茶、煮水、加盐、育华到品尝等几个环节。

1. 唐代的制茶选茗与审美特征

唐代主要饮用的茶叶是蒸青饼茶，从陆羽对茶叶采制技术和外形辨茶评价的技术描述，表明当时蒸青饼茶技术已达到了相当高度。

（1）鲜叶原料考究，采摘合于天时。"凡采茶，在二月、三月、四月之间。茶之笋者，于烂石沃土，长四、五寸，若薇蕨始抽，凌露采焉……其日有雨不采，晴有云不采……"；采摘茶叶一般在春季二月三月四月之间，在还有露水的清晨，选择生长在肥沃土壤中的茶树，采芽头"茶之笋者""长四五寸"，"紫者上，绿者次；笋者上，芽者次；叶卷上，叶舒次"。即要采摘比较嫩的茶叶，并且芽为紫色的为佳。采摘的天气也有讲究，晴天采；这些技术特征已基本符合现代高品质茶叶采摘技术要求。

（2）蒸青饼茶制作工艺成熟。其制作工序：晴，采之，蒸之，捣之，拍之，焙之，穿之，封之，茶之干矣。将采摘的芽叶蒸青之后放在臼中捣烂，然后放在模具中拍压，之后焙干并穿孔，最后穿成串并封藏。整套工艺技术稳定而成熟。

（3）茶饼品质鉴定有规律可循。"茶有千万状，卤莽而言，如胡人靴者，蹙缩然……此皆茶之精腴。有如竹箨者，枝干坚实……此皆茶之瘠老者也。自采至于封，七经目，自胡靴至于霜荷，八等。或以光黑平正言嘉者，斯鉴之下也，以皱黄坳垤言嘉者，鉴之次也；若皆言嘉及皆言不嘉者，鉴之上也。"陆羽对饼茶的外形匀整情况、外观条纹色泽粗略将茶饼按老嫩肥瘦分为八等，并强调辨认茶之好坏不能单纯凭借某一个外观特征，而要综合多种优缺点并结合形成其优缺点的采制加工原因来综合判定。陆羽《茶经》对茶叶审美特征的评判主要是以外观形色为主，这也为沿袭唐代基本制茶方法的宋代饼茶制作高潮的出现与衰败埋下了伏笔。

陆羽提出饮茶应该追寻茶叶的"真味"，即茶叶的自然味道，提出只在汤中加入少许盐，而不加其他的调味料，认为加了调味料的茶如"沟渠间弃水耳"。这一改革大大促进了人们对茶叶品位的提升，使得唐代开始涌现了一大批具有审美趣味的名茶，如产于浙江长兴的"顾渚紫笋"，产于江苏宜兴的"阳羡茶"等。

2．煎茶法茶具的选择与审美特征

从现存历史资料来看，煎茶法是最早对饮茶茶具提出专门系统要求的饮茶法，陆羽《茶经》对茶具的选择应用是最能体现煎茶法美学特征的部分，这也是陆羽下重笔叙述的部分，《四之器》这一节竟占了茶经1/4强的篇幅。其中所详列的28种煮茶和饮茶用具，按其功用可归为8类28种。对这些用具，都列出了名称、形状、制作、用料、使用方法以及对茶汤品质的影响。陆羽对饮茶器皿，一方面力求有益于茶的汤质，另一方面力求古雅和美观，所有这些器皿，都是围绕这两个目标而精心设计的。在茶器的选择与设计上，陆羽实现了对饮茶的实用性和艺术性融会并重的特点，他一再强调饮茶瓷碗的色泽，并把风炉设计得古色古香，都是对这两方面并重的表现。这也是中国茶艺成形于陆羽对"煎茶法"总结之后的重要原因。

（1）煎茶法实用性和艺术性融会的典范——风炉。《茶经》把风炉放在茶器第一条：风炉（灰承）以铜铁铸之，如古鼎形，厚三分，缘阔九分，令六分虚中，致其杇墁。凡三足，古文书二十一字。一足云："坎上巽下离于中。"一足云："体均五行去百疾。"一足云："圣唐灭胡明年铸。"其三足之间，设三窗，底一窗，以为通飙漏烬之所。上并古文书六字，一窗之上书"伊公"二字，一窗之上书"羹陆"二字，一窗之上书"氏茶"二字。从风炉的设计思想来看，炉有3只脚，3只脚之间设个窗户，它的"六分虚中"体现了《易经》"中"的基本原则，是利用易经象数所严格规定的尺寸来实践其设计思想的。坎、巽、离都是周易八卦名，其中，坎代表水，巽代表风，离代表火。陆羽将此三卦及代表这三卦的鱼（水虫）、彪（风兽）、翟（火禽）绘于炉上。因"巽"主风，"离"主火，"坎"主水；风能兴火，

图3-1 《茶经》风炉还原图

火能熟水,故备其三卦以及表达茶事即煮茶过程中的风助火、火熟水、水煮茶,三者相生相助,以茶协调五行,以达到一种和谐的平衡态。风炉一只脚上铸有"坎上巽下离于中",另一只脚上铸有"体均五行去百疾",所反映的也是"中"道原则和儒家阴阳五行思想的糅合。如"体均五行去百疾",是以上句"坎上巽下离于中"的中道思想、和谐原则为基础的。"体"指炉体;"五行"即谓金、木、水、火、土。风炉因其以铜铁铸成,所以得"金"之象;而上面有盛水器皿,又得"水"之象;中有木炭,还得到"木"之象;以木生火,得"火"之象;炉置地上,得"土"之象。这样看来,它因循有序,相生相克,阴阳协调,岂有不"去五疾"之理。 煎茶的过程,实际上就是通过风炉,使金、木、水、火、土五行相生相克达到平衡,而煮出有益于人体健康的茶汤的过程。风炉的设计具有显著的中国文化古典美和艺术性。

(2)茶具审美之先河——煎茶茶碗选择。陆羽对煎茶茶碗优劣的选择,特别是对邢瓷和越瓷的宜茶特性之比较,堪称为历史上对茶碗审美之典范:"碗,越州上,鼎州次,婺州次,岳州次,寿州、洪州次。或者以邢州处越州上,殊为不然。若邢瓷类银,越瓷类玉,邢不如越,一也。若邢瓷类雪,则越瓷类冰,邢不如越,二也。邢瓷白而茶色丹,越瓷青而茶色绿,邢不如越,三也"。晋杜育《荈赋》所谓"器择陶拣,出自东瓯"。瓯,越也。瓯,越州上。口唇不卷,底卷而浅,受半升已下。越州瓷、岳瓷皆青,青则益茶,茶作白红之色。邢州瓷白,茶色红;寿州瓷黄,茶色紫;洪州瓷褐,茶色黑,皆不宜茶。

3. 唐代煎茶法程式与审美特点

唐代煎茶法程式包括列具、取火、用水、炙茶、碾磨、罗茶、煮水、投茶、加盐、育华、酌茶等过程。

列具 即茶具选择与准备的过程。

取火 陆羽对于煎茶煮水燃料的选择十分苛刻,燃料最好是用木炭,其次是硬柴,不可以用那些沾染了膻腻和含油脂较高的柴薪以及已经朽烂的木头。"其火,用炭,次用劲薪。其炭曾经燔炙为膻腻所及,及膏木、败器,不用之。"

炙茶 炙烤茶饼,一是因为当时成品茶含水量较高,烘烤茶叶使其干燥,利于碾末;二是进一步激发茶的香气,散发青草气。陆羽对于炙茶的技术很有研究,提出了烤茶的温度要高,要使茶受热均匀;烤茶分为两次烤,中间有一定的冷却时间,这与现代制茶干燥中分步干燥同理。

碾罗 茶饼烤好之后就趁热装入纸袋,隔纸袋敲碎。纸袋既可保香,又可以防止茶末飞溅。继而入碾碾成末,用罗合筛出细末,使碎末大小如米粒般为佳。

择水煮水 陆羽对于煮茶用水有"其水,用山水上,江水中,井水下","其山水,拣乳泉石池慢流者上……其江水,取去人远者。井取,汲多者"。认为山上出于乳泉石池的流动缓慢的为好,喝起来清爽,适合煮茶,而江水一般污染较大,因此少有人去的地方水较洁净,井水要去使用频繁的井取,因为"汲多则水活",水比较洁净、鲜活,适合煎茶。

陆羽对于水温的判断有"三沸"之说:"其沸,如鱼目,微有声,为一沸;缘边如涌泉连珠,为二沸;腾波鼓浪,为三沸;已上,水老,不可食也"。其中一沸时水温大概90℃,二沸

95℃，三沸则达到 100℃。

  投盐 当水初沸的时候，按照水的比例加入盐。
  备汤 二沸时，舀出一瓢水放在熟盂中。
  旋汤 用竹夹旋激沸水中心使其形成旋涡。
  投茶 用则量取适当茶末从旋涡中心投下。
  育华 等到水沸腾翻滚，就放进之前舀出的水止沸，使其孕育沫饽，称为育华。
  酌茶 即用瓢将茶舀出。这一步也是十分讲究，当水第一次沸腾时，要去掉水面上形成的一层类似黑云母的水膜。酌茶时，将第一瓢茶称之为"隽永"，要放在熟盂中以备孕育沫饽或止沸之用，然后依次舀出几碗茶，各碗中的沫饽要均匀，因为"沫饽，汤之华也"。茶分好之后要趁热饮用，"如冷，则精英随气而竭"。

（二）唐代茶人饮茶意趣与精神追求

1. 唐代饮茶意趣的文人诗化特征

  中唐以后，饮茶开始普及，唐朝是诗的国度，大批的文人介入茶事活动，《全唐诗》中以茶字为诗题的咏茶诗约有 112 篇，诗人为 61 人，如孟浩然、李白、皎然、卢仝、白居易、皮日休、陆龟蒙、元稹等都留下脍炙人口的茶诗，对唐代品茶艺术的发展产生了积极的影响。文人饮茶，提升了饮茶的文化品位，使品茗成为一种艺术享受，他们强调从审美的角度来品赏茶汤的色、香、味、形，更注重追求一种精神感受。唐代饮茶意趣也在众多唐代茶诗中被描画得淋漓尽致，比如诗僧皎然，与陆羽结成忘年交，有茶诗 20 多首，皎然善烹茶，推崇饮茶，其在《饮茶歌·诮崔石使君》中说，茶不仅可以除病祛疾，荡涤胸中忧患，而且会踏云而去羽化飞升。全诗如下：

饮茶歌·诮崔石使君
皎然

越人遗我剡溪茗，采得金芽爨金鼎。
素瓷雪色飘沫香，何似诸仙琼蕊浆。
一饮涤昏寐，情思爽朗满天地；
再饮清我神，忽如飞雨洒轻尘；
三饮便得道，何须苦心破烦恼。
此物清高世莫知，世人饮酒多自欺。
愁看毕卓瓮间夜，笑向陶潜篱下时。
崔侯啜之意不已，狂歌一曲惊人耳。
孰知茶道全尔真，唯有丹丘得如此。

诗中描绘了煎茶清郁隽永的香气，甘露琼浆般的滋味，并生动描绘了一饮、再饮、三饮的感受，与卢仝的《走笔谢孟谏议寄新茶》有异曲同工之妙。卢仝在茶诗中描写的"七碗茶"将饮茶的感受从身到心淋漓尽致地表现出来：

　　一碗喉吻润，两碗破孤闷。三碗搜枯肠，惟有文字五千卷。

　　　四碗发轻汗，平生不平事，尽向毛孔散。五碗肌骨轻，

　　　　六碗通仙灵。七碗吃不得也，惟觉两腋习习清风生。

诗中讲到喝茶喝到五碗的时候身骨都轻盈了，到第六碗的时候已经可以与神仙交流了，而到了第七碗，已经感觉到身子轻飘起来，一种飘飘欲仙的感觉。因为这首脍炙人口的茶歌，卢仝在茶界的大名仅次于陆羽，被尊为"亚圣"。

2. 唐代饮茶精神追求

如前所述，唐代文人们品茶，已经超越解渴、提神、解乏、保健等生理上的满足，着重从审美的角度来品赏茶汤的色、香、味、形，强调心灵感受，唐代是中国儒、释、道思想竞争而逐渐相互渗透融合的时期，由于茶的一系列特性，儒士、道士、僧人均成为茶的爱好和推广者，这大大推动了中国主流思想融入饮茶活动中来，比如：追求达到天人合一的最高境界。

陆羽在《茶经》中提到："茶之为用，味至寒，为饮最宜精行俭德之人"。"精行俭德之人"便是古代"君子"的意思，认为饮茶有利于君子的修行。中唐时期，饮茶精神性诉求大大提升，煎茶法形式、器具完备，注重对饮茶环境的选择，完成了饮茶功能与审美特征的普遍性结合，表明中国茶艺的成形。

三、宋元时期中国茶艺的提升与中落

一般认为，中国茶文化兴于唐，盛于宋。主要表现在四个方面：①宋元时期，中国饮茶文化在唐代大发展的基础上，茶叶经济空前发展，茶叶的生产区域和产量进一步扩大，宋代的茶区分布已与近现代中国茶区分布接近，茶业在税收、商贸领域日益发展。②宋代饮茶更加普及，上到皇帝、王公贵族、文人墨客，下到平民百姓，社会各阶层均形成了日常生活饮茶的习惯，茶已成为"家不可一日无也"的日常饮品。③宋代团饼茶的加工技术发展提升达到了高峰，宋代制茶工艺比唐代更加精致烦琐。④宋元时期点茶法较唐代流行的煎茶法更加方便，对茶品质的鉴赏和要求发生了精致化发展的趋势。

概而言之，唐宋时期的饮茶实质上是一种"吃茶法"，宋代茶饮基本沿袭了唐代末茶"饮用"的模式，只不过在茶叶加工和茶汤准备方面有了新的发展，由于宋代帝王将相的爱好与广泛参与，宋代茶文化贵族化倾向显著：一方面体现在团饼茶的精工细作，耗费巨大的人力财力强调龙凤团茶外形纹饰之美；另一方面体现在茶汤调制方法，从唐代"煎煮"为主到宋元"冲点"为主，使宋代饮茶的价值取向出现了斗茶、茶百戏等强调游戏性和注重外在美的艺术特征。也正是龙凤团茶、斗茶、茶百戏为特征引导宋代茶艺步入了过多强调外在美和饮茶游斗情趣，弱化了茶的饮用价值的歧途，元代是上承唐、宋，下启明、清

的一个过渡时期。元代饮茶形式上基本延续宋代，却因政治、经济原因而渐弃宋代点茶的奢华与闲情雅致而重饮用，沸水直接冲泡散茶法进一步发展，为最终迎来明朝茶叶散茶化的重大变革打下了基础。

（一）宋代龙凤团茶的豪奢与点茶法的审美特点

1．龙凤团茶的发展与豪奢

北宋初期太平兴国三年（公元978），宋太宗遣使至建安北苑，监督制造皇家专用的茶，茶饼上印有龙凤形的纹饰，就叫"龙凤团茶"。自此，"龙凤团茶"成为皇帝身份的象征，由于皇帝宋代对茶的喜好而使得人们争相创造出更细腻、更特别的茶，献给皇帝，讨得皇帝欢心，并从中得到升官发财的机会。宋代有专门的官员监制贡茶，其制作工艺也精益求精，先后有丁谓、蔡襄、贾青、郑可简四位福建转运使倾力发展新创，从采、拣、蒸、榨到研、造、焙、藏程序烦琐，特别是团茶上的龙凤纹饰"龙腾凤翔，栩栩如生"，让人叹为观止。丁谓监造龙凤团茶之时突出"早、快、新"的特点，以致"建安三千五百里，京师三月尝新茶"。其后蔡襄创制了小龙团，其品精绝，二十饼重一斤，每饼值金二两。再后贾青又创制密云龙茶，其云纹细密更精绝于小龙团且产量极少，只能在宗庙祭祀用，哪有多余的赐给近臣？但皇亲国戚们乞赐不断，皇帝为难得甚至要下令不许再造。郑可简又改制小龙团，创制出银丝水芽，采新茶的尖尖，蒸后"将已拣熟芽再剔去，只取其心一缕，用珍器贮清泉渍之，光明莹洁，若银线然，以制方寸新铬，有小龙蜿蜒其上，号龙团胜雪。"形色之美达到了高峰，被誉为"龙凤团茶（饼），名冠天下"。宋徽宗赵佶在《大观茶论》里骄傲地说："采择之精，制造之工，品第之胜，烹点之妙，莫不盛造其极。"

宋代的制茶法在沿袭唐代蒸青饼茶制法的基础上进行了精细化改进，宋代饼茶的加工工艺比唐代更加精致繁杂。要经过采茶、拣芽、濯茶、蒸茶、榨茶、研茶、造茶、过黄八道工序。

由于宋代帝王将相的爱好与广泛参与，龙凤团茶贡茶的发展和宋徽宗的茶学专著《大观茶论》影响深远，宋代茶文化贵族化倾向显著。然而正是龙凤团茶制作工艺的精湛绝伦与豪奢把团饼茶引入穷途末路：团饼茶蒸压研磨的次数越来越多，茶越来越细腻，贡茶制作工序越来越繁复，投入的人力物力越来越多，十分劳民伤财，造一斤茶饼，要600多个茶工，北苑贡茶"品之精绝，一饼值四十千，盖一时所尚，故豪贵竞市以相夸也"。

2．宋代点茶法及审美特征

点茶法源自煎茶法，开始于晚唐至五代间，宋代点茶法代替煎茶法成为主要的饮茶方式，点茶法是将茶粉置于盏中，加入热水，用茶筅击拂，使茶粉均匀分布在水中，然后饮用的茶汤制备方法。根据文献记载，宋代的点茶程式大致可分为以下12个步骤：列具—炙茶—碾茶—罗茶—烧水—熁盏—置茶—候汤—调膏—冲点击拂—鉴赏汤花—闻香尝味（详细点茶过程见第十一章第一节）。

宋代点茶在唐代煮茶的基础上，技艺有了系列发展和进步，客观上讲，点茶法大大提升了茶的品饮艺术，是中国末茶茶艺最辉煌的时期。

(1) 注重茶汤的色、香、味：宋代点茶法不再在茶中加入任何作料，已经纯粹是清饮了，因此更加注重茶汤的色、香、味，宋徽宗《大观茶论》说："夫茶以味为上，香甘重滑为味之全"；"茶有真香，非龙麝可拟"；蔡襄《茶录》指出："茶色贵白……以青白胜黄白"；"茶有真香……民间试茶皆不入香，恐夺其真"；"茶味主于甘滑"。宋代文人写了大量歌颂茶汤色、香、味的诗词，如黄庭坚《送张子列茶》"味触色香当几尘"、黄庭坚《奉同六舅尚书咏茶碾煮茶》"色香味触映眼来"、葛胜仲《谢通判惠茶用前韵》："色味新香各十分"、刘才邵《方景南出示馆中诸公唱和分茶诗次韵》："色香味触未离尘"。

(2) 有较高的点茶技艺要求：点茶在碾罗、候汤、冲点、击拂都有较高的技艺要求，宋徽宗《大观茶论》要求"罗欲细而面紧，则绢不泥而常透。碾必力而速，不欲久，恐铁之害色。罗必轻而平，不厌数，庶已细青不耗。惟再罗则入汤轻泛，粥面光凝，尽茶之色。"冲点击拂要分7次注水，每一次技法都不同，以达到汤花咬盏的效果。

(3) 操作方便化：使用汤瓶、茶筅、茶盏三种器具搭配点茶，大大方便了点茶操作，一手持汤瓶向盏中注水，即冲点，一手执茶筅搅动茶汤，即击拂，使茶末能悬浮于水中，生成大量汤花，并衍生出了宋代斗茶。

(4) 重视点茶的环境要求：宋代品茶有"三点"、"三不点"之说，"三点"其一要有好天气；其二要求佳客风流儒雅、气味相投，其三要求点茶做到：茶新、泉甘、器洁；反之，是为"三不点"。欧阳修的《尝新茶》可谓是此观点的最好注解："泉甘器洁天色好，坐中拣择客亦佳"，新茶、甘泉、洁器，好天气，再有二三佳客，这构成了饮茶环境的最佳组合。如果，茶不新、泉不甘、器不洁、天气不好，茶伴缺乏教养，举止粗俗，在这种种不宜的情况下，是不能点茶品赏的。

(5) 茶色贵白之风盛极一时：唐代，陆羽《茶经》称紫者上；宋徽宗《大观茶论》则说："点茶之色以纯白为上，青白为次，灰白次之，黄白又次之。"可见其以茶色白为贵。"白茶，徽宗大观时造，岁贡仅五七饼，色白如乳，惟五铢钱大小，其价胜于黄金"，宋徽宗以白茶偶然生出，非人力所致而重之！茶色贵白之风盛极一时。宋代对白茶的赏爱，除了上层的提倡及其名贵外，亦含有对白茶之色高洁如冰、不染世尘的精神寄托。

3. 宋代茶具的创新发展与审美特点

从唐代的煎茶发展到宋代的点茶，使饮茶器具发生了一系列变化，一方面器具种类上发生了变化，宋代茶具主要有：烘茶炉、木茶桶、茶碾、石磨、茶葫芦、茶罗、棕帚、茶碗、陶杯、茶壶、竹筅、茶巾十二种。酱黑釉瓷碗、茶盏及盏托、壶的流行，茶筅的出现，构成宋代茶具的特色；另一方面，一些茶具的功能与审美情趣也有较大变化，宋代茶具更加讲究法度，配合点茶技艺需要形制愈来愈精，突破了唐代对茶具的审美要求，主要表现在：

(1) 鼎、镬煮茶变为汤瓶煮水和注茶。汤瓶用于煮水和注茶，形制特点为：瓶口直，使注汤有力；宽口，口宽便于观汤；长圆腹，腹长能使执把远离火，用时不烫手，且能有效控制汤的流量，注汤落点准确；小型化，煮水速度较快。南宋罗大经《鹤林玉露》记载："茶经以鱼目、涌泉、连珠为煮水之节，然近世（指南宋）沦茶，鲜以鼎镬，用瓶煮水，难以候视，则当以声辨一沸、二沸、三沸"。宋陶谷《清异录》云："富贵汤，当以银铫煮汤，佳甚，铜铫煮水，锡壶注茶次之"。蔡襄《茶录》说："瓶要小者易候汤，又点茶注汤有准，黄金为上，人间以银铁或瓷石为之"。

（2）石磨成为茶粉加工常用器具。唐代研制茶粉主要用茶臼和茶碾，茶臼和茶碾在宋代继续使用，而石制茶磨在宋代始作常用工具，使茶粉更精细。

（3）点茶专用特色茶具——茶筅。茶筅为点茶击拂用具，多用老竹制成，点茶时用于快速搅拌击打茶汤，使之均匀发泡，泡沫浮于汤面。

（4）建窑黑釉茶盏的得宠。宋代，茶碗既是饮茶器具，也是重要的点茶工具，建窑黑釉茶盏是一种广口、圈足、坯厚、胎质疏松、黑釉的茶盏，用建窑黑釉茶盏斗茶最佳。蔡襄《茶录》中说："茶色白，宜黑盏，建安所造者绀黑，纹如兔毫，其坯微厚，汤之久热难冷，最为要用。出他处者，或薄或色紫，皆不及也。其青白盏，斗试家自不用。"因为用茶筅击拂泛起白色乳沫，与黑色的茶盏色调分明，容易观察判断点茶的好坏。依蔡襄所述，用建盏斗茶至少有3个优点：建盏绀黑，与斗茶的汤花黑白相衬，斗茶时汤花、水痕分明，茶汤优劣清晰易判；建盏纹如兔毫，与白色泡沫相映成趣；斗茶时，要求茶盏在一定时间内保持较高的温度，建盏胎厚，有利于保持茶汤温度。

（二）宋代斗茶之风与轻饮重艺歧途

1. 宋代斗茶技艺的审美特点

宋代点茶的兴盛催生了一种流行的竞技游戏——斗茶。斗茶以"斗浮斗色"来进行评比，比试茶的质量和点茶技艺。斗茶主要有3个评判标准：

（1）看茶面汤花的色泽与均匀程度。宋人斗茶，对茶色的要求相当之高，以纯白色为上等，青白、灰白、黄白就等而下之了。汤花面要求色泽鲜白，俗称"冷粥面"，像白米粥冷却后凝结成块的形状；汤花必须均匀，又称"粥面粟纹"，要像粟米粒那样匀称。

（2）看茶盏内沿与汤花相接处有无水痕。斗茶时若先现出水痕，即为失败者。汤花保持时间长，紧贴盏沿而散退的，叫"咬盏"，《大观茶论》中说到："乳雾汹涌，溢盏而起，周回凝而不动，谓之咬盏。"就是茶筅搅动茶汤生成大量乳沫，这些乳沫凝聚在茶汤面上久不散去，较长久地贴在茶盏内壁上。如果乳沫早早散去，露出茶汤，称为水痕，汤花如若散退，盏沿会有水的痕迹，叫"云脚涣乱"，蔡襄在《茶录》中说道："建安斗试以水痕先者为负，耐久者为胜"。

（3）品茶汤，要求茶味真香、回甘、滑口。经过观色、闻香、品味三道程序，色香味俱佳者，方能大获全胜。宋代斗茶，在文人中普遍流行。宋代诗人范仲淹的《和章岷从事斗茶歌》对宋代斗茶进行生动描写。除了在诗词文章中多有表现外，在绘画中也多有反映，南宋刘松年的《茗园赌市图》和元代赵孟頫的《斗茶图》，形象地记录了当时斗茶的情景。

2. 宋代茶百戏精湛技艺与偏失

斗茶技艺强调鉴赏汤花，不断追求技艺和情趣，导致了"茶百戏"和"分茶术"的出现。茶百戏和分茶术是在点茶时让汤花呈现出诸如山水雨雾、花鸟鱼虫、诗词等图案，须臾即灭，需要十分高超的技术。成书于五代的陶谷（公元970年）《清异录·茗荈门·茶百戏》

载：茶至唐始盛，近世有下汤运匕，别施妙诀，使汤纹水脉成物象者，禽兽虫鱼花草之属，纤巧如画，但须臾即就散灭，此茶之变也，时人谓之"茶百戏"。另外《清异录·茗荈门·生成盏》记录了福全和尚娴熟的分茶技艺："能注汤幻茶，成一句诗，并点四瓯，共一绝句，泛乎汤表。小小物类，唾手办耳。"福全对这种"馔茶而幻出物象于汤面"的"通神"之"汤戏"，自鸣得意，"生成盏里水丹青，巧画工夫学不成。欲笑当时陆鸿渐，煎茶赢得好名声。"分茶在宋代十分流行，许多文人雅士也十分喜欢，并留下了不少关于分茶的诗词。

澹庵坐上观显上人分茶

杨万里

分茶何似煎茶好，煎茶不似分茶巧。蒸水老禅弄泉手，隆兴元春新玉爪。
二者相遭兔瓯面，怪怪奇奇真善幻。纷如擘絮行太空，影落寒江能万变。
银瓶首下仍尻高，注汤作字势缥姚。不须更师屋漏法，只问此瓶当响答。
紫薇仙人乌角巾，唤我起看清风生。京尘满袖思一洗，病眼生花得再明。
汉鼎难调要公理，策勋茗碗非公事。不如回施与寒儒，归续茶经传衲子。

杨万里的《澹庵坐上观显上人分茶》十分生动地描述他观看显上人玩分茶的情景：细腻的末茶与水相，在黑釉的兔毫盏盏面上幻变出怪怪奇奇的画面来，有如淡雅书朗的丹青，或似劲疾洒脱的草书。

然而，宋代茶艺对于汤花的过分追求，客观上弱化了茶的饮用功能，甚而使宋代点茶艺术偏向于游戏与娱乐情趣而缺乏对精神追求，显得奢华且空洞。

3. 宋代空前繁荣的茶诗与饮茶意趣

宋代茶诗空前繁荣。欧阳修、梅尧臣、苏轼、王安石、黄庭坚等有名的诗人都留下了咏茶诗，据《全宋诗》统计，北宋以茶字为诗题的茶诗约有300余首，诗人有102人。其中梅尧臣咏茶诗中以茶字为诗题有24首，诗中言及茶的有36首；苏轼咏茶诗中以茶为诗题的有21首左右，诗中言及茶的有55首左右；黄庭坚咏茶诗中以茶字为诗题的有23首，诗中言及茶的有72首。

宋代，儒、释、道三教合一成为时代思潮，在这种思潮影响下，文士人生态度倾向于理智、平和与淡泊，文士这种人生范式与茶之飘逸超然、清雅脱俗的灵性相契合，在饮茶中文士体现出道德关怀的儒家情怀、若隐若现的佛性禅机、羽化成仙的道家情结。

四、茶类多样化发展时期的明清茶艺

明清时期是中国茶业向近现代发展的时期，与宋代茶文化轻饮重艺、热衷于游戏、娱乐特点不同，明代茶业走上了综合考察茶叶品质和更加重视茶叶饮用功能的道路，强调加工理论和技术创新，叶茶冲泡饮用法的普及，革新了唐宋时期的"吃茶"文化，与此同时，宋代所崇尚的一些饮茶审美标准被一一弃用，取而代之的是崇尚品茶、方式从简、追求清饮之风，对茶品要求"味清甘而香，久而回味，能爽神者为上"，追求茶品之原味与保持自然之性。明清时期六大茶类相继出现，茶具趋于多样创新发展，主张用石、瓷、竹等制器，讲究天然。饮茶重视人文情怀，讲究精茶、真水、活火、妙器、闲情，强调品茶环境。概而言之，明清茶艺的发展具有以下特点：

（一）明清散茶发展与瀹茶法的兴盛

唐陆羽在《茶经·六之饮》提到"饮有粗茶、散茶、末茶、饼茶者"。宋代，团饼茶大行其道，但散茶同样得到了发展。欧阳修在《归田录》中说："腊茶出于剑、建，草茶盛于两浙……"，其中的"草茶"就是散茶。

朱元璋以团茶制作劳民伤财为由，下诏废除贡团茶，由此，饼茶逐渐退出历史舞台，而散茶兴起，以瀹茶法为主的散茶品饮方式逐渐代替点茶法成为一直延续至今的饮茶方式。

瀹茶法是用条形散茶直接冲泡饮用的饮茶方式，这种饮茶方式杯中的茶汤没有"汤花"可欣赏，因此品尝时更看重茶汤的滋味和香气，对茶汤的颜色也从宋代的以白为贵变成以绿为贵。许次纾《茶疏》精练地概括瀹饮法具体要求。"未曾汲水，先备茶具，必洁必燥，开口以待。盖或仰人，或置瓷盂，勿意覆之。案上漆气、食气，皆能败茶。先握茶手中，候汤既入壶，随手投茶汤，以盖覆定。三呼吸时，次满倾盂内。重投壶内，用以动荡香韵，兼色不沉滞。更三呼吸顷，以定其浮薄。然后泻以供客，则乳嫩清滑，馥郁鼻端"。瀹茶法不仅操作简便，而且保留了茶叶天然的色、香、味，受到人们的欢迎。

明代众多茶人著书立说，总结了散茶的冲泡技艺。综合明代茶学著作的有关内容，明代泡茶茶艺包含了以下几个方面：

（1）焚香：名香和名茶相伴，营造了安详、缥缈的气氛，增添了品茶的感受，为文人雅士所推崇与仿效。晚明苏州文士文震亨撰著的一部关于生活和品鉴的笔记体著作《长物志》认为："品之最优者以沉香、岕茶为首，第焚煮有法，必贞夫韵士，乃能究心耳"。

（2）涤器：先用上等泉水洗涤烹茶器皿，务必保持洁净。程用宾《茶录》指出："饮茶先后，皆以清泉涤盏，以拭具布拂净。不夺其香，不损茶色，不失茶味，而元神自在。"

（3）煮水：程用宾《茶录》说："汤之得失，火其枢机。宜用活火，彻鼎通红，洁瓶上水，挥扇轻疾，闻声加重，此火候之文武也。盖过文则水性柔，茶神不吐。过武则火性烈，水抑茶灵。"

（4）温壶：程用宾在《茶录》中提出："伺汤纯熟，注杯许于壶中，命曰浴壶，以祛寒冷宿气也"。

（5）洗润茶：顾元庆《茶谱》提出："凡烹茶，先以热汤洗茶叶，去其尘垢冷气，烹之则美"。冯可宾《岕茶笺》说："……以热水涤茶叶，水不可太滚，滚则一涤无余味矣。以竹箸夹茶于涤器中，反复涤荡。去尘土、黄叶、老梗净，以手搦干，置涤器内盖定。少刻开视，色青香烈……"。

（6）冲泡投茶：张源提出应根据不同季节采取不同的投茶法。他在《茶录》中说："投茶有序，勿失其宜。先茶后汤，曰下投；汤半下茶，复以汤满，曰中投；先汤后茶，曰上投。

春秋中投，夏上投，冬下投。"投茶多寡宜斟酌，茶多则味苦香沉，水多则色清气寡。"

（7）斟茶：许次纾《茶疏》认为："酌分点汤，量客多少，为役之繁简。三人以下，止熟一炉。如五六人，便当两鼎"。"一壶之茶，只堪再巡。初巡鲜美，再则甘醇，三巡意欲尽矣"。

（8）品茶：明代非常强调茶汤的品饮，陆树声《茶寮记》描述品饮茶汤的具体步骤为："茶入口，先灌漱，须徐咽。候甘津潮舌，则得真味"。要求茶汤入口，先灌漱几下，再慢慢下咽，让舌头味蕾充分接触茶汤，满口生津，细细品尝，从茶的色、香、味、形体会审美的愉悦。

（二）道进乎技——明清茶叶加工技术的大发展

1. 明清茶叶加工更加重视技术理论

在明初人们开始深入探讨茶叶加工的技术原理，为明清制茶技术全新发展做了铺垫。明代饮茶趣味不断向"求真"方向发展，从茶叶物性、加工成本、制茶品质等方面客观地评价了古今制茶技术，围绕着如何提高茶叶香气等品质而采取了很多技术措施。他们对宋代龙凤团茶的加工技术提出了批评，明朱权《茶谱》说："盖羽多尚奇古，制之为末，以膏为饼；至仁宗时，而立龙团、凤饼、月团之名，杂以诸香，饰以金彩，不无夺其真味。……然天地生物，各遂其性，莫若叶茶，烹而啜之，以遂其自然之性也。"许次纾《茶疏》载："……然冰芽先以水浸，已失真味。又和以名香，益夺其气，不知何以能佳？……不若近时制法，旋摘旋焙，香色俱全，尤蕴真味！"认为水浸冰芽的工序，使芽叶内含物流失，真味无存，况且掺入香料，又夺去茶的香气，哪里还有好茶可言呢？极力称赞明代的绿茶制法，充分发挥了茶叶天然的色、香、味等品质。强调炒焙制法保留了茶叶本性。

明初朱升《茗理》诗前小序说："茗之带草气者，茗之气质之性也。茗之带花香者，茗之天理之性也。抑之则实，实则热，热则柔，柔则草气渐除。然恐花香因而太泄也，于是复扬之。迭抑迭扬，草气消融，花香氤氲，茗之气质变化，天理浑然之时也。漫成一绝。"诗为："一抑重教又一扬，能从草质发花香。神奇共诧天工妙，易简无令物性伤。"

2. 明清炒青绿茶加工技术的成熟

明代张源《茶录》、许次纾《茶疏》、罗廪的《茶解》、闻龙《茶笺》等书对炒青制茶法都作了详尽的记载，炒青火候掌握、炒制手法、投叶量，特别是防止焦烟气味、防掺杂异味、防吸收水分等方面的经验和技术要求，在今天仍然具有现实意义。

张源《茶录》详细记述了明代炒青绿茶制法：用广二尺四寸的锅，待锅极热时，取鲜叶一斤半下锅急炒。"火不可缓，待熟方退火"。然后将茶起锅放筛中团揉，下锅再炒，"渐渐减火，焙干为度"。对制茶火功掌握的要点，也概括得十分精辟。他认为："优劣定乎始锅，清浊系乎末火。火烈香清，锅寒神倦，火猛生焦，柴疏失翠，久延则过熟，早起却还生，熟则犯黄，生则着黑，顺那则甘，逆那则涩，带白点者无妨，绝焦点者最胜。"

许次纾《茶疏》中也有对炒青技术有精深的论述：

（1）关于炒青制茶的器具。许次纾认为"炒茶之器，最嫌新铁。铁腥一入，不复有香。尤忌脂腻，害甚于铁。须预取一铛，专用炊饭，无得别作他用。"由于认识到了茶叶对油腥腻味的吸附作用,提出炒茶锅与菜锅要分开,避免杂入异味,影响茶叶香气,如果"就于食铛火薪焙炒,未及出釜,业已焦枯,讵堪用哉!"炒茶前"铛必磨莹",锅要磨光才利于炒制。现在加工名优茶时,先用茶油把炒锅擦亮,其源头则在明代。

(2) 关于炒制操作过程。许次纾对现采现炒、火温、投叶量、时间、手法、程度、热源火功等技术细节都做了规定:"生茶初摘,香气未透,必借火力以发其香。然性不耐劳,炒不宜久。多取入铛,则手力不匀;久于铛中,过熟而香散矣,甚且枯焦,尚堪烹点……炒茶之薪,仅可树枝,不用杆叶,杆则火力猛炽,叶则易焰易灭。铛必磨莹,旋摘旋炒。一铛之内,仅容四两,先用文火焙软,次加武火催之,手加木指,急急钞转,以半熟为度。微俟香发,是其候矣……一叶稍焦,全铛无用。然火虽忌猛,尤嫌铛冷,则枝叶不柔。……"

(3) 关于茶叶炒后处理。许次纾提出"急用小扇钞置被笼,纯绵大纸衬底燥焙积多,候冷,入罐收藏。"炒速而迟焙,燥者湿者不可相混,以免减其香气。如果"以竹造巨筒,乘热便贮,虽有绿枝紫笋,辄就萎黄。仅供下食,奚堪品斗?"

明代罗廪《茶解》记载的炒青制法包括采茶、萎凋、杀青、摊凉、揉捻、焙干,技术先进,工艺完整而成熟。采茶要求"晴昼采,当时焙",否则会"色味香俱减矣"。萎凋要求"采茶入箪,不宜见风日,恐耗其真液。亦不得置漆器及瓷器内"。炒茶的一般要求是"铛宜热",焙时"铛宜温",具体操作时,要求杀青、摊凉、揉捻、焙干连续进行,一气呵成,即"凡炒止可一握,候铛微炙手,置茶铛中札札有声,急手炒匀。出之箕上,薄摊用扇扇冷,略加揉挼。再略炒,入文火铛焙干,色如翡翠"。嗣后各环节还有一些必须把握的技术要求。例如,茶炒后出铛要用扇扇,否则茶会"变色"。茶叶要求新鲜,膏液才能充足。杀青火要猛,"初用武火急炒,以发其香,然火亦不宜太烈"。茶炒熟后,"必须揉挼,揉挼则脂膏熔液,少许入汤,味无不全"。

3. 明清时期茶类多样化创新与评茶技术进步

明清时期制茶技术得到空前发展,伴随炒青绿茶兴盛,先后创制了黄茶、黑茶、白茶、青茶、红茶其他五大茶类。对茶叶品质的要求讲究饮茶而异,追求外形与内质的统一。

明清时期,人们注重对茶叶品质的审评,许多茶人称得上是茶叶审评专家。张源《茶录》讲述了炒青茶的评辨:"茶之妙,在乎始造之精。藏之得法,泡之得宜。优劣定乎始锅,清浊系乎末火。火烈香清,锅寒神倦。火猛生焦,柴疏失翠。久延则过熟,早起却还生。熟则犯黄,生则着黑。顺那则甘,逆那则涩。带白点者无妨,绝焦点者最胜。"当时已经通过品质判断加工的问题,认为高温炒出来的茶香味较清,炒的时间太长则茶叶变黄,时间太短则茶叶变黑,指出茶叶没有爆点才好。

张源《茶录》中还提出:"茶以青翠为胜,涛以蓝白为佳,黄黑红昏,俱不入品。雪涛为上,翠涛为中,黄涛为下";"味以甘润为上,苦涩为下"。程用宾《茶录》则认为:"甘润为至味,淡清为常味,苦涩味斯下矣",对滋味的品评深入细致。

清代梁章钜《归田琐记》提到福建泉州、厦门人的工夫茶时指出:"一曰香,花香、小种之类皆有之。今之品茶者,以此为无上妙谛矣,不知等而上之,则曰清,香而不清,犹凡品也。再等而上之,则曰甘,清而不甘,则苦茗也。再等而上之,则曰活,甘而不活,亦不过好茶而已。活之一字，须从舌本辨之，微乎微矣，然亦必瀹以山中之水，方能悟此消息。"梁章钜将茶之香味区分为香、清、甘、活四个品级，要从舌头上去细细辨析、体味，可见清代品茶是何等之精。

明清形成的通过嗅觉、味觉、视觉、触觉等方式，从色、香、味、形诸角度来鉴别茶叶品质的方法，是现代茶叶感官审评的基础。

（三）明清茶具创新发展和艺术倾向

明清瀹饮法为主流的沏茶法使得饮茶茶具发生了系列变化。其一，明代开始，"茶具"主要指饮茶之器，唐宋时的炙茶、碾茶、罗茶、煮茶器具成了多余之物，一些新的茶具品种脱颖而出；许次纾《茶疏》指出："茶滋于水，水藉乎器，汤成于火，四者相须，缺一则废。"将茶具在明代品茶活动中的作用，提高到极其重要的地位。随着多茶类的出现，又使人们对茶具的种类与色泽，质地与式样，以及茶具的轻重、厚薄、大小等，提出了新的要求，创制了系列与各种茶类泡品饮相适的茶具。如茶壶的广泛应用、既可作泡茶又可作品茶的盖碗的形成、与茶壶配套的专用品茶杯的形成等。其二，明清时期，茶具品种增多，形状多变，色彩多样，再配以诗、书、画、雕等艺术元素，从而把茶具制作推向新的艺术高度，出现了系列既具有良好品饮功能，又具有较高艺术鉴赏和收藏价值的茶具，最为突出的是江西景德镇青花瓷茶具和江苏宜兴紫砂茶具。

1. 明清紫砂茶具艺术魅力

李渔《闲情偶记》认为："茗注莫妙于砂，壶之精者又莫过于阳羡（宜兴）"。文震亨《长物志》认为："茶壶以砂者为上，盖既不夺香，又无熟汤气"。周高起《阳羡茗壶系》指出："紫砂泥具备五色，斑斓有若披锦"；紫砂壶"能发真茶之色、香、味"；"壶经用久，涤拭日加，自发黯然之光，入手可鉴"。因此，由于紫砂茶具具有诸多优良性能，使之成为明代极受欢迎的茶具。所以说，紫砂茶具因契合追求自然的饮茶意境而兴起，成为最时尚、最名贵的茶具。

后来由于一些文人介入紫砂壶的创作活动，紫砂壶融合了书法、绘画和雕塑等文化元素，提高了紫砂壶的文化品位。多位制壶名家开创了"方非一式，圆不一相。文岂传形，赋难为状"的壶艺世界，制壶高手时大彬，综合了几何形体和自然形体特征，创作了筋纹型壶艺，被认为是整个筋纹型壶艺的开山鼻祖，更具意义的是他开创小壶艺术，为细掇慢啜的小壶工夫茶艺发展创立了重要的物质条件，明末崇祯年间的小壶名家惠孟臣，更以"孟臣罐"而名扬久远。宜兴紫砂茶具的高度艺术化，使人们品茶时的趣味性、审美感更加浓厚。紫砂茶具融合造型、诗词、书法、绘画、篆刻、雕塑等艺术于一体，形式内容和谐、神形兼备。后来在陈鸿寿的倡导下，形成了融文学、艺术、书法、金石于一体的"壶上金石文化"，这种综合的艺术文化现象的形成，推动了紫砂艺术深度的文化层次发展，树立了陶刻壶上金石文化艺术典范，奠定了紫砂壶的中国工艺美术历史精品的地位。

2. 青花瓷茶壶广泛应用

清代茶类有了很大的发展，除绿茶外，红茶、乌龙茶等新茶种的出现对清以后陶瓷茶具的种类、色泽、质地与式样提出了新要求,由于多种茶类的出现把茶具制作推向新的高度。茶具艺术也到了登峰造极的地步,除单色釉外还创烧了很多新的彩釉和品种,粉彩、新彩、古彩等创新品种,为陶瓷茶具的发展起了积极作用。

3．明清茶艺讲究幽雅的品茶环境

明清时期,为解决生理需求的一般性喝茶与文人雅士的品饮茶发生了清晰分化,前者不大讲究环境,而文人雅士品饮茶则崇尚自然美,追求清幽脱尘的意境,尤其重视品茶环境的自然清雅。众多的文人雅士对品茶的时间、场所、心境、茶友等,都提出了明确的要求。明清文人对品茗环境要求提升了品茶艺术,也深刻地影响到今天的饮茶文化。现代茶艺也更加注重对品茶场所进行精心布置,营造幽雅别致的品茶环境,将人与自然和谐地融合在一起,实现饮茶修道的高尚追求。

(1) 对适宜品茶环境的要求。早在明初朱权《茶谱》就指出要选择在景物清幽之所品茶,"或会于泉石之间,或处于松竹之下,或对皓月清风,或坐明窗静牖",品茗时最忌俗谈,而要"探虚玄而参造化,清心神而出尘表"。许次纾《茶疏》对品茗环境谈得更详细,对适宜品茗人文环境、室内环境、室外自然环境等方面进行了表述。

品茗的人文环境　"心手闲适"、"听歌拍曲"、"鼓琴看画"、"宾主款狎"、"访友初归"等。

品茗的室内环境　"明窗净几"、"洞房阿阁"、"儿辈斋馆"、"清幽寺观"。

品茗的室外环境　"风日晴和、轻阴微雨、小桥画舫、茂林修竹"、"荷亭避暑、小院焚香"、"名泉怪石"。

许次纾《茶疏》还对不适宜品茶的环境条件进行了阐述。认为:"作字、观剧、发书柬、大雨雪、长筵大席、翻阅卷帙、人事忙迫"等情形"宜辍"而不饮。指出品茗时要避免"恶水、敝器、铜匙、铜铫、木桶、柴薪、鼓炭、粗童、恶婢、不洁巾帨,各色果实香药"。另外他提出,下列这些场所,如"阴室、厨房、市喧、小儿啼、野性人、童奴相哄、酷热斋舍",不宜靠近茶室和品饮。

冯可宾《岕茶笺》总结出13种适宜品茶的环境:无事、佳客、幽坐、吟咏、挥翰、徜徉、睡起、宿醒、清供、精舍、会心、赏鉴、文僮。

(2) 明清茶室的布置与审美情趣。明清时期,文人雅士为了得到适宜的饮茶场所,还精心设计了茶寮,茶寮是文人生活的重要场所之一,在这里或会朋清谈,或独坐诗文,品茗闲适安谧。文震亨《长物志》简要介绍了"茶寮"的设置:"构一斗室,相傍山斋,内设茶具,教一童专主茶役,以供长日清谈,寒宵兀坐;幽人首务,不可少废者。"

高濂《遵生八笺》讲到了茶寮的具体布置:"侧室一斗,相傍书斋。内设茶灶一,茶盏六,茶注二,余一以注熟水。茶臼一,拂刷净布各一,炭箱一,火钳一,火箸一,火扇一,火斗一,可烧香饼。茶盘一,茶囊二。当教童子专主茶役,以供长日清谈,寒宵兀坐"。

许次纾《茶疏》对茶寮的室内环境布置要求更详细:"小斋之外,别置茶寮。高燥明爽,勿令闭塞。壁边列置两炉,炉以小雪洞覆之,止开一面,用省灰尘腾散。寮前置一几,以顿茶注、茶盂，为临时供具。别置一几，以顿他器。旁列一架，巾帨悬之。见用之时，即置房中。斟酌之后，旋加以盖，毋受尘污，使损水力。炭宜远置，勿令近炉，尤宜多办，宿干易炽。炉少去壁，灰宜频扫。总之以慎火防，此为最急。"

（3）明清饮茶重视对茶友的选择。许次纾《茶疏》指出："宾朋杂沓，止堪交错觥筹；乍会泛交，仅须常品酬酢。惟素心同调，彼此畅适，清言雄辩，脱略形骸，始可呼童篝之火，酌水点汤，量客多少，为役之繁简。"罗廪《茶解》记载："山堂夜坐，手烹香茗，至水火相战，俨听松涛，倾泻入瓯，云光缥缈。一段幽趣，故难与俗人言。"反映了明代茶人选择"素心同调"的茶友，才能一起体会到高雅的艺术趣味。

陆树声《茶寮记》"人品"指出："煎茶非浪漫，要须其人与茶品相得。故其法每传于高流隐逸，有云霞石泉磊块胸次间者"。

张源《茶录》还主张品茶人数不宜太多，"饮茶以客少为贵，客众则喧，喧则雅趣乏矣。独啜曰神，二客曰胜，三四曰趣，五六曰泛，七八曰施"。明代陈继儒《岩栖幽事》也认为，"品茶，一人得神，二人得趣，三人得味，七八人是名施茶"。明代茶人强调品茶人数宜少，意在强调茶须静品，力求保持环境幽静，摒弃尘俗妄念，细品体会茶的神韵与趣味。当然，明代文人雅士经常举行茶会、茶宴，参与品茗者不止两三人，但是人虽多而不嘈杂，仍然能够获得品茗的雅趣和情调。

4. 明清饮茶更注重茶叶的健康功效

明代初期，朱权《茶谱》指出，品茶能帮助人"志绝尘境，栖神物外，不伍于世流，不污于时俗"，品茶"有裨于修养之道"；并提出"茶之为物，可以助诗兴而云山顿色；可以伏睡魔而天地忘形；可以倍清谈而万象惊寒，茶之功大矣……食之能利大肠，去积热，化痰下气，醒睡，解酒，消食，除烦去腻，助兴爽神，得春阳之首，占万木之魁"，对茶的多种功效评价甚高。顾元庆的《茶谱》将茶的功效归纳为"人饮真茶，能止渴消食，除痰少睡，利水道，明目益思，除烦去腻，人固不可一日无茶"。提出了茶是人们生活中一日不可缺少的必需品。许次纾在《茶疏》提出饮茶要适当节制，过量则不利于健康的观点。"茶宜常饮，不宜多饮"，因为"常饮则心肺清凉，烦郁顿释；多饮则微伤脾肾，或泄或寒"。

五、中国现代茶艺发展

清末以后，战乱不断，国势衰败，中华茶文化和茶艺发展都受到了严重破坏和打击，20世纪70年代以来，随着中华文明的复兴，茶文化作为一种特殊的传统文化样式再次兴起。茶艺作为茶文化发展中的高级形式迅速发展，饮茶相关的茶、水、器、境、技的审美倾向和水平日益发展，并成为茶及相关茶业发展的重要导向和支撑力量，茶艺馆业的迅速发展为茶艺的发展提供了经济和技艺平台，各种层次的茶艺大赛为茶艺表演形式提供了大量创新源泉，"茶艺表演"成为各类商业活动中被广泛应用，为大众熟悉和广泛参与的茶文化活动，"茶艺师"作为一种新兴职业被纳入专业化发展的渠道，越来越多的生活美学元素被应用融入茶艺领域，茶艺大有发展成为一种独立艺术事业和综合艺术门类的态势。

第三节 日本茶艺发展过程

一、日本茶艺的起源与发展

日本茶艺,即通常所说的茶道,日本的茶道起源于中国,继承了中国唐朝、宋朝巅峰时期的茶文化的精髓,后来移植到日本之后,与日本本土的文化相融合,变成了具有日本特色和旺盛生命力而且易于普及的高雅文化。

日本茶道从始祖村田珠光开始,经过武野绍鸥,不断地本土化,终于在15世纪末、16世纪初,由第一代开创者,丰臣秀吉的茶师——千利休集大成,形成了具有日本独特文化特色的茶道,至今已有500多年的历史。日本茶道的形成大致经过了以下几个阶段:

(一)第一阶段:学习引进中国唐朝茶文化的平安时代

据史料记载:日本天台宗开创者最澄禅师于804年(唐德宗贞元二十年)来华学习佛经,次年学成回国时,带回去茶籽并种于滋贺县。与最澄禅师同年来华学习的还有另一位叫空海的和尚,他于公元806年回国。由于在中国学习的时间较长,他不仅带回大量的茶籽,还带回了制茶的石臼以及中国的制茶技术。

公元815年,也就是最澄禅师回国后10年,日本嵯峨天皇来到滋贺县视察,寺僧们拿出他们亲手栽制的茶叶献上,天皇饮后回味无穷,非常高兴。茶树栽培因此得到迅速推广,寺僧们栽茶、制茶、饮茶的积极性从此高涨起来。当时,日本的近江、丹波、播磨等地皆栽种茶树,并在京都附近设官营茶园,专供宫廷。日本国的饮茶之风也因为和尚们的提倡而得到了广泛的推广。

这一时期的茶文化,是以嵯峨天皇、永忠、最澄、空海为主体,在弘仁年间(公元810~824年)发展起来的,这一时期成为古代日本茶文化的黄金时代,学术界称之为"弘仁茶风"。嵯峨天皇爱好文学,特别崇尚唐朝的文化,在其影响下,弘仁年间成为唐文化盛行的时代,茶文化成为其中最高雅的文化。日本平安时代的茶文化,无论从形式上还是精神上,可以说是完全照搬中国的唐代茶文化活动方式。

(二)第二阶段:日本镰仓时代的寺院茶

镰仓时代(公元1192~1333年)初期,日本高僧荣西撰写了日本第一部茶书——《吃茶养生记》。自公元1168年始,荣西两次来中国学习佛经,此时南宋饮茶之风正盛,荣西得以领略各地风俗。他不仅掌握了寺院一般的饮茶方法,而且还研究了中国茶道中的技艺和禅宗茶道中的理论。因此,荣西不仅懂一般中国茶道技艺,而且得悟禅宗茶道之理。荣西在华前后共达24年之久。荣西禅师回国,带回去我国茶圣陆羽所著世界上首部茶学专著《茶经》的手抄本和大量茶籽。回国后他大力推广栽种茶树,先后将茶籽试种在他住持的禅寺。荣西禅师精通汉字、书法、格律、乐理等,矢志四年(公元1211~1214年),他用汉字写成上下两卷的日本首部茶书专著《吃茶养生记》,从其内容看,深得陆羽《茶经》之理,特别对茶的保健及修身养性功能高度重视。开篇就有:"茶者养生之仙药也,延寿之妙术也;山谷生之,其地神灵也,人伦采之,其人长命也,天竺唐人均贵重之,我朝日本酷爱矣。古今奇特之仙药也。"此书还把佛教教义、中国哲学和茶道融合在一起，并以中国的"五行"说来解释茶对人的五脏的调节作用以及有关的功效；书中还介绍了宋代中国各大寺院中僧侣讲经布道的行茶礼仪。荣西根据自己在中国的体验和见闻，记叙了当时的抹茶点饮法。由于此书的问世，日本的饮茶文化不断得到普及和扩大，茶又风靡了僧界、贵族、武士阶层并及于平民。茶园不断扩充，名产地不断增加，最终导致300年后日本茶道的成立。

在日本南北朝时代，"唐式茶会"在日本流行起来，唐式茶会简称"茶会"。茶会的内容富有中国情趣和禅宗风趣，最初流行于禅林，不久便在武士阶层中流行起来。当时的所谓"唐式茶会"，并非真正我国唐代饮茶之法，而是杂唐代茶亭聚会形式，宋代点茶、斗茶之法，加上我国北方民族以茶点与进茶相结合的礼仪揉合在一起的一种饮茶文化。此时，饮茶活动还是以寺院为中心，再由寺院普及到民间，这是镰仓时代茶艺文化的主流。

（三）第三阶段：日本茶道形成阶段

从公元15世纪开始，由村田珠光、武野绍鸥以及千利休等禅学大师，在学习借鉴中国茶道的基础上融入禅宗思想和日本的哲学、艺术、礼仪，创立了日本自己的茶道。

村田珠光（公元1423～1502年）是日本茶道的鼻祖，他将禅宗思想引入茶道，形成了独特的草庵茶风。村田珠光通过禅的思想，把茶道由一种饮茶娱乐形式提高为一种艺术、一种哲学、一种宗教。他完成了茶与禅、民间茶与贵族茶的结合，为日本茶文化注入了内核，夯实了基础，完善了形式，从而将日本茶文化真正上升到了"道"的地位。日本茶道宗师武野绍鸥（公元1502～1555年）承前启后，他将日本歌道理论中表现出日本民族特有的素淡、纯净、典雅的思想导入茶道，对村田珠光的茶道进行了补充和完善，为日本茶道的进一步民族化、正规化作出了巨大贡献。

千利休（公元1522～1592年）是日本茶道的集大成者，是一位伟大的茶道艺术家，他对日本文化艺术的影响是无可比拟的。千利休少时便热心茶道，他在继承村田珠光、武野绍鸥的基础上，使草庵茶更深化了一步，并使茶道的精神世界一举摆脱了物质因素的束缚，去除了拜物主义的风气。千利休将茶道与禅结合在一起的宗教文化的基础上，还原到了淡泊寻常的本来面目，完全消除了茶道的娱乐性，将茶道的艺术境界带向了积极的富有创造性的方向。千利休跟随武野绍鸥学习茶道15年，1574年做了织田信长的茶道侍从，织田信长去世后，织田信长的部将丰臣秀吉统一了日本，成为一统天下的大将，千利休又成为丰臣秀吉的茶师。由于两人在茶道的艺术追求上有分歧，千利休晚年的茶道思想走向古朴简约，表现出"本来无一物"的艺术境界。

由于千利休是茶道集大成者，而茶道又是一个综合的文化体系，因此，千利休对于日本文化艺术的影响扩大到日本的建筑、庭园、服饰、烹饪、工艺和美术等各个方面。凡是千利休喜爱的东西，或是按照他的审美观设计出来的东西，都冠上"利休"的名字。例如，利休栅栏、利休色彩、利休豆腐等，类似这样的固定词汇多达200个以上，可见千利休对日本的各个领域产生了深远的影响。另外，茶道源于京都，所以京都受到千利休思想的影响很大。这个时期，日本吸收整理了中国的茶文化，形成了民族特色，完成了日本茶道的草创。

到了江户时代,由千利休集大成的日本茶道达到鼎盛期,茶道人口上至天皇将军大名武士,下到普通市井百姓,非常广泛。在随后的发展过程中,日本在吸收和消化了中国茶文化之后,终于形成了具有本民族特色的日本抹茶道和煎茶道(由村田珠光奠基,中经武野绍鸥的发展,至千利休而集大成的日本茶道又被称为抹茶道,它是日本茶道的主流)。在日本抹茶道形成之时,也正是中国的泡茶法形成并流行之时。在中国明清泡茶艺的影响下,日本茶人又参考抹茶道的一些礼仪规范,形成了日本的煎茶道。

(四)现代茶艺阶段

日本的现代时期是指 1868 年明治维新以后。日本茶道在安土、桃山、江户时代盛极一时之后,于明治维新初期一度衰落,但不久又进入稳定的发展期。自明治维新后,日本茶道不但逐渐摆脱以往由男人独占的局面,到了昭和时期,女性茶道人口骤增,茶道更成了女孩子出嫁之前的必修内容。

20 世纪 80 年代以来,中日间的茶文化交流频繁,但更主要的是日本茶文化向中国的回传。日本茶道的许多流派均到中国进行过交流,日本茶道里千家家元千宗室多次带领日本茶道代表团到中国访问,第 100 次访问中国时,江泽民总书记在人民大会堂接见了千宗室。

在历史上,茶道诞生于"下克上"战乱纷起的中世纪封建社会,却吸引了大批的信众,这和它传播的和平理念是分不开的。茶道摒弃了日本文化中竞争和尚武的一面,宣扬和平与平安的精神,集中体现了日本文化中美好、向善、崇高的一面。当今,世界形势动荡不安,非常规战争此起彼伏。人类为世界和平的努力,任重而道远。"一碗茶中的和平"仍然有着现实的意义。东方文化越来越受到世界的瞩目,而茶道内涵深远,它囊括了中国道教、佛教、儒教的精髓,有形可触,是生命力极强的文化。各国人民都渴望和平,茶道一定会得到包括中国人民在内的各国人们的喜爱!

由于现代生活节奏的加快,日本茶道的仪式也有所简化。但茶室的布置、茶的冲饮方法和插花艺术仍很讲究。日本茶道的流派虽然很多,但仪式的规范程式是大同小异的。除茶味有浓、淡之分外,同时还要请客人品尝精致的各式糕点,这也增加了欢乐的气氛。品饮形式也是多种多样,有的每客一碗,也有的只冲泡一碗浓茶,由客人们轮流品尝。根据季节的不同,茶具也不一样。至于茶室中的花,则崇尚清雅,并随季节变换。如冬天用红梅和山茶点缀,使人感到生机蓬勃,春意盎然;炎热的夏天,则插上几朵露珠晶亮的荷花,给人以凉爽之感。

二、日本茶道的社会教育功能

(一)社交教育功能

在日本,茶道是一种通过品茶艺术来接待宾客、交友的特殊礼节。茶道是通过遵循一定的礼法,以主人和客人的心的共感来饮茶的文化体系。日本人把茶道视为社交的手段,通过茶道的学习和茶会的进行提高人们社交的能力和增进在社交过程中的和谐。正如桑田中亲所说:"茶道已从单纯的趣味、娱乐,前进为表现日本人日常生活文化的规范和理想"。

茶道已经成为一种特殊意义上的宗教。它以独特的方式让人们享受美的极致，给人以人生的启迪，是人们日常世俗生活的精神补充。茶道始终保持着神奇的魅力，成为追求艺术、感悟人生、陶冶精神情操的重要文化形式，发挥着特殊的社会功能作用。茶道文化充分体现了日本民族精神，并将东方文化的所有内容都囊括在一个小小的茶室里，融合佛道儒教及固有的神道教于一身，把它推向了日本文化的顶峰。他们把生活中最细微的环节提升到一个精神领域中来，在茶道中表现得淋漓尽致。茶道所追求的是"万物有灵"的境界，强调了人与人之间的和谐联系。另外茶道中的"和"、"敬"等，侧重于人际关系的调整，要求和诚处世、敬人爱民、化解矛盾、增进团结，有利于社会秩序的稳定。

（二）礼仪教育功能

日本人给人的最深印象，就是他们的彬彬有礼。形容日本社会是一个礼制的社会，可以说绝不为过。但是，日本社会的礼制森严，绝不是一朝一夕所能成就的，而是社会长期发展的结果。在这个过程中，茶道应该是发挥了重要的礼仪教化作用。日本茶道在战乱的中世纪形成，因为当社会处于激烈的动荡之中时，最需要的正是礼仪的恢复，故而当茶道被推荐给幕府将军时立刻得到了赏识，并很快在武士阶层中普及开来。历代日本封建社会的统治者大多对茶道采取了支持的态度，这和茶道有助于稳定社会礼制的作用是分不开的。茶道教给了日本人严格的礼仪，教会了日本人彬彬有礼。

茶道的礼仪是全方位的，无论在主人与客人之间，还是在客人与客人、人与物之间，都有一套完整的礼仪。因此，从某种意义上来讲，茶道实际上是一种点茶饮茶的礼仪规范。茶道的礼仪动作看似复杂而乏味，但都是在长年实践经验基础上精炼而成的，其一招一式都没有多余的成分，都是整个茶事的合理组成部分，因而恰到好处地表现了茶道的技艺性的美。所以，日本的茶道专家谷川彻三把茶道喻为"以身体为媒介的演出艺术"。

千利休为茶道精神制定的"四规"，即"和敬清寂"中的"和"就是要出席茶会者人人平等，要互相认可，彼此尊让。因此，茶道不仅给人以美的享受，还给人以人生的启迪和美好感受，茶室是至极和平之家，是培养人们遵守社会的礼法，养成互相信任和谦让的一个大家庭。不少日本人把茶道视为提高社会修养的一种手段，与此有着密切的关系。

以"和"为核心的茶道精神，提倡和诚处世、以礼待人，对人多奉献一点爱心、一份理解，建立和睦相处、相互尊重、互相关心的新型人际关系。因此，也必然有利于社会风气的净化。

（三）艺术教育功能

日本茶道将日常生活与宗教、哲学、伦理和美学联系起来，成为一门综合性的文化艺术活动。茶道里有各种各样的要素：有思想、文学、宗教、艺术、美术工艺、建筑造园、服饰、饮食文化、植物、医学等，是一个包含了许多内容的复合文化，所以，认真学习茶道并品味其内涵，可以全面提高自己各个方面的素质。茶道在培养成为一个博学多才、品位高尚、风度优雅、气质超群的人的过程中起到了很大的促进作用。

在茶道中，无论茶室、茶庭，还是茶花、茶道具，或是点茶饮茶的过程和礼仪，都充分体现了日本人的审美意识。要想成为一名好的茶人，需要学习的东西太多了。比如，茶室力求古朴、幽雅，茶具要与茶室的布置协调，茶花则要与季节时令相适宜。可以说，茶道中的一切都在展现着自然、流畅、协调的美。人们在学习茶道和参加茶事时，自始至终都处于美的享受和熏陶之中，自然会受到美的洗礼，提高对美和艺术的感受性。

茶道不仅讲究形式的美，还强调心灵的美，注重形式美与心灵美的统一。茶道中蕴涵着来自艺术、哲学和伦理的丰富内容，寓精神修养于生活情趣之中。通过茶会的形式，宾主配合默契，心心相通，以用餐、点茶、鉴赏茶具等形式陶冶情操，培养朴实、自然、真诚的意识和品格。从茶人们的言谈举止和良好风度中，可以感受到茶道的文化艺术底蕴。

（四）修行教育功能

茶道中的"清"、"寂"、"廉"、"美"、"静"、"俭"、"洁"、"性"等，侧重个人的修身养性，通过茶艺活动来提高个人道德品质和文化修养。它不仅仅是物质享受，更重要的是通过茶会和学习茶礼来达到陶冶性情、培养人的审美观和道德观念的目的。茶道将对自然、社会、人生的道理寓于茶事之中，通过茶事来实践其独特的理念。茶道强调以诚待人、谋求人际关系的平衡。正如日本近代美术的创立者冈仓天心所言："茶道是基于崇拜存在于日常生活的俗事中的美的东西的一种仪式，谆谆教导与调和、相互敬爱的神秘、社会秩序的浪漫主义。"

茶道的规范和艺术，只有在脱离日常性的特殊环境中才能成立。在茶道中，人们暂时摒弃和超越一切世俗的成见，追求"无事、无心、无作"的境界，达到心灵的空虚和自由。日本茶道通过对茶道过程中的言谈举止的合理的规定使茶道修行者逐渐成长为一个举止大方得体，心平气和的人。通过茶会和学习茶礼来达到陶冶性情、培养人的审美观和道德观念。通过饮茶活动，陶冶情操，使自己成为具有美好的行为和俭朴、道德高尚的人。

三、日本茶道的社会影响

在社会上，日本有全国性的茶道组织——大日本茶道学会，它的会员单位遍及全国。在网站上或者茶道学会里可以快速地查到各地的茶道教室。另外，各个流派遍布日本全国的茶道教室，给茶道的普及和推广提供了肥沃的土壤。日本国内有许多传授茶道各流派技法的学校，不少宾馆也设有茶室，可以轻松地欣赏到茶道的表演。

像中国的京剧一样，茶道已经成为了日本的国粹，成为日本文化的一个重要组成部分。所以被大量宣传，比如几乎在所有的赴日旅游日程里都安排有茶道表演。到日本旅游的外国人几乎都可以欣赏到茶道的表演，亲身体验茶道，或多或少地购买一些与茶道相关的物品或书籍。这样，当旅游者离开日本时，日本茶道便被他们带到世界各地，进而被宣传和传播。

日本的知识分子嗜茶道者众多，它被看做是一种教养和精神方面的训练。所以日本公司的一些主管、私营企业主、高校教师等都会为了做到"首先做到严以律己，然后才能授礼于人"而来学习茶道；普通员工也会为了提升自身的修养和"忍"的精神对茶道乐此不疲。

在日本的学校里，茶道是必修课。在学校的家庭课的时间，会安排茶道的学习。通过茶道的学习，青少年们从小就养成了良好的礼仪，懂得遵守学校、家庭乃至社会的规章制度。

第四节　韩国茶艺起源与发展

一、韩国茶艺的起源

韩国自新罗善德女王时代（公元632～647年）从中国（唐朝）传入喝茶习俗，在新罗时期兴德王三年（公元828年），派遣使者金大廉自中国带回茶种子，朝廷下诏种植于地理山，促成了韩国本土茶业发展以及饮茶之风。高丽时期（公元936～1392年），是韩国饮茶的全盛时期，贵族及僧侣的生活中，茶已不可或缺，民间饮茶风气亦相当普遍。当时全国有庆尚南道6个茶区、全罗道28个茶区等共计35个茶产地。当时的名茶有孺茶、龙团胜雪、雀舌茶、紫笋茶、灵芽茶、脑原茶、香茶、蜡面茶等。王室在智异山花开洞（今庆尚南道河东郡）设御茶园，面积广达四五十里，此即为俗称的"花开茶所"，所产茶叶滋味柔美浓稠有如孺儿吸吮的乳汁，所以称为"孺茶"。李朝（公元1392～1910年）取代高丽之后，强调伦理儒学，提倡朱子之学，佛教、神仙思想及茶道等皆被排斥，于是茶园荒废、茶道中衰。到了朝鲜末期，丁若镛、草衣禅师、金正喜等大力提倡饮茶、种茶、著书及将茶与艺文结合，濒临荒废的茶道才再度兴盛起来。日俄战争后，日本在韩国拓展茶业之外，在20世纪40年代以梨花、淑明女子专门学校为始，在全国47所高等女校开设了日本式茶道课程。日据时期结束后，这些日式茶道转变为韩国式茶艺。

（一）饮茶文化起始阶段——新罗时代的茶艺文化

在6世纪和7世纪，新罗为求佛法前往中国的僧人中，载入《高僧传》的就有近30人，他们中的大部分是在中国经过10年左右的专心修学，而后回国传教。他们在唐时接触到饮茶文化，并在回国时将茶和茶籽带回新罗。高丽时代《三国史记·新罗本纪》载："茶自善德王有之。"高丽时代普觉国师一然《三国遗事》中收录的金良鉴所撰《驾洛国记》记："每岁时酿醪醴，设以饼、饭、茶、果、庶羞等奠，年年不坠"。这是驾洛国金首露王的第十五代后裔新罗第三十代文武王即位那年（公元661年），首露王庙合祀于新罗宗庙，祭祖时所遵行的礼仪，其中茶作祭祀之用。由此可知，新罗饮茶不会晚于7世纪中叶。《三国史记·新罗本纪》兴德王三年载："冬十二月，遣使入唐朝贡，文宗召对于麟德殿，宴赐有差。入唐回使大廉持茶种子来，王使命植于地理山。茶自善德王有之，至于此盛焉。前于新罗第二十七代善德女王时，已有茶。唯此时方得盛行。"新罗第四十二代兴德王三年（公元828年）新罗使者金大廉，于唐土得茶籽，植于地理山。

在宫廷，新罗大多数国王及王子与茶相依，茶为祭祀品中至要之物。三十五代景德王（公元741～765年在位）每年三月初三集百官于大殿归正门外，置茶会，并用茶赐臣民；在宗教界，与陆羽同时代的僧忠谈精于茶事，每年三月初三及九月初九在庆川的南山三花岭于野外备茶具向弥勒世尊供茶，忠谈曾煎茶献于景德王；仙界人物花郎饮茶为练气之用，花郎有四仙人在镜浦台室外以石灶煮茶。曾在大唐为官的新罗学者崔致远有书函称其携中国茶及中药回归故里，每获新茶必为文言其喜悦之情，以茶供禅客或遗羽客，或自饮以止渴，或以之忘忧。崔致远自称为道家，但其思想倾向于儒家，被尊为"海东孔子"。

(二)新罗时期的饮茶方法

新罗当时的饮茶方法是采用唐代流行的饼茶煎饮法,茶经碾、罗成末,在茶釜中煎煮,用勺盛到茶碗中饮用。崔致远在唐时,曾作《谢新茶状》(见《全唐文》),其中有:"所宜烹绿乳于金鼎,泛香膏于玉瓯",描写的便是煎茶法。崔致远为双溪寺创建者新罗国真鉴国师(公元 755~850 年)所撰写的碑文中记:"复以汉茗为供,以薪爨石釜,为屑煮之曰:'吾未识是味如何?惟濡腹尔!'守真忭俗,皆此之类也。"真鉴国师曾于公元 804~830 年在唐留学,"为屑煮之"乃将茶碾罗成末煎之,且用石釜煎茶。崔致远于唐僖宗时在唐,正是唐代煎茶法盛行之时,故回国后带回大唐的煎茶法。

总之,新罗统一初期,开始引入中国的饮茶风俗,接受中国茶文化,是新罗茶文化萌芽时期,但那时饮茶仅限于王室成员、贵族和僧侣,且用茶祭祀、礼佛。新罗统一后期,是新罗全面输入中国茶文化时期,同时也是茶艺文化发展时期。饮茶首先在宫廷贵族、僧侣和上层社会中传播并流行,也开始种茶、制茶,在饮茶方法上则仿效唐代的煎茶法。

二、韩国茶文化的发展与兴盛阶段

高丽王朝时期的中国,点茶茶艺形成并流行,茶文化和茶具文化日益繁荣,茶馆兴起,茶书画始兴,是中国茶文化第二个高峰。受中国茶文化发展的影响,朝鲜半岛茶文化和陶瓷文化也迎来了其兴盛时代。高丽的茶艺——茶礼在这个时期形成并普及于王室、官员、僧道、百姓中。高丽时代茶被认为是贵重的礼物,皇帝也常用茶赐给大臣和百姓,太祖王通常赐茶给军民和僧侣。大臣去世时也常赐茶;高丽初期,圣宗在崔之梦(公元 987 年卒)、崔承老和崔亮过世时,曾下赐了 200~1000 角的脑原茶和大茶。在《世宗实录》中,有 5 处关于丧礼的献茶祭奠的记录。

(一)高丽王朝时期的茶艺文化形式

1. 王室及朝廷茶文化

朝廷举行大小事务时,常有茶奉给皇帝和大臣以及皇帝赐茶给大臣的仪礼。不仅是在八关会、燃灯会等国家节日时,而且在正月初一、君臣的宴会、判处大臣死刑时的仪礼、皇帝亲自上功德斋、举行祈雨祭礼活动或王室宴会时,都有茶礼。这种仪式在高丽前期特别流行。元会仪是指正月初一大臣上朝时所进行的仪式,这时皇帝也喝茶。皇帝赐宴给大臣时,皇帝在大观殿上用茶,太子以下的大臣却要到大殿上排队,接受皇帝赐的茶。来中国送诏敕的使臣受到进茶仪礼款待。册封太后、皇太子、太子或王妃太子,皇子诞生和生日时有进茶仪礼。另外,公主出嫁时也常设茶礼。

尤其是每年的两大节,即燃灯会和八关会必行茶礼。燃灯会为二月二十五日,供释迦;八关会是敬神而设,对五岳神、名山大川神、龙王等在秋季之十一月十五日设祭。由国王出面敬献茶于释迦佛,向诸天神敬祷。

2. 佛教茶文化

高丽以佛教为国教,佛教气氛隆盛,禅宗中兴,禅风大化。中国禅宗茶礼传入高丽成为高丽佛教茶礼的主流。中国唐代怀海禅师制订的《百丈清规》,宋代的《禅苑清规》、元代的《敕修百丈清规》和《禅林备用清规》等传到高丽,高丽的僧人遂效仿中国禅门清规中的茶礼,建立韩国的佛教茶礼。如流传至今的"八正禅茶礼",它以茶礼为中心,以茶艺为辅助形式。表演者席地而坐,讲究方位与朝向。

高丽王朝时期与新罗时期的明显区别不仅以茶供佛,而且僧侣们要将茶礼用于自己的修行。真觉国师便欲参悟赵州"吃茶去"之旨,其《茶偈》曰:"呼儿音落松罗雾,煮茗香传石径风。才入白云山下路,已参庵内老师翁。"著名诗人、学者、韩国茶道精神集大成者李奎报(公元1168~1241年)也把参禅与饮茶联系在一起,其诗有:"草庵他日扣禅居,数卷玄书讨深旨。虽老犹堪手汲泉,一瓯即是参禅始……"表现了禅茶一味的精神。

3. 儒道两家的茶文化

高丽末期,由于儒者赵浚、郑梦周和李崇仁等人的不懈努力,接受了朱文公家礼。在男子冠礼、男女婚礼、丧葬礼、祭祀礼中,均行茶礼。著名茶人、大学者郑梦周《石鼎煎茶》诗云:"报国无效老书生,吃茶成癖无世情,幽斋独卧风雪夜,爱听石鼎松风声。"

道家茶礼,焚香、叩拜,然后献茶,其源出于宋。

4. 庶民日常用茶

高丽时代百姓可买茶而饮,在冠礼、婚丧、祭祖、祭神、敬佛、祈雨等典礼中均用茶。

(二)高丽王朝时期的饮茶方法

高丽时期,早期的饮茶方法承唐代的煎茶法;中后期,采用流行于两宋的点茶法。宋徽宗宣和六年(公元1124年),宋朝使者徐兢一行访问了高丽,徐后来著有《宣和奉使高丽图经》(图已佚失,惟文流传)。其《茶俎》条记:"土产茶,味苦涩不可入口,惟贵中国腊茶并龙凤赐团。自锡赉之外,商贾亦通贩。故迩来颇喜饮茶,益治茶具,金花乌盏、翡色小瓯、银炉、汤鼎,皆窃效中国制度"。其时以中国团饼茶为贵,茶具、饮法皆仿效中国制度。徽宗时,是中国点茶道的高峰时期。可见,高丽接受中国点茶道当不会晚于北宋徽宗时。

高丽时期,是朝鲜半岛茶文化兴盛之时,初期流行煎茶道,中晚期流行点茶道。茶具文化也极辉煌,并影响日本。

总之,宋元时期,高丽在吸收消化中国的茶文化后,开始形成了民族特色的茶文化,茶礼便是代表。如流传至今的高丽五行献茶礼,核心是祭祀"茶圣炎帝神农氏",规模宏大,参与人数众多,内涵丰富,是韩国茶礼的主要代表。

三、朝鲜时期的茶艺文化

公元1392年朝鲜太祖李成桂登基至公元1910年,历经二十七朝代,共519年。朝鲜时代继承了高丽时代书生们的茶道文化,过着真正的饮茶生活。它是以清茶汤为主,宫廷祭祀时也用茶汤。

朝鲜初期的朝廷和王室继承了高丽饮茶风俗,同时,也重新制定并实行使臣接见的茶礼和书茶礼。那时书生茶人很多,大都喜欢朴素的茶风。但在中叶期壬辰倭乱后,饮茶文化开始急速衰退,茶之风也在衰弱。可是到了末期,茶文化与实学一起重新兴盛起来。以茶山丁若镛、秋史金正喜、草衣意恂等文人兴起了饮茶风俗。僧侣和文人之间的交流加深，僧侣们常将亲手做的茶作为礼物送给文人。那时制茶技术也有了很大进展，草衣的《东茶颂》说："我国茶是药用与饮用兼备的茶，其色香味皆佳。"文士茶人特意为茶室起名，开一些茶会和佳会以展示茶诗和茶画，而且还出现了介绍中国茶书以及自己写的茶论。朝鲜时代前半期的饮茶风俗不如高丽时代，但却留下了1000多篇茶诗及与茶有关的文章、民谣。

（一）朝鲜时代的茶艺形式

1．朝廷和王室的茶礼

（1）会讲茶礼。会讲是指一个月举行两三次，皇子的老师聚宗师傅和侍讲院的正一品官员及宾客，一起温习史、经和讨论事情时进行的茶礼，并设有酒及水果。

（2）皇室茶礼。从朝鲜时代初期，王室中大小事需举行茶礼的逐渐减少，部分只剩下了形式，不用茶而用酒的情况也有。在朝鲜时代前期，皇室祭祀和葬礼上也偶尔用茶。成宗五年（公元1474年）时，皇帝告知礼曹，奉先殿的大小祭祀行茶礼时以茶代酒，皇帝和皇后做祭礼或祭奠时的茶礼，用的主要是茶汤。

（3）接待茶礼。太祖开始在太平宫、思政殿、仁政殿或明伦堂等地方，并以"茶礼"为名招待中国使臣的仪礼。中宗时，在日本使臣居住的汉城东平馆为日本使臣举行茶礼。在釜山，也有下船茶礼、进上看品（看贡给朝鲜皇帝的礼物）茶礼、礼单茶礼，等等。

2．道家的茶艺文化

《博物要览》上称：在小的瓯里刻上"茶"字，这是用于道教祭祀的坛盏。杯底刻有"仰"字的，是国家级道教茶礼中所用的茶杯。新罗时代的禅和茶有着密切的关系，而道教追求长生不老等，与茶有很大的联系。朝鲜时代的道教、儒教和佛教融为一体，并深深地扎根于文化生活中。

3．佛家的茶艺文化

朝鲜时代佛教茶礼，没有模仿中国的，而是有其自己独特的礼法。朝鲜建国初期被迫出家的僧侣追随儒教，佛家的祭祀茶礼大多也是儒教形式。佛家茶礼起源于罗汉三宝献茶和为去世法师做祭礼时的献茶礼塔或浮屠。行茶礼时念茶偈。茶偈是指在佛家献茶后唱的诗歌，一般为四节。朝鲜时代僧侣的饮品是茶。自然游哉地与友人一起饮茶，见人要敬茶，学习之余要喝茶，且佛功结束后也喝茶。

草衣，俗姓为张，名意恂（公元1786～1866年），法号草衣，15岁时出家于大兴寺。在大兴寺，从玩虎中受了贝足戒。他精通禅与教，著有《禅问词（辞）辩漫语》、《震默祖师遗迹考》等书。24岁时（公元1809年）是江镇茶山丁若镛的门下。长时间研修儒学和诗道，与同时代的石学文人或文士交往，留下了《一枝庵诗荣》、《文字般若集》，其中茶诗有一二十篇。52岁时写了《东茶颂》，这不仅是当时，也是近代的茶书，为饮茶风俗的繁荣作出了很大的贡献。当时，洪显周为了解茶道，对《东茶颂》中有关采茶的难处、泡茶及制茶法等做了注解和详细的说明，共492字。虽然难懂，但有意思的是他以诗的形式讲述了自己的茶道观和茶论。草衣确信东茶，即韩国的茶，其色香味俱佳，而且药效很高，比中国的茶好。当时花溪洞茶树绵延四五十里路，而茶田是在峡谷和烂石之处，但却是茶树生长的最佳之处。韩国在入夏前后采的茶比谷雨时期的好。望七佛禅院坐禅的大师有用晚茶做发酵茶，并放入锅内煮着喝的习惯。意恂强调了喝茶的益处，发掘了陆羽的《茶经》和《万宝全书》的重要内容，并加注解释，也提到了师傅茶山的《乞茗疏》和《东茶记》的内容。在《东茶颂》中，他把做茶之事比喻为儒家伦理化的生命，即好茶和好水按适当的比例，冲泡好，然后就得"中道"，这样能成为异常的人生。

朝鲜时期，中国的泡茶道传入，并被茶礼所采用。但煎茶法和点茶法同时并存。朝鲜茶文化通过吸收、消化中国茶文化之后，进入稳定的发展时期，在民间的饮茶风尚走向衰弱后，反而茶精神发展到了高峰时期。朝鲜的茶文化由盛而衰，由衰而复兴。

（二）朝鲜时代普通人的饮茶生活

朝鲜时代的文人，大体上喜欢朴素的自然茶。在松树下，小溪中，宽宽的岩石上，竹林里，松树丛中，偶尔荡于大东江之舟上，泡茶饮茶。文人们过着一种安逸知足的茶生活。茶屋大多是用稻草或芦苇等搭建而成的朴素草堂。因饮茶看书的房间狭窄，故称为陋室。他们志同道合，修禅，吟诗，组织契会（指有共同志向的人为了交流友谊、饮酒、吟诗及风流的聚会），建立友谊。世宗时，书生们建禅社，在三角山的真观寺等地边饮茶边研修学业；而且书生喝茶焚香也有修禅之意。

朝鲜后期书生画的文人画里经常见到茶壶、茶杯、茶托、汤炉、火炉等茶具和茶果。虽然其结构与现今不同，但其内容却是真实的。朝鲜时代也与高丽一样，在祭神时主要用茶汤。随着朱子学成为国内的统治思想，并吸收宋朝朱熹的学说，从而形成了朱子家礼。家礼是指家族中需遵守的礼法，大概是指冠、婚、丧、祭礼，即四礼。而实际的家礼并非原封不动地参照朱子家礼，而是受世俗信仰或道教思想的影响很大。从巫师的祭物中的茶汤或新罗文武王时宗朝茶礼中使用的茶来看，家礼中使用茶的历史源远流长。

家礼的程序不像做祭祀那样需献饭和上汤，而只是指献茶及简单的食品。祭祀用茶是因为相信鬼神，因为茶能感应到敬茶人的心意。不产茶的地方或饮茶风俗衰退的地方，一般要用栗子粉茶、水酒或茶食来代替。

四、韩国现代茶艺发展阶段

20世纪以来，韩国茶文化走着一条独立发展的道路。早期，韩国在日本统治下，全国47所高等女子学校中的大部分学校都开设了茶道课，但茶文化发展缓慢。1945年光复后，茶文化复苏，饮茶之风再度兴盛，韩国的茶文化进入复兴时期。这一时期，韩国茶人出版了《韩国茶道》（公元1973年），建立了茶道大学，创立了多种茶文化团体，2001年又创办了《茶的世界》杂志。

韩国"茶学泰斗"韩雄斌先生不仅将陆羽《茶经》翻译为朝鲜文，还积极收集茶文化资料，撰述中国茶文化史，奠定韩国茶文化向中国寻根的观念。

百岁茶星、韩国茶人联合会顾问、陆羽茶经研究会会长崔圭用，早在1934年就到中国并侨居8年，深入中国主要茶区，潜心致力于中韩茶文化的研究，出版了《锦堂茶话》、《现代人与茶》、《中国茶文化纪行》等书,翻译了明代许次纾的《茶疏》和当代庄晚芳的《饮茶漫话》等书。崔圭用先生特别重视与中国茶文化界的交流合作,90 岁高龄后,仍 4 次来中国,令人敬佩。

精于茶道、成就卓著的韩国国际茶道协会会长郑相九先生译著《中国茶文化学》,内含中国茶道精神、中国茶文化概观等 12 章,内容丰富。近年来,常来中国,率团表演韩国传统茶礼。

还有韩国国际茶文化交流协会会长释龙云法师、韩国茶人联合会会长朴权钦先生、韩国茶文化学会会长尹炳相先生、韩中茶文化研究所所长金裕信先生、韩国佛教春秋社社长崔锡焕等韩国茶人也纷纷前来中国进行广泛而深入的茶文化交流,促进了中国当代茶文化的复兴与发展。在当代,中韩两国的茶文化交流不仅频繁活跃,而且提高到了一个新的水平。

第五节 英国茶文化起源与发展

一、英国茶文化的起始与发展

1644 年英国在厦门设代办处,专门从事贩茶,主要货源是武夷茶,由此可见英国茶来源于中国。此后中国的茶叶不断由东印度公司输入英国,1676 年该公司在厦门设立商埠。

真正促进饮茶生活化的是英国皇室,据说是 1662 年葡萄牙公主凯瑟琳嫁给英国国王查理二世时一并也将饮茶风尚带入英国皇室。这位出身于葡萄牙布拉冈沙家庭的公主是一位典型崇尚中国文化的女性,她在家乡时就已经养成长期饮茶的习惯,尤其是爱好品饮中国"工夫红茶"。她视茶为健康饮品,认为饮茶可以令其身材保持纤细,所以嗜茶、崇茶,她从葡萄牙出嫁时还从东印度公司购买了 100kg 的中国红茶作为嫁妆带入英国王宫,伴随的还有喝红茶必不可少的元素——砂糖,这种对茶的痴狂为凯瑟琳这位后来远嫁英国的葡萄牙公主博得一个"饮茶皇后"的美誉。

1663 年英国著名诗人埃德蒙·沃尔特在凯瑟琳公主与查理二世结婚一周年的时候,特意为这位外来皇后写了一首赞美诗《饮茶王后》,诗文曰:"花神宠秋色,嫦娥矜月桂。月桂与秋色,美难与茶比。一为后中英,一为群芳最。物阜称东土,携来感勇士。助我清明思,湛然去烦累。欣蓬事诞晨,祝寿介以次。"从这首诗就可以清楚地领会到英国人对凯瑟琳皇后在茶的传播与推广过程中举足轻重地位的肯定,也充分体现了对茶的美好与精神的赞美。确实正是这位伟大女性的倡导和推动,使得饮茶之风在英国朝廷盛行起来,继而扩展到王公贵族和豪门世家,中国茶叶的高贵品质与英国也恰好引以为豪的绅士特征相当契合,因此,自上而下开拓形成的饮茶之路相当顺畅。

19 世纪以后,英国东印度公司每年从中国进口的茶叶都占其总货值的 90% 以上,在其垄断中国贸易的最后几年中,茶叶几乎成为其唯一的进口商品。维多利亚时代的强盛繁荣保证了百姓温饱之余开始关注"饮茶",饮茶不仅形成了独特的礼仪规范,而且上升为一种多姿多彩的文化——高雅的旅馆开始设起茶室,街上有了向公众开放的茶馆,茶话舞会更成为一种社会形式。许多人家里都专门设有茶室,而市面上出现的大量的关于泡茶、品茶、举办茶会等方面的茶文化书籍也提供给民众学习茶艺、提高茶文化素养的条件，这对普及茶文化，变红茶为全民一致的国饮起到了促进推动的作用。同时，随着英国人饮茶习惯的形成，对茶叶的需要量也进一步激增。

到19世纪后半期，英国殖民地的茶园已经迅速发展起来，英国利用从中国引进、种植当地品种和嫁接三种方式不断改良印度和斯里兰卡等地茶园茶叶的品质，最终培育出口感上更加醇厚，色泽上也更浓烈的茶种，其中的印度大吉岭红茶，因其卓越的品质跻身世界三大红茶之列，堪称红茶中的瑰宝。英国之后主要依靠从印度进口茶叶来供应本国消费，印度茶园主要按照其宗主国的资本主义方式经营，因此产量是中国的4～5倍，并且质量也有了稳定的保证，口感上也更加符合英国人的要求。

随着多个茶叶市场的建立带来了饮茶的完全普及，茶成为英国人每天生活的必需品，此时英国的茶叶消费量几乎是欧洲其他地方的总和。到了19世纪末，人们甚至将"茶"和"英国"看成是一个整体，认为英国如果没有茶就失去了国家和人民存在的意义，这当然有点夸张，但是不可否认的是，茶对英国的影响力与日俱增。

二、英国茶文化的主要内容

英语中专门有Teatime一词，指的就是占据英国人1/3生命的饮茶时间。英式红茶更是以名目繁多、内容丰富闻名于世，其主要的内容包括：

（一）英式早茶

英国人在晨起时要饮"早茶"，又名"开眼茶"，即Breakfast Tea；有时在早茶之前还会有"床头茶"，即清晨一睁眼靠在床头就能享受的茶，叫Early Morning Tea。而早茶主要是以红茶为主要饮料，是英国当家招牌茶的重要内容之一，它集浓郁和清新于一体，色泽和口感都相当出色。正统的早茶要精选印度阿萨姆、斯里兰卡、肯尼亚等地红茶调制而成（比例为40%斯里兰卡茶、30%肯尼亚茶、30%阿萨姆茶），因此早餐茶的口感来自斯里兰卡、浓度来自阿萨姆、色泽来自肯尼亚，可见英国人的早茶还是相当讲究的，最适合早上起床后饮用，英国人早晨若没有喝上一杯浓香的加了牛奶的早茶会感到怅然若失。

另外在英国还有一个传统的习惯，就是在清晨给家中的客人送上一杯香浓的早茶。这是唤醒客人的最好的办法，而且主人可以顺便询问客人的就寝情况以示关心。在不少英国家庭中，特别是对于家庭中的成年人，这种早茶习惯被视为一种享受，但是随着工业社会生活节奏的加快，喜好早茶的英国人大多只能在非工作日和周末的早晨才能享受早茶的温馨，或者有些丈夫为了讨好自己的妻子或者制造一些久违的浪漫气氛，在早晨妻子初醒时奉上一份浓郁的早茶和精致的点心，以博得太太的笑容，这种方式更倾向于"床头茶"。

（二）英式上午茶

英国饮茶习惯之一，又称为"公休茶"，Tea Break，大约持续20分钟。在上午11:00（亚洲时间上午10:00左右），无论是空暇在家享受生活的贵族，还是忙碌奔波的上班一族，都要在这一时间休息一会儿，喝一杯茶，他们称之为Eleven's，即早上11:00的便餐，所以上午茶可以看成是英国人工作间隙的一种很好的调剂方式。但是上午茶由于客观条件的约束，不可能很繁杂，所以成为英国茶中最简单的部分。

（三）英式下午茶

英文名称 Afternoon Tea，这其实才是真正意义的英国茶文化载体，因为历史上不曾种过一片茶叶的英国用从中国的舶来品创造了自己优美独特的饮用方式和内容，赋予饮茶以新的文化内涵。英国茶正是凭借其内涵丰富、形式优雅的"英式下午茶"——红茶文化享誉世界。如今世界各地都对下午茶青睐有加，而"英式下午茶"更是成为英国人典雅生活的象征。下午茶的专用茶常是大吉岭茶、伯爵茶、中国珠茶或者斯里兰卡茶等传统口味的纯味茶，若是选择奶茶，要求先倒入牛奶再放茶水。

英式下午茶的缘起与贝德福德公爵夫人有关。18世纪初，一般人吃晚饭的时间越来越晚，大概要到晚上19:00到20:00，午餐过后很多人就不再进食，而午餐分量一向不多，一个漫长的下午和傍晚过后很多人都受不了。当时贵族纷纷醉心于细致的生活享受，贝德福德公爵夫人社交广泛，有很多朋友来其别墅聚会，但是到了下午17:00左右，很多客人都会感到饥饿，公爵夫人于是兴起一个念头，她让婢女在下午17:00时将所有茶具移到起居室并且准备好一些面包加奶油，这样就可以满足自己和客人们的需求，更好地打发下午的惬意时光。这一尝试令公爵夫人觉得茶和点心的搭配完美无比，非常舒心可口，于是她开始广泛邀请朋友来到她的起居室参加下午的茶会，这就开启了英国上流社会一种崭新的社交方式，当时的女士们一定要在合适的公共场合一起享受下午茶，也就是利用这个机会约朋友聊聊家常闲话、聊聊流行风尚和社会丑闻，很多上流女性根本上是想利用这种形式体现她们的品位，好让路过的人看到她们悠闲地喝着茶，以优美的姿势细细品味一小口比指甲还小的面包或是甜饼干。

女性永远是潮流的推动者，她们使下午茶形式逐渐传播并不断扩大范围，这种饮茶形式所形成的社会意义远比餐点的内容来得重要。所有流行社会行为开始在任何场合举办茶宴(Tea Party)，而且很多建筑都设有会客茶室，可以供10～20人的小团体享用。此外，很多家庭专门建立小型较亲密的茶室，可以和3～4个朋友一起使用，或者在自家花园开辟一小块僻静的地方，边喝茶边享受美好的闲暇时光，英国下午茶甚至还衍生出像网球茶、野餐茶等多种形式，令人叹服。

而随着饮茶方式的改良和茶点内容的丰富，下午茶被接受和享用的范围日益扩大，而在下午茶的推广过程中起到至关重要作用的是维多利亚女皇，其统治时期（公元1837～1901年）是大英帝国最鼎盛时期。那时文化艺术极大发展和繁荣，人们追求的是精致的生活格调，女皇也不例外，她同样认为下午茶是一种很好的缓解压力和体味人生的形式。有了统治者的推崇下午茶才真正能够普及开，而人们现在提及的传统的英式下午茶的专有名词就是"正统英式维多利亚下午茶"，可见这位女皇在英国茶文化推广过程中的地位。

正式的英式下午茶是最讲究，也是内容最丰富的，首先要选择最好的房间作为下午茶聚会的处所，所选取的必须是最高档的茶具和茶叶，就是点心也要求精致，一般是用一个三层的点心瓷盘装满点心（必须是纯英式的）：最下层是用熏桂鱼、火腿和小黄瓜搭配制作的美味的三明治和手工饼干；第二层是传统英式圆形松饼（Scone）搭配以果酱和奶油；第一层放的是最令人胃口大开的时令水果塔和美味小蛋糕。食用时也必须按照从下而上的顺序取用，英式圆形松饼的食用方法是先涂果酱，再涂上奶油，吃完一口再涂下一口，而涂抹松饼常用玫瑰果酱，其质地较稀，加在玫瑰茶中也相当可口。除了有对茶和点心这两位主角的严格要求外，传统下午茶还少不了悠扬的古典音乐作为背景，当然，另外一个必需的要素就是参加者的好心情。如此美妙的生活就是一种艺术，简朴绝不寒酸，华丽绝不庸俗，代表一种格调，一种纯粹的生活的浪漫。随后很多中产阶级开始成为下午茶最忠实的拥护者，因为他们发现请朋友喝一次下午茶花不了多少钱，只要几壶红茶，加上一些专门配合下午茶的精致点心——小小的无硬皮的三明治、热奶油吐司、圆形松饼（Scone）、小奶酥和一些可口小蛋糕就足以让人感觉宾至如归了，所以很多人爱上下午茶，不论是招待邻居、朋友，或是商界朋友聚会议事，下午茶都是首选的方式。正是因为英国人如此重视下午茶，才使得400年来这种优雅的生活方式不断延续发展，创造出英国人恬静、高贵、精致的生活。正是下午茶构成英国饮茶内容中最核心的部分，承载着茶文化。因此，也有人说，要领悟英式茶文化，就是要掌握一套完整的下午茶生活方式。

三、英国茶文化对生活方式的影响

随着茶叶进口量的增加和茶价的日趋低廉，下午饮茶的风气渐渐影响到平民社会，形成了著名的英国下午茶文化。饮茶的场所也由皇宫内院和贵族官邸发展到咖啡馆、剧院、俱乐部等处。1830年前后，英国普列斯顿、利物浦、伯明翰等地都曾频繁举办参加者多达2000余人的午后茶会，茶饮真正走入寻常百姓家。例如"1833年，曼彻斯特一位技术工人的妻子列出了这样一份她每周的消费清单：12个先令用于购买黄油、茶叶、面粉、食盐、燕麦片、咸肉、马铃薯、牛奶、糖、辣椒、芥末，还要在周日买一磅的猪肉。房租、煤、肥皂和蜡烛又花费了6个先令。早餐她们家吃的是粥、面包和牛奶；喝午茶的时候还会吃一些面包和黄油；晚餐时，他们喝燕麦粥、马铃薯、咸肉和她自己烘烤的白面包。星期日会特别一些：早餐有茶、面包和黄油；午餐时除了面包和芝士，偶尔还会有一点肉。蔬菜和鸡蛋是餐桌上最不常见的，除非它们卖得相当便宜。"从这段文字中我们可以看出，当时茶已经进入一般工人的家庭生活，其价格与其他日常食品一样，甚至远低于肉食、蔬菜和鸡蛋。

到了1840年以后，不仅仅是饮茶的普及面扩大，下午茶的习惯也在中小资产阶级中流行开来，英国饮茶走向了鼎盛期。1863年英国第一份食品问卷调查结果证实："茶叶的使用已经完全普遍化了"。因此在维多利亚时代，英国人的用餐模式已经改革为早晨用丰盛的早餐，午餐采取不让佣人侍候的郊游式便餐，下午17:00是吃蛋糕的下午茶时间，晚上20:00用晚餐，晚餐后在客厅喝茶，至少上流社会和中产阶级完全开始这样做了，普通百姓虽然在内容上做不到如此奢华，但形式上也大致相同。可以说，英国在这一时期完成了一场饮食上的革命,英国人也创造出了与东方截然不同的饮茶方式,将茶与食紧密结合起来。

情况在1864年再度有了变化,随着英国社会对茶饮料需求的急剧膨胀,单纯的家庭形式不能满足消费需求,商业消费的专门性饮茶场所——茶室应运而生。英国工业革命加快了人们的生活节奏,也赋予茶以工业文明的气息,出现了袋泡茶、茶饮料等品种。下午茶逐渐演化为适应时代发展的多种形式,普通家庭也开始用茶来招待客人。饮茶之风在英国的盛行,推动了茶叶贸易与消费的发展,伦敦也成为了世界茶叶主要拍卖市场。从1596~1895年英国独占世界茶市约300年之久,到了20世纪初期的爱德华时代(公元1901~1914年),外出饮茶成为英国人的时尚生活,也正是在这一时期,全民的饮茶更加普及。伴随茶室的流行,新的娱乐——茶舞走进了英国人的生活。全伦敦都在为茶舞疯狂,几乎所有的戏院、餐厅和旅馆都成立了探戈舞俱乐部,很多培训班也因此产生,茶舞舞会成为随处可见的活动。饮茶在这一时期被赋予了娱乐的色彩,涉及的社会层面更加广泛,内容上也更加充实,成为融合饮食与休闲双重特质的新的形式,英国式的茶文化更加成熟。

20世纪,茶在英国的地位更加无法撼动,也几乎没有什么负面评价,英国还成立了专门的茶叶联盟(UK Tea Council),他们公开声明说"每一种茶叶都含有黄酮素及抗氧化的混合物,这些因素对身体的健康有正面的好处,这些黄酮素可以帮助我们预防很多威胁我们的疾病,例如癌症和心脏疾病等。每天平均喝3~4杯茶等于吃了8个苹果所产生的抗氧化剂。"再一次把英国人嗜茶的程度向前推进了一大步。

经历了400多年的发展,英国人的生活已经与"茶"不可分割。20世纪初,丘吉尔担任英国自由党商务大臣时,曾经把准许人们在工作期间享有饮茶的权力作为社会改革的内容之一,这个传统一直延续至今,各个行业每天上下午都有法定的饮茶时间。随着20世纪80年代营养学开始被重视,人们对健康的茶饮料又产生新一轮的兴趣,"尽管存在咖啡和软饮料的竞争,但茶的消费量只是略有下降"。

英国至今仍然坚守着自己独特的这块文化和生活阵地,很多人按部就班地从早到晚一茶不落,所以很多外国人无法接受英国人的癖好,到了英国,你会经常发现办事找不到人,都算好时间喝茶去了,一顿茶少说也要20~30分钟,在今天竞争这么激烈的世界,确实令人吃惊。"茶"伴随英国走过了4个世纪,对于这个欧洲岛国而言,茶已经是一种深入血液乃至骨髓的东西,是他们的生活、思想,甚至全部生命不可分割的一部分,它会改变,但绝不会消亡,就像英国人的独特的风格一般一直传承,共同缔造英国无法被取代的世界形象。

英国的下午茶文化还具有社会伦理意义。如英国茶文化体现出了近代开始的女性解放思潮。从英国茶文化的内容中就可以看出,女性在当时的社会生活中占据的重要地位。英国王室中最早倡导茶饮的是凯瑟琳皇后,之后的玛丽和安妮的推广作用不容忽视,第7世贝德福德公爵夫人安娜更是下午茶的发明人,而维多利亚女王对饮茶的热爱使其成为"下午茶"的代言人。到了19世纪中叶,女性在饮茶生活中的地位已不可撼动,从家庭茶会开始女性就主导着饮茶生活，母亲在家庭饮茶中扮演绝对的主角，只有她可以为其他家庭成员斟茶，餐点的准备和餐厅的布置也由其一手包办。之后，由女性率先发明了茶室，女士们广泛地开展有关茶的一切活动，创造出更加丰富的休闲生活方式，进一步推广和传播了茶文化，反过来也使英国茶文化中的女性色彩更加浓重。总之，英国茶文化的流行推动了女性生活的社会化，提高了女性的社会地位，女性也成为英国茶文化成熟和繁荣的最根本的力量。因此，英国茶文化自一出现就影响到英国的发展进程，从个人到家庭、从家庭到社会乃至整个民族，每一个环节都体现英国茶文化积极的作用，这些有价值的内容至今还在塑造着英国民族的伦理道德系统。

第四章　茶艺礼仪和规范

第一节　茶艺礼仪

一、礼仪的重要性

（一）什么是礼仪

"礼"在字典上的解释是：社会生活中由于风俗习惯而形成的为大家共同遵守的仪式。"仪"是人的外表、举止。那么礼仪简单地说就是人们在社会交往中约定俗成的礼仪和仪式。

详细地讲，礼仪是指人们在社会交往中由于受历史传统、风俗习惯、宗教信仰、时代潮流等因素而形成，既为人们所认同，又为人们所遵守，是以建立和谐关系为目的的各种符合交往要求的行为准则和规范的总和。

（二）礼仪的原则

(1) 遵守和自律的原则。礼仪既然是约定俗成的，就具有一定的规范性，不能轻易改变，因此人们应该自觉地遵守礼仪。这是礼仪的基本原则。

(2) 尊重和从俗的原则。尊重，首先要尊重自我，尊重他人。尊重自我即自尊，有被人尊重的要求，不容许别人对自己侮辱和歧视，自身也不能对他人卑躬屈膝，要有一种谦逊、不骄躁的品格，一种不卑不亢的气节。这一点类似于茶叶的品格，习茶之人更应注意。尊重他人，不论对方身份地位如何，都应该一视同仁，平等地对待他人，不能有高低贵贱之分。其次，要尊重不同国家和地区、不同民族、不同宗教的礼仪。不同宗教、民族，不同国家和地区拥有不同的礼仪，要尊重它们，不要有所谓的优秀和低劣之分；不同的礼仪具有不同的特点，是由特定的历史因素产生的，是平等的。尊重，从某个角度来说就是要接受他人的不同。

从俗，就是入乡随俗，在进入某个地方的时候要遵循当地的风俗，特别是在进行或观赏某些民俗性茶艺表演时，要尊重其民俗。比如一些思想传统的人忌讳白色，在给他们进行茶艺表演时，茶艺表演的服装或茶席就不要采用白色。

尊重的原则还包括待人真诚，要表里如一，不可以只是表面做做样子。尊重的原则是礼仪的核心原则。

(3) 适度的原则。任何事物都有适度原则，礼仪也不例外。正所谓过犹不及，要注意把握分寸，运用得恰如其分。举个例子，热情待客是一般的待客要求，但是太过热情的话会产生一些误会，但是不够热情又会让客人觉得礼节不够，因此要热情适度。这个原则并不容易掌握，针对不同的人和事有不同的标准，所以需要多加思考，勤加练习。

（三）礼仪在茶艺中的重要性

我国素有"礼仪之邦"的美誉。孔子曾说："不学礼，无以立"，意思是如果一个人不学习礼仪，则无法在社会上立足。荀子也说过："人无礼则不生，事无礼则不成，国无礼则不宁。"由此可见学习礼仪的重要性。

从古至今，礼仪贯穿在社会活动的每一个角落，从朝堂到市井，从祭祀节庆到婚丧嫁娶，每一项活动都有其特定的礼仪，当人们要进入某一个领域的时候都要先学习该领域的礼仪，才能够顺利地进入其中。茶艺在漫长的历史发展过程中，形成了一套自己的礼仪。茶艺师在从事茶事活动之前要先掌握好茶艺礼仪，一方面表示对茶艺的尊重，另一方面也为在这个行业立足做好准备。

二、茶艺中的礼仪

（一）什么是形象

形象是他人对于个人或事物（比如公司）的一种主观印象。从个人形象而言，它包括了个人的衣着打扮、言谈举止等方面。

（二）茶艺师的形象礼仪基本要求

不同的行业有不同的形象要求，茶艺师要掌握好本行业的形象礼仪。对茶艺师形象礼仪的基本要求：大方，自然，亲切，文雅；彬彬有礼，款款而谈。

（三）茶艺师的形象礼仪基本仪态

基本仪态包括站、坐、行等。我国传统上对基本姿态有"站如松，坐如钟，行如风"的要求。虽然现代的礼仪姿态是由西方传入的，但其所要体现出来的精神面貌仍是不变的。

1. 站姿的要求

"站如松"，站时像挺拔于山间的松树，堂堂正正，坚固稳定，自有其威势。

茶艺师经常用到的站姿有以下几种：

（1）规范站姿。站立时两腿直立贴紧，双脚并拢略开外八，身体挺直，挺胸收腹，双肩平正放松，头正直向上，双眼平视前方。站时双手可以自然下垂，放在身体两侧，如立正姿态。

（2）叉手站姿。女士右手在上，男士则左手在上，双手在腹前交叉，男士双脚可以分开，距离不超过20cm。女士站立时是小丁字步，一脚向侧前方伸出约1/3只脚（图4-1）。

（3）背垂手站姿。一手放在背后，贴近臀部，另一手自然下垂，双脚可以并拢也可以分开。此类站姿为男士多用。

站立时双手不要放进衣兜或裤兜里，双腿不要抖动，身体不要靠着柱子、墙等物体，手不要撑在桌子上。

图4-1 叉手站姿

站姿的训练：

靠墙站好，双脚并拢，收紧臀部，此时腹部自然微收而胸部挺起。此动作要求后脑勺、肩部、臀部、脚后跟都贴在墙上。每次练习 30～60 分钟。每日坚持这样的练习，可以使自己的姿态得到改善。

2. 坐姿的要求

"坐如钟"，坐时像大铜钟一样四平八稳，心态平和，精神饱满。茶艺师常用坐姿如下：

女士的坐姿：

（1）标准坐姿。坐在椅上的 1/3 处，双脚并拢，小腿垂直地面，两脚保持小丁字步；上身挺直，肩膀放松；头正直向上，下颌微收，面部表情自然；女士双手交叉，可以放在腿上，或者放于小腹之前；入座前，如果是穿裙装的话在坐下之前先拢裙摆再坐下。起身时，右脚要向后收半步再起立。

（2）前伸式坐姿。在标准坐姿的基础上，小腿向前方伸出一脚的距离，但不要将脚尖翘起。

（3）侧点式坐姿。在标准坐姿的基础上，两小腿向一侧斜出，大腿与小腿之间的角度为 90°（图 4-2）。

男士的坐姿：

上身正直上挺，双肩平正，双手分开放于双腿上。两腿可以分开，也可以并拢。

坐时不可以翘二郎腿，双脚不要抖动。

坐姿的训练：

腰部向后收，头颈正直，肩部向后向下放松，下颌与颈部成直角。每次练习 15～20 分钟。保持正确的坐姿与站姿的要点在于，腰部要始终保持挺直，而上身放松。还要多进行入座和起身的练习。

3. 行姿的要求

"行如风"，行走时如清风一样轻盈灵动，不拖拉，给人以自信的感觉。

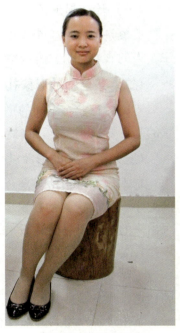

图 4-2　侧点式坐姿

（1）标准行姿。以站姿为基础，走动时两脚微外八，双手前后自然摆动，身体不要摇摆。行走时脚跟先着地，直线前进。走时体态轻盈，步速平稳，有节奏感，不能拖脚。

（2）变向行姿。当行走时要改变方向时，需要采用一定的方法进行转向。

（3）后退步。与人告别时不要一下子扭头就走，要先退后两步再侧身转弯离开。

（4）引导步。当给宾客带路时，不要走在宾客前面，应该在宾客的左侧前方，身体半转向宾客，保持两步的距离。当遇到楼梯、进门时，要伸出左手示意宾客。

穿不同鞋子的行姿：

穿平底鞋走路比较平稳，自然。但要避免走路时过于随意。

穿着高跟鞋行走时膝关节要绷紧，步幅要小，脚跟先着地，两脚尽量落在一条直线上面。

行姿的训练：

在地上画一条直线，用余光凭感觉去走，行走时双脚内侧稍稍碰到此线，即走路时两脚是平行的。

4. 跪姿

跪姿是中国古代、现在的日本和韩国常见的一种姿态。下坐时双腿并拢下跪，臀部坐在双脚的踝关节处，脚踝自然向两边分开，其他动作与坐姿相同。刚开始练习这个坐姿时，踝关节会十分疼痛，双脚有麻痹感，因此要多锻炼踝关节。

5. **服饰妆容**

俗话说，三分人，七分打扮。合适的衣服和妆容可以使一个人的形象加分，对于茶艺师来说，适宜的衣着打扮首先是对于客人的尊重，其次可以提升个人或集体的形象。

基本要求：茶艺师是茶文化的传播者，其衣着打扮要与茶性相合。

整体风格要端庄典雅，大方得体。陆羽曾说，茶最宜精行俭德之人，因此从事茶艺操作的茶艺师妆容不可以浓艳，服饰、发型也不可以走大胆、夸张的路线。一般说来，茶艺师的服装要典雅，化妆可以是淡妆或者裸妆，整体上比较自然清新，这样才符合茶的感觉。具体的风格可以根据不同的茶艺内容和不同的环境来进行选择。

注意，香气较浓的化妆品或造型品是不宜使用的，一来茶比较容易吸味，茶艺师在接触茶叶的过程中会导致茶叶品质变坏；再者，太浓的香气会将茶香掩盖，对品茶造成影响。

个性的体现。每个人的身体条件是不同的，因此相对应的适合每个人的服装、发型和化妆方法是不同的。在可以的情况下，茶艺师要针对个人的情况进行分析，选择适合自己的风格。如果是集体的话，要考虑到大部分人的适合性，切忌看到他人的衣着打扮不错就盲目模仿。

6. **面部表情**

茶艺师的面部表情要求自然真诚，温文尔雅，大方得体，不可以做作。

眼神　眼睛是心灵的窗户，它能够传递情感，在面部表情中占主导地位。中国戏剧表演中有一句谚语："一身之戏在于脸，一脸之戏在于眼"，可见眼神在面部表情中的重要性。使用眼神时要注意一下内容：交流时要看着对方的眼睛，以表尊重，不可以斜视对方，眼睛也不能转动太快，以免给人留下轻浮的感觉。但在这里要注意一点，盯着他人太久会造成对方不自在，英国人体语言学家莫里斯说："眼对眼的凝视只发生于强烈的爱或恨之时，因为大多数人在一般场合中都不习惯于被人直视。"因此要把握适度，眼睛要有所游离而又不东张西望。

眼神停留的部位也需注意：①停留在两眼与胸部的三角形区域，为近亲密注视，多用于朋友间的交谈；②停留在双眼和嘴部之间的三角形区域，为社交注视，是社交场合常见的视线交流位置；③停留在对方前额的一个假定的三角形区域，为严肃注视，能制造紧张气氛。

眼神的训练：

第一步：加强眼部肌肉训练

(1) 眼球转动。眼球从各个角度进行转动。

平视：眼球由正前方开始，缓慢移到左眼角，回到正前方，然后再移到右眼角。进行反向练习。

十字形移动：眼球由正前方开始，眼球移到上，回到前。移到右，回到前。移到下，回到前。移到左，回到前。

旋转：眼球由正前方开始，由上、右、下、左各做顺时针转动，每个角度都要定住。然后再做反向练习。

慢转：眼球按同一方向顺序慢转，转的时候要连续。

快转：眼球旋转时速度加快。

以上动作要反复练习。

(2) 定眼。眼睛盯着一个目标，进行集中注意力的练习，分为正定法和斜定法。

正定法：在眼睛前方2～3m远的明亮处，选一个点。点的高度与眼睛或眉基本相平，最好找个标记。训练时，眼睛自然睁大。双眼正视前方目标上的标记，目光要集中，不然就会散神。注视一定时间后可以双眼微闭休息，再猛然睁开眼，立刻盯住目标，进行反复练习。

斜定法：要求与正定法相同。只是所视目标与视者的眼睛成25°斜角，训练要领同正定法。

(3) 扫眼。眼睛像扫把一样，视线经过路线上的东西都要全部看清。

慢：在离眼睛2～3m处，放一张画或其他物体。头不动眼睑抬起，由左向右，做放射状缓缓横扫，再反向进行练习。视线扫过所有东西尽量一次全部看清。眼球转到两边位置时，眼睛一定要定住。逐渐扩大扫视长度，两边可增视斜向25°，头可随眼走动，但要平视。

快：要求同慢扫眼，但速度加快。

初练时，眼睛稍有酸痛感。这些都是练习过程中的正常现象，其间可闭目休息两三分钟。眼睛肌肉适应了，这些现象也就消失了。

第二步：眼神综合定位

对着镜子看自己的眼神，做出高兴、愤怒、惊奇等表情，最好遮住眼睛以下部分，观看自己的眼神是否能准确表达此时的情感。

7. 微笑

微笑是人类的一种独特的微妙表情，它有一种天然的吸引力，不需要言语沟通，也不需要多余的动作就可以快速地拉近人与人之间的心理距离，创造和谐的气氛。微笑在社交礼仪之中起到非常大的作用，它能营造一种既不夸张又不严肃的效果，能拉近陌生人之间的距离，加深亲人朋友之间的情谊，可以减少隔阂，增加信任，放松气氛，临时打造一座沟通的桥梁。还能缓解矛盾冲突，化解尴尬局面。在进行茶艺活动的时候，对人微笑，是对他人的尊重，也可以营造出一种平和的茶艺气氛。

微笑的训练：

良好的微笑也是需要练习的，下面提供一个练习微笑的方法：

第一步 "哆来咪练习法"，放松嘴唇周围肌肉

从低音的哆开始练习，到高音的哆共八个音，一个音节一个音节地清楚发音，每次练习3遍。这样可以放松嘴唇周围肌肉，练习之后伸直手掌轻轻按摩嘴周围。

第二步 增加嘴唇肌肉弹性

形成笑容时最重要的部位是嘴角。如果锻炼嘴唇周围的肌肉，能使嘴角的移动变得更干练好看，也可以有效地预防皱纹。

正坐于镜子前面，首先将嘴最大限度张开，然后闭上，拉紧两侧嘴角，之后慢慢聚拢嘴唇，每个动作保持10秒，每天练习3遍。

第三步 学会微笑，练习微笑，保持微笑

（1）学会微笑。找一根筷子或者吸管，或者任何可以放在嘴里的类似的东西，横着咬到或含在嘴里，保持姿势，面对镜子，自然就能看到微笑了。每次保持动作30秒，每天练习3遍。

（2）练习微笑。学会微笑之后要进行练习，练习微笑的关键是使嘴角上升的程度一致。如果嘴角歪斜，表情就不会太好看。在练习各种笑容的过程中，找到最适合自己的微笑。

小微笑 把嘴角两端一齐往上提，不露牙或者稍微露出2颗门牙，保持10秒之后，恢复原来的状态并放松。在茶艺表演中经常运用到这种微笑。

普通微笑 慢慢使肌肉紧张起来，将嘴角两端一齐往上提，露出上门牙6颗左右，此时眼睛也含着一点微笑。保持10秒后，恢复原来的状态并放松。

大微笑 一边拉紧肌肉，使之强烈地紧张起来，一边把嘴角两端一齐往上提，露出10个左右的上门牙，也稍微露出下门牙。保持10秒后，恢复原来的状态并放松。

（3）保持微笑。首先以各种形状尽情地试着笑，在其中挑选最满意的笑容。然后确认能看见多少牙龈，大概能看见2mm以内的牙龈，就可以了。一旦寻找到满意的微笑，就要进行至少维持那个表情30秒的训练。每天对着镜子反复练习满意的微笑，久而久之，就会形成完美而自然的微笑了。

第四步 修正微笑

如果笑容在练习之后还觉不完美，那么可以看看有什么不足，加以改进。伸直背部和胸部，用正确的姿势在镜子前面边敞开笑，边修饰自己的微笑。

（1）嘴角微笑时会歪。两侧的嘴角不能一齐上升的人有很多，利用筷子或吸管进行练习的方法十分有效。刚开始会比较难，要坚持练习。

（2）微笑时露出牙龈。有些人在微笑时会露牙龈，这十分影响美观，可以通过嘴唇肌肉的训练弥补。不露出很多牙龈，就要给上嘴唇稍微加力，拉下上嘴唇。保持这一状态10秒。

第五步 发自内心的微笑

微笑时要发自内心，自然大方，没有包装矫饰的成分，这样的微笑才能具有感染力。

以上的练习能让你达到机械的完美微笑，但如何做到发自内心的笑呢？首先要从个人的心态入手，人心态积极，笑起来也会让人感到积极，人心态悲观，那么笑起来只能是强颜欢笑。要让自己积极乐观起来，平时多想积极的事，说积极的事，做积极的事，让自己

心情开朗，笑起来就能够自然，由内而外。进行茶道修养也是一个良好的方法，茶道平和、尊敬、超脱等思想能使人心态平和，去除杂念，经过修炼，人心态平和，微笑时能由内而外，自然大方。

8. 动作礼仪

茶艺师的动作要稳重，自然，灵活，不能粗手粗脚。

在泡茶过程中，眼神要与手的动作协调。手的动作主要是由手腕的转动为主，注意肘部不能抬得高高的。女性一般会用兰花指，切忌小指头对着他人，那样表示对别人的一种鄙视。取物品时要绕过泡壶取物，动作的声音尽可能小，不要磕磕碰碰的。

9. 谈吐要求

茶艺师在说话时要礼貌，言辞得体，落落大方。语气要亲切自然，语调要沉稳，说话不要一惊一乍的。吐字要清晰，声音尽量文雅、优美一些。

10. 内在修养

形象礼仪不仅仅是外在的表现，还包括内在修养。外在形象是内在修养的体现，内在修养包括了学识、涵养等方面。比如说言谈，如果一个人胸无点墨，在与人交谈过程中很难做到妙语连珠。而气质更是要由内而外地散发出来，正所谓腹有诗书气自华。因此，要提升形象，不仅要注重外在的衣着打扮，言谈举止的学习，还要加强自身的内在修养。从另一方面说，在中国的传统观念中，茶艺本身就是一种修身养性的方法。习茶之人，首先要在习茶的过程中提高自己的修养。良好的内在修养是一个长期修炼积累的过程，要坚持学习，努力提高自己的品德涵养。

良好的形象也不应只存在于工作中或表演中，要通过内在修养，保持良好的外在形象，并使其成为一种习惯，贯穿于整个生活之中。

三、茶艺和茶艺表演中的各种礼仪

（一）鞠躬礼

身体站立姿势，女士一般双手交叉放于小腹前，男士双手自然下垂放在大腿两侧，以腰部为折点弯腰，上半身保持正直，前倾的度数一般在15°以上，服务人员的要求是45°，表示对客人光临的欢迎和感谢，时间以2～3秒为宜。整个过程不宜太快，应匀速进行，给人以稳重感。如果有戴帽子的需脱帽行礼。

（二）伸掌礼

此礼是使用频率较高的一个礼仪动作。表示"请"和指引方向等。包括以下几种方式：

1. 横摆式

表"请"时常用的姿势。四指并拢，拇指内收，手掌略向内凹，手肘微微弯曲，手腕要低于手肘。手由腹部向一旁摆出，要以手肘为轴，当手到达腰部与身体正面成45°时停止。另一只手可放在背后，也可以自然下垂。做动作时手的路线要有弧度，手腕含蓄用力，动作轻缓，同时要侧身点头微笑，说："请用"等。

2. 前摆式

当一手如左手因拿着东西不便行礼时可采用前摆式，与横摆式的手掌姿势一样，由体侧从下向上抬起，以肩关节为轴，手臂稍曲，到腰的高度再由身前向左边摆去，摆到距身体 15cm 处，但不超过躯干。也可双手前摆。

3. 双臂横摆式

当宾客比较多的时候，表示"请"的动作。两臂由体侧向前上方抬起，向两侧摆出。指示方向的手可以伸直一些，高一些。

4. 直臂式

给宾客指示方向时，不可以用手指，而要用手掌，手指并拢，屈肘由身体前方抬起至所指方向，不要超过肩的高度，肘关节基本伸直。

（三）奉茶礼

奉茶的一般程序是摆茶、托盘、行礼、敬茶、收盘等，奉茶时一定要用双手将茶端给对方以示尊重，并用伸掌表示"请"。有杯柄的茶杯在奉茶时要将杯柄放置在客人的右手面。所敬茶点要考虑取食方便，一般放在客人右前方，茶杯则在茶点右方。奉茶的顺序是长者优先，或者按照中、左、右的顺序进行。

（四）叩手礼

对于喝茶的客人，在奉茶之时，应以礼还礼，要双手接过或点头表示谢谢。还有一种叩手礼，将拇指、中指、食指稍微靠拢，在桌子上轻叩数下，以表感谢之意。此礼法相传是乾隆微服巡游江南时，自己扮作仆人，给手下之人倒茶。皇帝给臣下倒茶，如此大礼臣下要行跪礼叩头才是，但此时正是微服私访，不可以暴露皇帝身份。于是有人灵机一动，以手指在桌上轻叩，"手"与"首"同音，三指并拢意寓"三跪"，手指轻叩桌面意寓"九叩"，合起来就是给皇帝行三跪九叩的大礼，以表感恩之意。

（五）寓意礼

寓意礼，表示美好寓意的礼仪。

凤凰三点头：一手提壶，一手按住壶盖，壶嘴靠近容器口时开始冲水并手腕向上提拉水壶，再向下回到容器口附近，此时水流如"酿泉泄出于两峰之间"，这样反复高冲低斟三次，寓意向来宾鞠躬三次，表示欢迎。此动作过程要保证水流流利优美，三点头过后容器中水量是所需水量，需要多练习。

双手向内回旋：在进行一些回旋动作，比如注水、温杯的时候，手的旋转方向应该向内，即左手顺时针，右手逆时针。这个动作寓意欢迎对方，有"来、来、来"的意思，如果反方向，则有赶客人走，表"去、去、去"之意。

茶壶的摆放：壶嘴正对他人，表示请人快点离开，因此壶嘴要朝着其他方向。

字的方向：如果茶盘、茶巾等物品上面有字，那么字的方向要朝向客人，表示对客人的尊重。

浅茶满酒：倒茶时不可以像倒酒一般，将杯子倒满，应该到七分满即可，正所谓："七分茶三分情"。俗话说:"茶满欺客",茶满了容易烫手,不利于品饮。

茶艺表演中要处处体现礼仪,而不同的茶艺表演类型拥有不同的礼仪规范。在仿古型茶艺表演中,如宋代点茶表演,则要行宋代的礼仪;如果是西式茶艺表演,则要行西方国家的礼仪。在茶艺表演中的礼仪与茶艺礼仪一致,主要需注意表演礼仪。

扩展阅读

1. 中国的古代传统礼仪

拱手:双腿站直,上身直立或微俯,双手平行相握,前臂举起到胸前,一般男子左手在前,女子右手在前。

作揖:与拱手礼相似,双手抱拳高拱,身体略弯,向人行礼。

女子拜见礼:站姿,行礼时双手相扣,放在左或右腰侧,弯腿屈身表示敬意。

佛教合十礼:佛教徒行礼的方式,将手掌对合放在胸前,上身微曲。这一礼节在东南亚和印度等佛教盛行的国家施行。

2. 其他国家的饮茶礼仪简介

印度:敬茶忌用左手,也不用双手,而是用右手,喝茶时将茶水斟入另备的盘中,小口啜饮。

印度尼西亚:在商务工作谈判中,每一次斟茶水时,主人总是反复地说"请"、"敬茶"、"对不起"、"请原谅"等敬词,使客人始终置身于友好亲切的气氛之中。如果坐的客人是长辈,主人敬茶时必须弯腰而立,用双手端着茶杯向客人递去,以表尊敬。

埃及:喝糖茶在埃及非常盛行,埃及人接待客人时,总要敬上一杯加上许多白糖的热茶,一般情况下埃及人家庭待客要喝三轮茶,少喝不行,多喝不限,而且客人一定要喝完。

3. 眼神礼仪

世界各族民众,往往用特定眼神来表示一定的礼节或礼貌。

注视礼:阿拉伯人在倾听尊长或宾朋谈话时,两眼总要直直地注视着对方,以示敬重。日本人相谈时,往往恭恭敬敬地注视着对方的颈部,以示礼貌。

远视礼:南美洲的一些印第安人,当同亲友或贵客谈话时,目光总要向着远方,似东张西望状。如果对三位以上的亲朋讲话,则要背向听众,看着远方,以示尊敬之礼。

眯目礼:在波兰的亚斯沃等地区,当已婚女子同丈夫的兄长相谈时,女方总要始终眯着双眼,以示谦恭之礼。

眨眼礼:安哥拉的基母崩杜人,当贵宾光临时,总要不断地眨着左眼,以示欢迎之礼。来宾则要眨着右眼,以表答礼。

挤眼礼:澳大利亚人路遇熟人时,除说"哈罗"或"哈"以示礼遇之外,有时要行挤眼礼,即挤一下左眼,以示礼节性招呼。

四、礼仪禁忌,要学会尊重

各个民族国家都有一定的礼仪禁忌,茶艺师在接待不同民族、不同国籍的客人时,要注意这些礼仪禁忌,以免出现不必要的误会。在这里举一些例子。

(一)颜色禁忌

在我国,传统上认为白色是不吉利的;埃及、比利时人忌蓝色;日本人认为绿色是不祥的颜色;西方人忌讳黑色和棕色;蒙古和俄国人十分讨厌黑色;巴西人认为黄色色系的颜色类似于落叶,是不好的征兆,而紫色是悲哀的颜色;叙利亚和埃塞俄比亚人忌用黄色,认为黄色代表死亡。

(二)数字禁忌

4:在我国、韩国和日本,4都是不吉利的数字。

13:西方人和基督教徒认为这是十分不吉利的数字,因为耶稣就是被第十三个门徒给出卖的。

13日和星期五:在中东和西方国家,认为这是十分凶险的一个日子。

6:泰语中是"不好"的意思,因此在泰国认为是不吉利的数字。

(三)花卉禁忌

菊花:在欧洲,菊花被认为是墓地之花,忌用菊花送礼;日本人忌用菊花作为室内装饰物。在国际交际场合忌用菊花、杜鹃花、石竹花、黄色的花献给客人,已成为惯例。

(四)举止禁忌

中东地区:忌用左手传递东西。

伊朗:翘起大拇指是一种侮辱。

(五)图案禁忌

英国:大象代表蠢笨,是禁用的图案。

欧洲国家:蝙蝠是凶煞神,而在我国是吉祥图案。

日本:认为狐狸和獾是贪婪狡诈的象征。

北非一些国家禁用狗的图案,但在欧美视狗为忠诚的伴侣。

伊斯兰教盛行的国家和地区,禁用猪的图案,而我国的熊猫因为外形像猪,也被禁用。

第二节 茶艺表演的基本理论

一、茶艺表演概述

(一)什么是茶艺表演

茶艺表演就是将生活中的茶艺搬上舞台。施兆鹏等人认为:"茶艺表演是在茶艺的基础上产生的,它是通过各种茶叶冲泡技艺的形象演示,科学地、生活化地、艺术地展示泡饮过程,使人们在精心营造的优雅环境氛围中,得到美的享受和情操的熏陶。"

茶艺表演是茶技与艺术的结合。茶技就是茶的科学泡饮方法,是茶艺表演的基础。艺术就是要在泡饮过程中追求一种艺术的审美效果。可以称之为艺术的,不论音乐、美术还是舞蹈，都不只是简单的几个音符、几个笔画、几个动作，而是要通过这些音符、笔画和动作使观众感到一种美的享受，并在精神上得到某种收获。因此，茶艺表演要通过茶技和各种艺术形式的有机结合，营造出一种艺术氛围并体现一定的文化内涵，使观众通过欣赏和品饮得到一种精神收获。这样才能使简单的茶技演示上升到艺术的高度。

（二）茶艺表演的历史

"茶艺表演"这个词是近些年来才在我国出现的，在我国古代并没有出现过。据《封氏见闻录》记载，唐代御史大夫李宣慰江南时，曾请常伯熊表演煮茶，表演时，常氏手里拿着茶壶，口中述说着茶名，逐一详细说明，大家佩服异常。在宋代，出现了"茶百戏"，据《清异录》："茶至唐始盛，近世有下汤运匕，别施妙诀，使汤纹山脉成物象者，禽兽鱼虫花鸟之属，纤巧如画，但须臾就散灭。此茶之变也，时人谓之茶百戏。"茶百戏就是在点茶的过程中，使汤花呈现出各种诸如图画诗词的景象，是一种很高的技艺。《清异录》还记载了精通"分茶"的佛门弟子福全，每点茶一碗，便有诗一句于其中，同时点成四碗，即可吟成一首绝句，有许多人都慕名前往观看其表演。这些都类似于今天的茶艺表演，但当时的表演仍以展示技艺为主。

茶艺表演在中国内地的首次出现应该说是20世纪80年代末，1989年4月13日，范增平先生应"海峡两岸文化交流促进会"的邀请，在上海锦江饭店进行了台湾茶艺的表演。9月10日，由中国茶叶进出口公司等单位举办的"茶与中国文化周"上，来自全国的8支茶艺表演队进行了表演。从这时开始，茶艺表演在中国内地迅速发展。

二、基本理论

（一）茶艺表演的一般形式

1. 不同人数的表演形式

单人表演形式 整个茶艺表演过程由个人完成，适合在小舞台上进行。单人表演形式中，表演者成为舞台上唯一的焦点，观众会细心地观看每一个表演细节，因此，单人茶艺表演对个人的技艺和表演能力有很高的要求。单人茶艺表演中因为没有他人协助，许多事情都需要独立完成，因此在设计表演的时候要考虑到这些因素。

多人表演形式 多人的茶艺表演可以分为以下几种形式：

一人为主泡手，其他人为副泡手。表演时主泡手位于舞台焦点位置，众人同时泡茶。

一人或多人为泡茶者，其他人作为助手对表演进行辅助，如奉茶、走下台向观众展示茶叶等。此表演形式中对于助手的表演安排既不可以像舞台剧中的路人甲一样只当背景，也不可以喧宾夺主，成为舞台的焦点，应该类似于第二、第三主角，虽然不是主角但是不可缺少。一般情况下，在非必要时不要采用助手这个角色。

多人同时泡茶，不同人的动作设计可以相同，也可不同。不同的动作设计可以使表演更丰富多彩，不会让表演看起来像是在做"团体操"。但整体的动作设计要有整体性，不能让人觉得不同表演者只是在进行自己的表演，整个表演如同一盘散沙。

多人表演形式较单人表演有气势上面的优势，适合在大舞台上进行。多人表演要求表演者的动作要整齐统一，同时表演过程要保障茶叶冲泡的科学性。这个就要求创作者对泡茶的各个步骤所需的时间与每个步骤动作所需的时间进行很好的协调。对于表演者，要掌握好泡茶的每个步骤，然后进行动作整齐性的练习。

2．单个茶品和多个茶品

在茶艺表演中可以只采用一种茶品也可以采用多个茶品。采用多个茶品比较适合多人表演形式。采用茶品的多少应该考虑到主题的需要性，而这些茶品代表的意义最终要融为一体，升华为表演的主题。如老舍茶馆的"五环茶艺"，采用了五个不同茶类的茶代表五环，而这五个茶的颜色与五环相应，十分巧妙地将奥运与茶艺结合起来。

3．不同姿态的表演形式

（1）站式。站式表演即表演者不用座椅进行表演。这种表演形式增加了表演者的活动范围，表演者可以较自由地在舞台上活动。此表演形式表演者易疲劳。

（2）坐式。坐式表演即坐在茶席前的椅子上进行表演。表演者的活动范围相对较小，但不容易疲劳。坐式表演中，座椅与茶席的相对位置不容随意调整，因此表演者要在表演前确定座椅的位置，以免表演时因茶席与座椅的距离问题影响表演。

（3）跪式。采用跪姿进行的茶艺表演。一般应用于一些仿古类型的茶艺表演，以及日本、韩国的茶道表演。跪式表演特别是仿古类型的茶艺表演具有一种历史感。跪式表演过程中表演者的身体不能随意移动，因此在设计表演时要将所需的物品摆放在双手可以方便拿到的地方。

（二）茶艺表演的分类

1．主流茶艺表演

目前比较流行的具有通用性的茶艺表演，比如绿茶茶艺表演、红茶茶艺表演等。

2．仿古茶艺表演

仿古，顾名思义就是模仿古代的茶事活动。设计此类茶艺表演要建立在史料的基础上，首先对历史进行透彻的研究，并进行整理提炼，进行艺术加工，尽量复原历史原貌。如"唐代宫廷茶礼"，"仿宋斗茶"，等等。历史上的许多物品特别是茶具早已成为古董，要得到十分不易，有些甚至仅见文献记载，因此茶具的复原是此类茶艺表演的一个难题。对于茶具，可以尽量寻找市场上类似的器皿代替。因为历史的原因，在一些国家和地区还延续着我国古代的饮茶方式，那么对于这些地区饮茶所用的茶具甚至是程式都可以作为表演的参考。例如宋代的茶筅早已退出了我国的历史舞台，但在今天的日本仍作为主要的茶具使用，因此可以从日本方面购买。如果经费允许，也可以专门定制。

3．民俗茶艺表演

民俗茶艺表演，就是取材于特定的民间茶俗，反映某民族或地方特色的饮茶习俗，经过一定的艺术加工而成的茶艺表演类型。如"客家擂茶"，"潮州工夫茶"，等等。

4．主题茶艺表演

主题茶艺表演是指设计茶艺表演时，作者有意识地将某种主题或者思想作为茶艺表演的主题进行创作。该类茶艺表演以借助表演,使观众领略到作者所要表达的主题或思想为目的。如"盼"这个茶艺表演,表达了海峡两岸盼统一的思想。

(三)茶艺表演的程式

1. 含义

程式的本意是法式、规程。各种艺术形式如绘画、舞蹈、音乐、表演等都具有自己的程式。茶艺表演的程式是指茶艺表演的程序和表演的艺术规范。

2. 茶艺表演的程序

程序指事情进行的先后。茶艺表演的程序就是茶艺表演的步骤,指茶艺表演操作按一定顺序一步一步进行,具有流畅性。

3. 茶艺表演的艺术规范

茶艺表演的艺术规范指在表演一步一步进行的过程中的一些特定规范。就如戏曲表演中的歌唱有各种曲牌和板式,武打有各种套数和档子。茶艺表演中也有特定的一些规范,如凤凰三点头等。

目前的茶艺表演程式并没有统一的格调,而是呈现百花齐放的姿态。不同的茶类有不同的程式,同种茶类也会有不同的程式。

4. 分步与衔接

对茶艺表演进行分步,不仅可以使观众明白地观赏茶艺表演,也有助于表演者进行排练。进行分步的时候,就像给文章分段一样,要先归纳每个段落的大意,然后把意思完整的一部分划分出来。茶艺表演的程序划分首先要了解各个动作的本质,然后进行划分,划分的各部分要有完整性。也就像文章一样,各个段落之间是连贯的,相互衔接的,茶艺表演的程序也是如此。还有一点,就是分段要明显,如在茶艺表演中当某个步骤完成时,将双手收回以示该部分完成。

茶艺表演程序的划分方法:

按照内容划分:比如茶具展示,赏茶,温杯等,简单明了,容易记住。

按照茶艺表演的文化内涵进行划分:比如品茶可以分为"玉液奉知音"——初品,"兰香出幽谷"——闻香,"再啜烟霞意"——二品,"天然韵悠然"——三品。这样划分使得茶艺表演更具文化内涵,提高了茶艺表演的艺术境界。

具体事例

安溪铁观音茶艺表演程序:神入茶境—茶具展示—烹煮泉水—沐淋瓯杯—观音入宫—悬壶高冲—春风拂面—瓯里酝香—三龙护鼎—行云流水—观音出海—点水流香—敬奉香茗。

武夷茶艺表演程序:恭请上座—焚香静气—丝竹和鸣—叶嘉酬宾—活煮山泉—孟臣沐霖—乌龙入宫—悬壶高冲—春风拂面—重洗仙颜—若琛出浴—玉液回壶—关公巡城—韩信点兵—三龙护鼎—鉴赏三色—喜闻幽香—初品奇茗——再斟兰芷—品啜甘露—三斟石乳—领略岩韵—敬献茶点—自斟漫饮—欣赏歌舞—游龙戏水—尽杯谢茶。

（四）茶艺表演的要素

1. 主要因素

以下因素是茶艺表演的主要因素，在表演中缺一不可。

茶品 茶是茶艺表演的物质基础，茶艺的基本活动都是围绕着茶进行的。真正引领观众到达某种精神境界的还是那杯茶，因此茶品的选择十分重要。具体的选择原则将在下一章讲到。

茶具 俗话说："具为茶之父"，可见茶具对于泡茶的重要性。而茶具在茶艺表演中不仅仅担任泡茶工具的角色，同时也是具有观赏性的艺术品，不同样式的茶具可以表达出不同的文化内涵。

表演者 表演者是能赋予舞台上的所有东西以灵性，赋予整个表演以生命力的唯一因素。其主要表现在表演者的茶技水平、艺术素养等，是表演者主观能动性的发挥。

表演者主观能动性的发挥十分重要。"台上十分钟，台下十年功"，这句话放之四海而皆准。良好的气质，流畅的动作，娴熟的茶技，生动的表演以及同伴之间的默契是需要表演者不断的练习、学习、体会和领悟的。有时候表演者在学习过程中会遇到枯燥、迷茫的阶段，此时需要表演者具备良好的心理基础，对此阶段做出较好的应对。

表演者的服饰和妆容 服饰就是服装和饰品。服饰和妆容在表演中一方面可以使表演者以较好的形象出现，一方面也像茶具一样具有一定的文化内涵，可以烘托主题。比如穿戴民族服装可以展现出民族文化，还可以使观众迅速地进入主题。在舞台上的服饰妆容可以在日常的基础上适当夸张，但还是以典雅大方为主。

2. 衬托因素

衬托因素是茶艺表演中的辅助因素，起到烘托气氛，营造意境，辅助诠释主题的作用。衬托因素多种多样，在设计表演时可以全部选择，也可以只选择其中某些部分。从哲学的角度，主要因素可以说是茶艺表演的内因，是茶艺表演的根本，而衬托因素是外因。在表演的设计中要注重内因和外因的结合，切不可以过于重视衬托因素。比如过于重视茶席、服饰这些衬托因素，而茶品是低档货，那衬托因素此时会起到适得其反的作用，如此漂亮的一套表演得到的最终结果——茶汤，竟然是难以下咽，不但得不到表演的精神升华，强烈的对比反而使观众对表演产生反感，从而损害了茶艺表演的形象。

茶席 茶席是茶具摆放的平台。童启庆教授说道："茶席，是泡茶、喝茶的地方，包括泡茶的操作场所、客人的坐席以及所需气氛的环境布置。"茶席可以采用各种茶品、茶具、道具、插花、焚香、背景等因素进行设计。

道具 道具是茶艺表演直接和间接的用具，比如桌子、植物、挂件等，有些可以暗示或象征表演主题。

解说词 解说是对于表演内容或主题的解释，其可以是简单的语句，也可以是优美的散文，或者雅致的古文。对于观众并不熟悉的茶艺，解说是十分必要的，比如茶品的介绍，茶具的介绍，礼仪的诠释。伴随着解说的进行，观众可以较为清楚地了解到一些茶艺知识。对于主题茶艺，解说能直接向观众传达表演的主题。优秀的解说能带动气氛，带领观众随着茶艺的进程前进。当观众对某个茶艺表演比较熟悉时，解说词可以精简甚至放弃，去掉解说可以使观众更集中精神欣赏表演，也更加容易进入某种精神境界。

音乐　音乐也称为听觉艺术，是一种抽象的，在时间上具有连续性和流动性的艺术，它通过听觉而实现其艺术表达。茶艺表演的音乐是为茶艺表演制作或者选配的，根据茶艺表演主题及茶艺表演程序进行编排的音乐。在茶艺表演中应用音乐，可烘托气氛，调起观众的情绪，引领观众达到一定的精神境界，从而加深观众对于表演主题的理解。在表演中应用音乐还可以掩盖表演中由于茶具的碰撞等发出的细微噪声。

其他艺术形式　其他艺术形式比如唱歌、舞蹈、音乐表演、书画表演等都可以加入到茶艺表演中。这些艺术形式的加入有锦上添花的作用，使表演更加丰富，更富艺术性。这些艺术形式可以在表演的过程中插入一小段，比如在上台时唱上一段民歌，不仅引人入胜，还把气氛也调动起来了；也可以贯穿于整个表演，如一边表演一边吹笛子、弹古筝，作为一种背景出现，比起音响放出来的音乐更具有艺术感染力。但这些艺术形式所占的分量要较茶艺表演轻得多，切不可喧宾夺主。

舞台灯光音响　舞台的灯光音响可以从整体上对茶艺表演进行烘托。茶艺表演的舞台灯光就是运用舞台照明设备和技术手段根据茶艺表演的发展，以光色以及其变化，显示环境，渲染气氛，突出中心人物或物品等。一般茶艺表演不需要运用很多的舞台灯光效果，但其基本要求是能将舞台照亮，能清楚地看到舞台上的人和物。音响是音乐、解说必不可少的设备，其质量的好坏以及调音师的技术直接影响到音效的好坏。

第三节　茶艺表演的基本原则

一、茶艺表演各要素的选择

（一）总则

各个要素的选择主要考虑两点：为什么选和怎么选，即目的和方法。首先要明确目的，目的明确才能做好选择。要素的选择自然是为了茶艺表演，那么茶艺表演的目的是什么呢？要表达某种主题。那么，一切要素的选择就要围绕着茶艺表演的主题进行。

首先要深刻理解主题的内涵，然后定下主题的风格，之后再进行各要素的选择。例如以"文士茶"为主题，要表现文人雅士的饮茶习俗，那么着装上就要选择儒装，茶具要选择风格文雅的，茶席的布置要凸显文人的风格，道具采用一些书画以烘托文雅的氛围等。甚至于文士中还有豪放、婉约等风格之分，那么就要进一步进行主题风格的选择。围绕着主题进行各要素的选择，使选择具有针对性，也避免了因为各要素风格不同而导致整体风格出现不协调的状况。

各个要素的选择方法和原则可参照以下内容。

（二）各个要素的选择

1. 主要因素

（1）茶品。茶品的选择一是为了展示茶叶的美好，这一般作为茶品的介绍而为之；一是为了通过茶品来表达某种精神或文化内涵，这个则是为了实现艺术价值而进行的。那么茶品的选择要遵循以下两个原则：

其一，茶品要尽可能的优质。一要外形美观，许多茶特别是绿茶类的外形具有很好的观赏性，其外形本身就是一个艺术欣赏点。二要内质优良，品茶时良好的香气滋味正是茶品内质的体现，因此这是选择茶品时必须考虑的因素。

其二，当茶艺表演的主题是要通过茶品来体现某种文化或精神内涵时，就不仅要求茶品的优质，还要考虑到那个茶品的名称、产地及传说、茶性、或者茶品本身所具有的文化和精神内涵等，是否符合茶艺表演的主题内涵。

（2）泡茶用水。俗话说："水为茶之母"。在茶艺表演时要得到较好的茶汤效果，水的选择是十分重要的。在可以的情况下，尽量选择矿泉水等优质的天然水，以提高茶汤品质，使表演的最终目的得以实现。

（3）茶具。茶具的选择，首先要将实用性放在第一位，其次考虑其艺术性。茶艺表演的最终结果仍然是得到一杯好茶，因此茶具好不好用，合不合适，仍然是最重要的。现在很多茶具拥有漂亮的外观，有些甚至可以称之为艺术品，但其实用性不强，因此在选择时千万不能本末倒置，为了茶具美丽的外表而忽略其使用功能。

（4）表演者。对于表演者的选择，就像拍电影时导演选择演员一样，要充分考虑到表演者对于表演的适用性。首先可以根据表演的内容进行选择，比如一个少数民族题材的表演，可以选用属于少数民族的表演者，如果表演主题是禅茶，那么就要选择性格温和的人进行表演。也可以根据表演者来选择表演内容，这是一样的。

其次，可以根据表演的形式进行选择，比如身材较矮小的表演者不适合跪式表演，而多人表演中的人员身高最好一致等。

2．衬托因素

（1）茶席。焦菊隐先生谈到对布景设计的基本要求时曾说过："为表演创造有利条件，烘托环境气氛和时代感，有利于突出主题思想。"茶席的设计要求也是如此。茶席作为衬托因素，切忌喧宾夺主，设计不能过于繁杂，要与主要因素协调，比如一套很素的茶具用了很繁复绚丽的桌布衬托，那么就显得不协调而且抢了茶具的"风头"。

在多人表演中桌子的位置安排要得当，在正面观看的情况下要求每个表演者都能被看到。人员之间的距离要适中，远了觉得散也不利于演员之间的交流，近了容易给人压迫感，还要考虑到舞台的大小，一般说来，人与人之间的距离在 1～2m 较好。

（2）道具。道具的选择要考虑其大小、形状、颜色、风格及文化内涵与主题符合，其位置的摆放比较自由，可以是桌子上、桌子旁、舞台一角，等等。

（3）音乐。音乐的选择也是依据主题，一般多选用曲调优美、节奏较缓的传统音乐，如古筝、古琴、萧、笛等乐器演奏的乐曲。其中古筝的节奏欢快，古琴高雅，琴箫合奏表现出一种缠绵委婉的意境，要根据主题的需要选择。一些现代音乐曲调优美，也可以进行选择。

（4）音乐的结合。有时候一首乐曲不能将主题完全展示出来，这时可以考虑多首乐曲连用，就是在表演的不同部分运用不同的乐曲。现在电脑技术发达，可以运用一些简单的音乐剪辑软件进行音乐的剪辑。音乐的连接要注意接缝处"平滑"，不能突兀，最好能很自然的过渡。

二、茶艺表演动作要求

任何表演都要求表演者首先拥有良好的素养，一招一式要到位，一举一动要表现得自然、大方、充满自信（图4-3）。具体要求主要有以下几点：动作要流畅圆滑，轻灵沉稳，不拖泥带水。

流畅圆滑 动作要有弧度，就像一幅画，如果都是直线会让人觉得呆板，而弧线则会使画面生动起来。做动作过程要流畅，不能断断续续，特别要注意动作衔接的地方，要过渡自然。

轻灵沉稳 这并不是矛盾的双方，轻灵指做动作时给人以轻松自然的感觉，而不是沉重拖拉；沉稳，则是动作要表现出来的人的心理状态。有些茶艺表演，表演者动作很轻巧，很好看，却给人以"浮"的感觉，这与茶带给人一种平静的理念是相违背的，在表演时不能只注重表面工夫，花哨的动作有时候会带来反效果，做动作时可以慢一些，要带给人一种"静"的感觉。

图4-3 茶艺师在从容地演示冲泡技艺

三、茶艺表演心理

茶艺表演时，要发挥出最好的水平，除了要求有娴熟的技艺，还要求表演者有稳定的心理素质。对于音乐演奏者来说，"琴人合一"是他们追求的最高境界，而这最高境界的解释就是：自然流露。自然流露，恐怕是所有表演艺术的最高境界。对于茶艺师来说，自然流露之外还可以加一个词——气定神闲。气定神闲，更符合茶艺所要达到的境界。

那么如何达到这种境界，可以参照以下原则：

（一）表演前要心态平和

表演前要戒骄戒躁，不要有功利心理，这样人容易浮躁，心浮气躁的人在表演时是无法做到气定神闲的。

（二）避免产生胆怯心理

大多数人在进行表演前会产生紧张情绪，这样表演时容易出现四肢颤抖，面无表情的症状，严重的会头晕头痛，失去自信。这些对于表演是十分不利的。如何克服胆怯心理呢？娴熟的技艺是攻克这一难题的关键。多数人都是因为觉得自己的技艺还不够好而产生胆怯心理，而茶艺师特别会对自己的茶技产生怀疑，总担心泡不出好的茶汤。通过不断地练习，不断地提高自己，使自己有相当的自信进行表演，那么就不容易产生胆怯心理了。

还有，表演经验的增加也会减少紧张的情绪。初学者要尽可能多参加各种表演活动，使自己得到一定的锻炼，不再惧怕舞台。

由此，表演前要戒骄戒躁，克服胆怯，保持平和的心态，这样才能在表演时做到自然流露，气定神闲。

（三）表演时要心无旁骛

在进行茶艺表演的时候要全神贯注，心无旁骛，将你所有的智慧、才能、对茶的热爱像激光束一般全部注入表演之中。世界著名的歌唱家多明戈在讲述他的全神贯注表演的经验时说："在我头脑中一瞬间出现了真空的感觉，这时就只想到所唱的歌词和表演中所要求的东西。"因此，茶艺表演过程中，不要三心二意，任何杂念的加入都容易使表演出现失误。

（四）表演后进入无我境界

表演者要带领观众进入某种境界，那么首先自己就要进入那种境界。表演之后表演者已经与境界融为一体，不分你我了。这种境界是需要经过修炼才能达到，因此作为茶艺师要努力修炼，提高自己的境界。

第五章 茶艺的美学

第一节 茶艺的美学范畴与特征

一、茶艺美学的概念

(一) 茶艺

前文已经介绍过,茶艺就是运用沏茶技巧与艺术从事泡茶操作的活动,主要包括了沏泡茶的技巧与艺术,以及与之相关的环境布置和泡茶器具的选用,并由此引发的思想精神。主要特点是发挥人的主观能动性作用,恰当地选择与配置饮茶环境、茶、茶具,充分发挥茶冲泡时的自然属性,用完美的技艺衬托出茶的品质。重点在于泡茶者对特定茶品本质的理解与相应沏茶、品茶技艺的掌握,要点在于沏茶技法的娴熟,并引发思想感受。

茶艺与品茶的主要区别在于人的主观能动性的发挥,品茶更注重对茶叶、泡茶用水、泡茶器具、泡茶环境的欣赏和品味。而茶艺欣赏则体现的是对泡茶艺术的理解和掌握,体现的是对茶艺相关文化的认知与了解。茶艺活动作为修身养性、探索自然的雅文化,更侧重对道德、心灵的熏陶。茶艺实践的要点在于力求让主客本身都成为一种艺术,协调配合,美也在其中。因此,茶艺体现"茶情",是中国茶文化精神的表现,它讲究茶叶的品质、冲泡技艺、茶具欣赏、品茗环境与心境,以及人际关系等。也正因为此,有人提出饮茶品茗讲究"三和":人与自然之间和谐;人与人之间和爱;人与社会之间和平。

(二) 茶艺美学

美学是研究与人类有关的表现美和客观存在美的科学。客观美是美学研究的基础,表现美是美学研究的成果。美学研究能引导我们产生美好向往和创作美好的动力。美学内容广泛,比如与社会心理学、社会美学、艺术学、创造学、自然科学、哲学等紧密相连。通过跨文化研究,显现其共通性。诸如,美学文化学是美学与文化学的结合体;美学艺术学是美学与艺术学的结合体;美学社会学是美学与社会学的结合体。茶艺美学是以研究传统饮茶礼俗为基础,探讨茶艺过程行为美和品德美的表现规律的科学。

茶艺美学应该是在美的哲学、审美心理学、艺术社会学和文化人类学的结合上,对茶艺本质问题进行综合研究的一门学科。茶艺美学的研究范围包括茶艺表演与欣赏、茶艺本性、茶艺思维、茶艺语言、茶艺审美心理、茶艺审美特性和审美规律以及茶艺同其他门类艺术的关系。

二、茶艺美学的范畴

茶艺美学的主要审美范畴和美学范畴,从传统美学至近现代西方美学思想中,可以概括为三个方面：

1. 审美客体——客观的范畴

它包括自然之美、生活之美、艺术之美和技术之美。现代茶艺美学中的自然之美，是指风景、山水等。生活之美，指茶艺的审美功能、修身养性、陶冶情操和以茶会友、休闲娱乐等。艺术之美则是指茶的冲泡技艺，以及相关的茶的艺术，诸如茶叶、器具、水、背景、伴奏音乐等。技术之美是指泡茶技术的表现过程所体现出来的结果，如所泡出茶的"色"、"香"、"味"、"形"之美等。

2. 审美主体——主观的范畴

主要表现于审美心理，包括审美经验、审美感、审美直觉、审美表象、审美知觉、审美情感、审美判断，等等。现代茶艺以人为本，故现代茶艺美学也是研究人的审美心理的美学。

3. 审美活动——主客统一的范畴

包括审美价值、艺术创造、艺术风格、艺术形象、艺术内容、艺术形式、艺术流派、美的设计等。审美活动是衡量审美效果的唯一标准。所以，探讨现代茶艺美学的一般审美范畴——美和审美感，由于操作（演示）者或欣赏者的审美直觉和审美经验的不同，可采取3种不同的方法：从审美客体探讨美的本质；从审美主体探讨美的本质；从审美关系探讨美的范畴。

三、茶艺美学的特征

中国茶艺以中国茶道为指导思想，从内涵上看，文质并重，尤其更注重意境；从形式上看，百花齐放，不拘一格；从审美上看，强调自然，崇尚静俭；从目的上看，注重内省，追求怡真。茶艺美学的思想基础是"和"，其中"崇尚自然"与"天人合一"是其主要思想观念，因此，中国茶艺美学总是要从人与自然的统一之中去寻找美。

（一）茶艺美学的思想

中国茶文化的核心是儒家思想，并融道、佛、儒于一体。最初把饮茶上升为精神活动的是由于文人墨客的提倡，如"以茶利礼仁"、"以茶表敬意"、"以茶可行道"、"以茶可雅志"，就贯彻了儒家的礼、义、仁、德等道德观，反映着儒家中庸、和谐精神。传统儒学思想告诉我们，中国人讲道德，重视从心灵来体现。从内心体现善的精神，就很容易与艺术的心境相通。在这里"真、善、美"是相通的。从这个角度来说，茶艺美学就处处渗透体现出善的精神和东方美学的思想。茶艺美学思想具体有以下4个方面：

1. 崇尚自然

中国茶艺与儒家思想、道家思想、佛家精神等有着深厚的渊源，并且在民间有广泛的社会思想文化基础。所以"崇尚自然"就成为中国茶艺美学思想特征的核心，比如：主张用本地水来煎本地产之土茶；主张烹茶用天然之水，包含了雪水、雨水和泉水；主张使用粗加工的毛茶，体现出自然；主张在自产土制陶器上自然煎茶。

在茶人眼里，一山一水一石一木都是活生生的，都是渗透着人的精神并能与人进行情感交流的生物体。茶人的心灵的搏动能与大自然的生命律动浑然一体。最典型的是唐代的元稹《一字至七字诗·茶》，这首诗很形象地表现了我国茶艺这种崇尚自然、返璞归真的特征。

2. 高雅脱俗

中国文人雅士一方面是追求崇高，追求浩然之气，使自己灵魂升华，另外一方面又要过有别于普通人的生活，主要特点就是高雅脱俗，体现文人外在的人格美与自然飘逸的风格。在茶艺美学中，要求茶人能排除主观的欲望、主观的成见和一切的教条，做到内心一尘不染，并且对内照出内心的本名。只有这样才能参与到茶艺的过程中去观照自然，高雅脱俗，胸襟要达到虚静空明。正如宋代的著名文学家陆游，一生嗜茶，其中他在《雪后煎茶》中充分表达出了潇洒自如、超然物外的人生态度。

3. 淡泊闲适

茶艺活动当中，淡泊闲适是其最重要的美学追求之一。茶的饮用追求淡，正如"君子之交淡如水"，苏东坡在《赏心十六事》中说到了"客至汲泉煎茶，抚琴听者知意"，里面就表现了古代文人在农耕社会条件下的淡泊闲适，随遇而安的生活态度。

在茶艺美学中，淡泊闲适并非没有追求，而是追求自然之美。自然的本质是朴素，表现在天之高，地之厚，日月之自明，花之自落，水之自流，它们都是无为而淡然至极的情景。在淡泊闲适的意境中，也包含了中庸之道，既不能过之，也无不及，一切都要把握好那个度，恰到好处，达到"适"的标准。这无论是在茶叶加工还是茶艺操作过程中都可以体现出来，比如采乌龙茶鲜叶时，既不能太老也不能太嫩，做青时要掌握好茶叶的发酵程度，做到"绿叶红镶边"的三红七绿；烘焙时也要掌握好温度，太高会烤焦，温度太低不能将茶香烤出来；在茶艺表演中，动作的力度不能太强或者太弱，太强显得生硬，太弱显得没有生气；动作的速度不可太快或者太慢，如果没有一定的节奏，会显得匆忙或者拖沓。动作的幅度不能太大或者太小，太大会显得矫揉造作，太小显得不够舒展。只有做到协调一致，才能更好地体现茶艺美学。

4. 悟道自省

中国茶艺思想受道教、佛教及儒家思想的影响非常深远。习茶悟道，原本是通过饮茶日常事，达到磨炼性格，体悟人生的目的。饮之乐，在于随心所至，精行修德。茶人之志在于求"道"，以自省修身为目的，用仁义之心、平常之心、习茶之际，有所领会与感悟。而佛教对中国茶艺最大的影响在于超脱世俗的困扰，使精神进入绝对自由境界，并且肯定个人生命价值的种种意念。就如僧侣坐禅时姿势端正，内心高度宁静，佛与心灵对话，并且将茶德精神融入禅意。晚唐刘贞亮总结了茶有"十德"，最能说明通过饮茶来达到悟道自省的效果。在茶艺活动过程中，中国茶艺强调内省性，主张用自己的心去感受茶事活动中怡口悦目、怡心悦意、怡神悦志的审美体验，主张在茶艺过程中静下心来去追求茶之真、情之真、性之真、道之真。

（二）茶艺美学的特征

茶艺美学的内容很多，其特征主要是通过节奏、对称、参差、和谐、简素、自然、照应、比例、节奏、多样、统一、平衡等美学原理等实现茶艺的气韵生动。

1. 节奏

节奏，体现的是自然界永恒的运动和变化，具有生命律动的美，是形象生动的表现之一，比如茶艺背景音乐的节拍，茶艺解说声音的抑扬顿挫，动作的轻重缓急等。节奏是茶艺中的艺术表现形式之一，赋予茶艺生气与艺术感染力，主要表现在茶器具的排列、茶艺动作、言语声音等方面。如乌龙茶泡茶动作的高冲低斟，在动作上往上提和往下倒的节奏美感；在分茶中的"关公巡城"、"韩信点兵"的顺逆时针的斟茶，用快慢、上下等通过反复、连续、间断来充分体现出节奏美。其韵律更能给人以情趣，打动人心，满足人的精神享受，从而通过气韵生动来展示茶艺的内在艺术美。

2. 对称

对称美，是具有平衡感和稳定性的美学特征。顺着中轴线，可以衬托出中心位置。对称可以是方位上的对称，比如上下对称、左右对称、前后对称，也可以是光线的对称，比如明暗对称、阴阳对称。在茶艺活动中，对称可以是静态事物的对称，许多茶艺活动中人的位置，茶器具的摆放都是以中心线作为基准的，重心稳定。主要的器具一般是位于中心线上，比如盖碗。当然也可以是动态事物的对称，比如动作的对称和人体形态的对称，只要把握得当，就能取得赏心悦目的效果。尤其是在团队茶艺表演中，在安排表演者上考虑对称，特别是一对孪生兄弟姐妹去表演会成为对称的绝配，格外吸引人。在茶艺表演中，相宜的动作对称美是一种动态的对称美，更容易取得较大的欣赏价值，比如双手同时执拿茶具在演示，双手同时冲泡茶。

中国茶艺不但强调对称美，同时也不排斥非均齐美。从对称美中可以表现出大自然的规律，而从非均齐美中，人们可以发挥更多的美学联想。如果这两种美学特点能结合使用，就可以相辅相成，相得益彰。例如，在茶室中选用能保持自然形态的树根做成的茶桌，桌面上年轮构成的天然图案，其形状和图案都是非均齐美，而茶桌上的茶器具表现出对称美，这些对称美和非均齐美的结合使用，使得茶室的布置的美感引人遐想，变换多彩，又有重心，而不显得杂乱。

3. 简素

简素就是简单而朴素，是茶艺美学最明显的特点。在茶艺表演中主要是以单色调出场，更偏重冷色调，呈现出"宁静致远"的效果，这正是茶艺氛围所要求的。在茶艺活动中，不追求华丽与浓艳，比如在服饰上和妆容上，都是追求淡雅的效果，而且没有多余的动作，没有多余的摆设，空间不杂乱。无论是在环境氛围的营造上，还是茶艺活动的动作上更注重简洁、素雅和朴素。当然，我国的宫廷茶艺和一些少数民族的茶俗可以用其他形式来表现茶艺美。

4. 自然

表现在人类对自然的追求。人类都希望在自然的环境中生活与发展，这是因为人类的生存和发展都是依赖于大自然，人类是自然界长期发展的产物，是自然界的一部分，对其有着自然而然的依恋。比如在沏茶时我们更希望欣赏到碧绿的芽叶在水中自然地舒展，从而获得心灵的宁静和愉悦。在茶艺活动中，自然美体现在追求品茗环境的自然情趣，要求茶器具避免华丽，多一些质朴和自然气息，更重要的是要求茶艺参与者在茶艺活动中的真诚自然，切忌矫揉造作的动作等。

5. 呼应

体现这一事物和其他事物的相互联系。呼应时时刻刻都体现在茶艺表演过程中，通过呼应的特征，很自然地将各种因素有机地结合在一起，使得分散零落的实物处于一个有机整体中，同时也能映照出事物之间的内在联系，起到协调统一的作用，能更进一步地表现出结构决定功能的系统思想。呼应得当，有利于形成多姿多彩而又不显得杂乱的整体美。比如茶艺活动中插花与挂画的照应，茶艺讲解和动作的呼应，茶艺服饰和泡茶器具的呼应，服饰与发型的照应等。

6. 调和与对比

通过调和把两个相接近的事物连接起来，能够使人在变化中感到和谐一致。就像是一整配套的茶具、茶盘和茶巾之间的和谐，茶座背景和服饰的和谐，茶艺动作与解说、音乐间的协调统一等，更加能够突出茶艺主题。对比使事物的反映更加鲜明，主题深刻。茶艺活动中，调和与对比体现在茶艺的各个方面，主要有色泽、形态、声音和质地等。调和是求同，对比是求异。没有调和就会显得杂乱无章，没有对比就没有重点主次。茶艺表演中，色彩的对比和协调更能产生赏心悦目的效果。比如在选择盛装茶汤的茶器具上，就要考虑不同茶类的汤色。点茶时一般会起很多泡沫，此时选择黑色盏，从色泽的对比上更能体现出色彩美；如果是红茶茶汤时，应该避免采用朱红色的紫砂壶，而选用白色瓷杯更能突出带"金圈"的红茶品质。总之，调和与对比都是中国茶艺美学表现特点中不可缺少的技巧。

7. 比例

事物的大小、形状，都会产生一定的比例。好的比例让人赏心悦目，茶艺表演中也需要恰当的比例美。比如，黄金分割比例0.618就是一个完美的比例美，可以运用到很多方面。在仪表美上，五官端正就是有一个合适的比例，头的大小与身材的比例大小也是体现仪态美的重要因素。茶器具与奉茶盘的比例也很重要，假如品茗杯很小，就不应该用很大的奉茶盘。在茶艺活动中，一个身材瘦弱的姑娘，用容量很大的煮水壶，显然比例不恰当，也会引起欣赏者情绪和心理的变化。

8. 反复

反复是一种冲击视觉和听觉的节律美感。反复不是简单的重复，其巧妙可以深化主题，给人层层递进的美，留下深刻的印象。合理地运用反复，可以增进整体的美感和节奏感，在茶艺活动中反复的特点会运用于各个方面，比如在茶艺表演的动作上，出手和收手时基本上以同样的幅度和柔软度在重复着，一个动作的优美感受往往就体现在简单而准确的重复上。茶艺演示中只要是合理地应用反复，不仅不会使人感到单调、枯燥、乏味，相反可以增进茶艺的整体美感和节奏感。

9. 多样统一

多样统一是中国茶艺美的特点之一，同时也是茶艺美学的综合表现。中国古典美学在强调美的多样性的同时，也强调美的统一性，提出了"和而不同"，意思是指多样性应该和谐统一而不是相互冲突。在多样统一中也要注意两个关系，一个是"主从关系"，另一个是"生发关系"。主从关系是指在茶艺美学的众多因素中，有主有次。生发关系是指茶艺表现出的众多美的因素应该像一棵大树一样，树根、树干和树叶都是同一根生长出来的，意味着各个因素之间有其必然的内在联系。中国茶艺在多样统一的特点指导下，形成了多样的整体性、和谐美。局部服从整体，局部美在整体美中得到充分体现，同时也保持自己的相对独立性。

总之，茶艺美学具有显著的东方美学，以审美意识的表现文化为主要研究对象，它表现为技术和艺术的创造、欣赏，具有显著的传统文化特性。茶艺作为中国传统文化的一部分，蕴涵博大精深的文化内涵和中国儒、释、道文化的精髓，与日本的茶道、韩国的茶礼，无论在审美文化还是审美意识方面，都有显著的区别，并且具有显著的时代特征。

第二节 茶艺表演的人体美学

茶艺表演一般是围绕茶品的源流、品质风格、人文背景等特点进行编创，在提倡科学饮茶的基础上，渲染不同地方的习俗色彩，是一种源于生活而又高于生活的品饮艺术。茶艺表演时展示、示范泡茶与品茶的方法和技艺，具有表演性质，但是观众欣赏的不只是茶艺，而是创作者在有限的时空内展现佳境、茶美、水清、器净、艺精的品茗意境。在表演内容中，不但具有泡茶基本要素，还对于表演艺术的观赏性、艺术性和审美要求，在音乐、服饰、发型、礼仪、动作、顺序、排列位置、色彩和谐等多方面进行艺术构思，使茶艺把自然科学范畴的技术与社会科学范畴的美学、艺术、礼仪规范等结合起来。

在茶艺表演过程中，人是表演的主体，是茶艺表演最根本的要素，同时也是最美的要素。所以必须高度重视茶艺表演中人的美，把人的美展示在客人面前，而人的美主要包含两层意思：一层是作为自然人所表现的外在的形体美；另一层是作为社会人所表现出的内在的心灵美。以下就茶艺表演中所体现的人体美学内容分别进行阐述。

一、仪表美

仪表是指人的外表，包括服装、容貌、修饰、清洁等内容，还与个人的生活情调、文化素质、修养程度、道德品质等内在素养有密切联系。仪表美给人很直观的传达，是茶艺审美的前奏曲。在一定程度反映出了茶艺表演者的个人精神面貌和审美修养。仪表美主要是形体美、服饰美与发型美的有机组合美。

仪表、礼节等也是影响茶艺氛围的因素，因为茶艺过程不仅是享用茶的风味与健康，本身蕴涵对文明与教化的精神追求，宾主之间的交流，可以通过敬茶、品茶等环节来完成。品饮佳茗是一种寓健身、修性、文化、审美为一体的健美过程。

（一）形体美

就形体美而言，从骨骼、肌肉、五官、腿部、双手等加以界定。五官端正，肤色健康，身材匀称，具有线条美，富有青春活力的气息。在茶艺表演中，最引人注目的是脸部和手部，手是人的第二张脸，注意对手的保养，对皮肤、指甲等保证整洁，牙齿也要整齐、洁白。形体美的有些条件是可以通过训练改善的，平时坚持科学的形体训练，是保持形体美，改善形体美的有效途径。

（二）服饰美

服饰是服装和饰物的总称。服饰作为艺术表演的要素而存在，服饰可以反映出审美趣味，影响到茶艺表演的效果。比如，它作为一种艺术包装语言，对表演者的外表起到扬长避短和表明人物身份的作用，也可对茶艺表演的主题起到全面的烘托和诠释作用。服饰主要是通过色彩、形状、款式、线条、图案修饰，达到影响人体仪表的目的。服饰选择与制作的基本原则是：一要合体；二要得体；三要有美感；四要新颖；五要别致。因为是在舞台上表演，灯光的照耀下，还有一定的距离，所以要有恰当的夸张和变化。

茶艺表演中的服饰，首先要与所表演的茶艺内容相配套，其次才是式样、做工、质地和色彩搭配。如"唐代宫廷茶礼表演"，表演者的服饰应该是唐代宫廷服饰；如"白族三道茶表演"要看白族的民族特色服装；"禅茶"表演则以禅衣为宜；表演农家茶则应穿农家朴素典雅的服装等。服装款式别致而不怪异，色彩与环境协调统一，整洁大方。总之，服装的选择，既要放松自己的心灵，又要根据特定的场合需要，针对自己的年龄、体型、肤色、品位和个性等各因素来巧妙选择和搭配，才能很好地展示自己风采，起到锦上添花和画龙点睛的作用。

恰当的饰物选择也可以美化佩戴者的仪表，反映出一个人的审美观、文化品位、修养程度等。饰品要根据年龄、性格、性别、相貌、肤色、发式、服装、体型、环境等不同而作合理的选择。但一般不宜戴过多的装饰品，会显得很累赘，以免影响茶艺的感官审美。

（三）发型美

发型美是根据头发的造型所体现或改变的体型和脸型来选择。发型美是构成仪表美的三要素之一，近年来烫染发比较流行，很多年轻人在追求时尚个性的发型。但是茶艺表演是传统的文化演示，不能采用太有个性的发型。发型设计上应该要与茶艺表演的内容、服装款式、表演者的仪容、脸型、头型等因素一起取得和谐美的效果。茶艺表演过程中，因为动态演示的动作与清洁卫生等要求，无论体型和脸型如何，都不宜设计成披肩长发，一般是短发或者是盘结束发。茶艺作为传统文化的一部分，在发型设计上大多数是黑发、少卷、女长发、男短发，女的可以把长发按照需要盘成不一样的发型，简洁利落，线条柔美，体现出朴素、高雅、大方，整体应符合传统文化的审美要求。

（四）妆容美

妆扮原则是反映出一种面部美化的要求。面容之美是人的心态之美的体现，人们对于自身美的追求，起始于面容，最终也是集中于面容。适当的化妆有助于改善仪表，扬长避短，即突出容貌的优点，掩饰容貌的缺陷。比如，要使眼睛更加生动、漂亮，眉毛一定要修饰，人的眉毛有长有短，有粗有细，一般审美观念是弯弯柳月眉。眼影可以使眼睛有深邃感和放大的感觉。眼线可以使眼睛的轮廓更加明显。但是在茶艺表演过程中不宜过分的浓妆艳抹，不可涂抹油香味的化妆品，以免影响茶的香气，手上不宜涂有色的指甲油，最好以淡妆出场，淡雅整洁，质感逼真，使得五官匀称协调，以自然为原则，与茶艺的雅致精神相符合。

二、风度美

风度是长期的社会实践活动过程中，在一定文化氛围中逐渐形成的，是社会活动的有力语言。不同阶层，不同职业会因为性格、气质、情趣、习惯等不同而表现出不同的风度。比如，学术界有学者的风度，政治界有政治家的风度，军队有军人的风度，茶叶行业自有茶人的风度。风度美主要包括了仪态美和神韵美两部分。

（一）仪态美

仪态主要是指表演者的礼仪和姿态。茶艺表演者在表演过程中要注重仪态美，因为中国本来就是一个礼仪之邦，茶艺表演本身就是传统文化的一种展示方式，所以茶艺表演过程中更要注重礼节。如行礼，是一种真诚的致敬礼仪形式，也是出场的重要肢体语言表现内容。在整个茶艺过程中的鞠躬礼，一般是在茶艺表演者迎宾、送客或者开始和结束表演时，充分表达出茶人对礼仪的理解和容纳。而注目礼和点头礼，一般是在向观众敬茶或者奉上茶点等物品时综合应用，体现与观众的互动交流和表达敬意。

除了礼仪外，仪态美还包括了站姿美、坐姿美、步态美等。茶艺表演时让观众看到的不仅是双手，而且包括了表演者的整个身体，包括身、头、肩、脚等，都是茶艺表演塑造仪态美的必要内容，这些都必须要经过严格的专业训练，才能做到规范、自然、大方、优美。

茶艺表演的肢体语汇，重点表现在手的形态，因此，要多多训练这些手型、手姿、手位的姿态，动作越细致、越准确、越美好就越有表现力。茶艺表演中的肢体语汇的设计与运用，是茶艺表演的重点内容，也是茶艺表演编创和排练的重点内容。茶艺表演过程中，操作动作要温柔、轻巧和细腻，手法连绵、轻柔、顺畅，过程完整。

（二）神韵美

神韵美是内在气质的外化，是一个人的神情和风韵的综合反应，主要表现在面部表情和眼神上。"韵"是我国艺术美学的最高范畴，如果一个人只有形象美，而没有神韵美，那么这个人就会显得很呆板，没有活力和感染力。

表情可以流露和传播人的思想感情。通常以友善坦诚的表情，可以缩短与对方的感情距离；以率真自然的表情，可以赢得对方的理解和接纳；以适度得体的表情，可以取得对方的信任和支持；以温文尔雅的表情，可以取得对方的尊重和友谊。眼睛是心灵的窗户，一个人的眼睛能表现出内心的想法，除眼睛之外，眉毛、嘴巴和面部表情肌肉的变化，也会对人的语言表达起到解释、澄清、强化等作用。比如，眉语是眉毛动态，它是一个人的美丑、喜怒的重要标志。鼻意显出重要的嗅觉功能，对闻茶香的动态，引人注目，提升了茶艺氛围。嘴态是参与表情的重要组成部分，传达信息的能力仅仅次于眼睛，嘴的每一动都能传递出一定的信息，是面部笑容的重要组成部分。茶艺表演中要求表演者应该保持恬淡、宁静、端庄的表情，面露自然、典雅、庄重，不要紧锁眉心，眼睑和眉毛保持自然的舒展，露出自然会心的微笑。表情展现精神，显示活力，充满魅力，在茶艺表演中应该充分发挥其作用。

眼神是脸部表情的核心，最能传达出表情的变化。运用眼神是一种极高的艺术，人的感情、态度和情绪往往会通过眼睛的显示表达。恰到好处地运用眼神，要求目光视线的方向，最好将目光放虚一些，不要聚焦在对方脸上的某个部位，尤其是在茶艺表演中，要求表演者神光内敛，眼观鼻、眼观心，眼光要扫视全场，切忌表情紧张，眼神闪烁不定，东张西望。

茶艺表演中，要做到神韵美，除了表情和眼神的自然协调，还要经过三个阶段的训练才能达到气韵生动。首先，最基本的要求是熟练。其次，要求动作规范、细腻。最后要求传神达韵。茶艺表演过程中做到身心俱静，才能凝神专注于艺茶，才能深刻细微地体察自己的内心感受，动作舒展自如，轻重缓急自然有序，体态庄重，使整个茶艺表演中更能传达出神韵美。

三、语言美

语言美在社交中起到了很大的作用，要求表演者谈吐文雅，语调轻柔，语气亲切，态度诚恳。茶艺表演中的语言美主要是包括了语言规范和表演解说两部分。

（一）语言规范

语言规范是语言美最基本的要求。待客时首先要有问候声，落座后有招呼声，在茶艺工作中得到赞扬或者帮助时要有感谢声，工作中有失误或者打扰到客人时需要有道歉声。在称呼别人时，要用到敬语，敬语是茶艺表演语言最重要的组成要素，它能给人以彬彬有礼、热情庄重、有亲切感和素养的形象。在语言规范中，茶艺工作者还要注意不能说出不文明的口头禅、不尊重客人的蔑视语，在交谈中不能流露出不耐烦的烦躁语，以及自负和伤害他人的斗气语。说出来的话要使听者感觉舒适，具有艺术感。在茶艺交流中，要语言准确，吐音清晰，选词恰当。说话的声音柔和悦耳，节奏抑扬顿挫，表达流畅自然，应该真诚交流和沟通，引发对美的共鸣。

（二）表演解说

茶艺表演的解说，主要指茶艺表演解说的语言表达能力，包括了语音、语调、节奏、条理性以及内容和文化内涵等。解说是一项艺术，直接与观众交流，发挥其他艺术表现形式不具备的独特作用，它可以为茶艺表演锦上添花。不同的茶艺表演解说有所区别，但都要和流畅地表演以及音乐背景完美结合，创造出轻松、雅致的意境。在茶艺表演中，它对茶艺的形式与内容进行一定的讲解，有助于增强观众对表演内容内涵的理解，提升饮茶情趣，有助于表演艺术的发挥，提高饮茶的艺术效果。那么茶艺表演的解说有哪些要求呢？总体的要求是：语言表达要温柔、动听、清晰，具体要求如下：

1. 声调细柔

语音、语调和语气是带有一定情感成分的语言表达方式。语音是指语言的声音，语调是指字句发音的高低变化和轻重快慢，语气是指通过一定的语法形式表达出说话人对行为动作的态度。声调细柔，这里的细主要是声音结实、底气足，这样才能使远处的观众也能听清楚；柔为声调升降过渡好，可实现感情的准确表达。

2. 节奏适度

茶艺过程的细斟慢饮风格要求解说的总体节奏相对慢些，但是不能忽略其中的节奏感，首先要让观众听得清楚，主次分明，重点内容适当慢些，语调重些，讲究明快与缓慢的统一，抑扬顿挫，使表演和音乐配合默契，融为一体，同时也要留出相应的空间给人以动感变化的享受。

3. 内容丰富、生动、准确

茶艺表演的解说包括介绍所用茶的历史文化、品质特点、产地等内容。解说的内容要求科学准确，全面丰富，具有知识性和趣味性。在艺术表演中，要用艺术的语言方式来表达。简单地说，表演解说语言需要有一定的文学性。通过介绍茶艺表演的主要艺术风格、操作流程以及技艺要求等，要与茶艺表演进行默契配合，让观众能明白领悟，并且从中学习茶艺技术。最后还要表达饮茶的感悟，抒发出自己的情怀，让观众一同分享。

4. 尽情投入

在解说过程中，要把握好音量，要把自己的感情认真投入到茶艺过程，抒发出艺术感慨，充实整个茶艺表演的意境，充满感染力，提升艺术氛围。

除上述特征外，茶艺表演的语言提倡使用普通话。茶艺的语言应该要用标准的普通话作为交流语言，解说时最好是脱稿进行表述，便于听众能连贯地接受表达内容，这也是对听众的尊重。解说的声音优美流畅悦耳，富有表现力。

四、心灵美

心灵美是人的社会美的一种特殊形态，是思想、情操、意志、道德和行为美的综合体现，具有一切美的共同特征，即直观性和可感性。心灵美是人的"深层次"的美，与以上说的仪表美、神韵美、语言美等相结合，才能造就出更加完美的茶人。

心灵的内在美是茶艺的内涵，是茶艺显现的韵。主要是指表演者个人的修养和内涵，包括了艺术修养美，表现出较高的思想修养和人文内涵；心灵美，讲热心、诚心、真心、文明风尚美，注重礼仪与礼节，体现了传统文化特色。茶人们首先要"爱己"，才能表现出"爱人"，这才是最感人、最持久、最具意义的心灵美。

在茶艺演示过程中，处处体现尊重别人、关怀别人，才能达到真正意义的心灵美。比如，应该主动询问客人的饮茶嗜好和口味习惯情况，根据客人的情况选用茶叶，或者调整茶汤的浓度，根据客人的情况备用茶叶、调整茶点的甜度等，这些都能够使客人感到亲切和温暖。端送茶和茶点应行礼，再上前一步，然后递茶或者点心；递送茶、点时应该用手势和语言劝茶、劝点心；送完茶、点后应该后退一步再次行礼，然后离开，收茶杯以及点心盘时应先行礼，致谢后再上前一步收器皿。珍惜客人的宝贵时间，上下场动作迅速，并在预定的时间内完成表演。在有条件的情况下，主动迎送客人，表演结束后，不忘记客人的名字，等等。

茶艺表演者应该加强文化修养，通过博览群书，培养自己的审美素养，用心体会茶文化，达到心灵愉悦作用，同时也要具备一定的表演素养，将茶文化更好地推广普及。在学习茶艺过程中，慢慢将仪表美、神韵美、语言美和心灵美达到和谐一致，那么才是至善至美的茶人。同时，也要有意识地引导他人提高个人涵养，让茶艺成为净化心灵、美化人生、善化社会的媒介，这也是茶人学习茶艺的终极目标。

第三节　茶艺表演的环境美学

茶艺的审美内容有茶叶的色、香、味、形之美；茶器具的悠远感、和谐感之美；茶境的自然、含蓄之美；茶技的气韵生动之美；由表演者和鉴赏者共同构成的礼、乐情趣之美；回归理想家园的深沉凝重之美。

人们把茶当成饮料，借茶的自然功能，用以清神益智、帮助消化等。另外人们在饮茶过程中讲求的享受，对水、茶、器具、环境都有较高的要求；同时以茶培养、修炼自己的思想道德，在各种茶事活动中去协调人际关系，求得自己思想的自信、自省，也沟通彼此的情感，以茶雅志，以茶会友。

茶的特殊自然功能使茶文化在中国传统优秀文化中占有重要的一席之地。在中国古代，文人用以激发文思；道家用以修身养性；佛家用以解睡助禅等，物质与精神相结合，人们在精神层次上感受到了一种美的熏陶。在品茶过程中，人们与自然山水结为一体，接受大地的雨露；调和人间的纠纷；求得明心见性、回归自然的特殊情趣。所以品茶对环境的要求十分严格：或是江畔松石之下；或是清幽茶寮之中；或是宫廷文士茶宴；或是市中茶坊，路旁茶肆等。不同的环境会产生不同的意境和效果，渲染衬托不同的主题思想，庄严华贵的宫廷茶艺；修身养性的禅师茶；淡雅风采的文士茶，都有不同的品茗环境。对于再现生活的品茶艺术表演，不同类型的茶艺要求有不同风格的背景与环境。主题和表现形式的和谐一致，通过背景衬托，增强感染力，可再现生活品茶艺术魅力。

在茶艺文化的挖掘研究中，何种形式的环境适合茶艺表演尚有必要探讨。茶艺演示背景中景物的形状，色彩的基调，书法、绘画和音乐的形式及内容，都是茶艺背景风格形成的影响因子，本节从色彩、书法、绘画角度出发，以美学观点为基础对品茗环境的设置作一阐述。

一、茶艺环境与茶艺表现

我们所说的"茶艺"一词，包括茶叶品评技法和艺术操作手段的鉴赏以及品茗美好环境的领略等整个品茶过程的美好意境，其过程体现形式和精神的相互统一。就形式而言，茶艺包括：选茗、择水、烹茶技术、茶具艺术、环境的选择创造等一系列内容。品茶先要择器，讲究壶与杯的古朴雅致，或是豪华庄贵。另外，品茶还要讲究人品、环境的协调，文人雅士讲求清幽静雅，达官贵族追求豪华高贵等。一般传统的品茶，环境要求多是清风、明月、松吟、竹韵、梅开、雪霁等种种妙趣和意境。

我们前文已经介绍过，茶艺是形式和精神的完美结合，其中包含着美学观点和人的精神寄托。传统的茶艺过程，是用辩证统一的自然观和人的自身体验，从灵与肉的交互感受中来辨别有关问题，所以在技艺当中，既包含着我国古代朴素的辩证唯物主义思想，又包含了人们主观的审美情趣和精神寄托。

茶艺环境，也叫茶艺背景，通常指的是品茶场所的布景和衬托主体事物的景物。茶艺背景是衬托主题思想的重要手段，它渲染茶性清纯、幽雅、质朴的气质，增强艺术感染力。品茗作为一门艺术，要求品茶技艺、礼节、环境等讲究协调，不同的品茶方法和环境都要有和谐的美学意境。茶艺与茶艺环境风格的统一，就要求不同风格的茶艺有不同的背景。所以在茶艺背景的选择创造中，应根据不同的茶艺风格，设计出适合要求的背景来。

二、传统茶艺与茶艺背景选择

在茶艺背景的设计中，涉及形态学和色彩学。对于不同风格的茶艺类型，要求不同的器具、服饰及其景物，同时又要求颜色基调和风格的统一。另外，它还包括诸多因子，如背景音乐、书法及绘画艺术表现形式和内容、园艺植物应用等。

（一）色彩的基本功能

在心理学上，色彩对眼睛及心理的作用，包括眼睛对它们的明度、色彩、纯度的感知，以及色彩的刺激的作用和在心里留下的印象、象征意义及对感情的影响。在茶艺背景中，各种器具、服饰、景物都有其颜色，多种颜色构成了色调，其中起主导作用的颜色就是色彩的主调，也称基调。不同的茶艺背景，主调不同，对眼睛及心理作用也不同，故有着不同的象征意义和感情影响。色彩和人的主观反应的联系是人们在长期的日常生活中形成的，如：红色具有较强的刺激性，千米之外也能看见，所以常用做醒目的标志。不同色彩的光学属性用于视觉而产生不同的感受，进而在生活中衍生出一定的象征意义。

色彩在生活中应用十分广泛，比如服饰，色彩浓艳或朴实，要求能体现个人的身份地位。在茶艺背景中，为体现不同风格的茶艺也要求不同的色调，如：古代朝廷茶宴，则要"罗玳宴，展瑶席，……宫女颦，泛浓华"，突出皇室的豪华浓艳，金光显耀；另一类有如文徵明《品茶图》中题："碧山深处绝纤埃，面面轩窗对山开。谷雨乍遇茶事好，鼎汤初沸有朋来。"大自然青山碧野，窗明几净，深处碧山的举目皆绿让人感到一种祥和与希望，所以和宫廷茶艺要求色调就不同。在茶艺背景中，为了突出主题，要求依据色彩的基本功能而选用不同的色彩，使背景能和茶艺风格相吻合，并起渲染衬托作用。

（二）书法和绘画的艺术表现形式

"书画同源"，在用笔、布局和意蕴方面，书法和传统的中国画有许多相似之处。在中华民族独特的历史文化氛围中，它们着力表现中国人的审美意识和茶艺等各类艺术，仿佛是一簇簇根植于神州大地的春兰秋菊，透散出世界上别的民族所不具有的中国情调。

源于象形的汉字，其功能是多元的，作为信息符号，它是中国人表达思想的载体。历代遗留下来的诗歌、词赋，大大丰富了茶文化的内容。茶艺作为一门艺术，表现在茶与诗词歌赋、琴棋书画的结缘。另外，从书法角度看，它又是一种富于独特审美情趣的艺术，可视为抽象派的鼻祖和极致。著名的"三癸亭"就是茶诗和书法的合璧。还有历代文人墨客如颜真卿、唐寅、文徵明、郑板桥等以书法家特有的艺术气质，来表达茶性的真、善、美。

在书法发展的历史上，形成了篆、隶、草、楷、行五体，它们展示种种曲直运动的空间构造，表达了种种形体姿态、情感意兴和气势力量，不同的书法有各种不同的艺术作用力（见表5-1）。所以在茶艺背景中，选用适当的书法表现用以表达不同的精神审美情趣。

而讲究"气韵生动"，强调"外师造化，内得心源"的中国传统绘画，不固定在一个视角，或是逼真，或是追求意境，重在理解自然而非再现自然。中国历代画人自觉地将哲学、文学和美学思想加以统一，形成多样的表现方法。如南宋刘松年的《卢仝烹茶图》，描绘几个文人于野外与山石、竹丛相伴，月下品茶的情景。图中表现了茶人们内心的感受与快乐，含义深刻。

茶艺作为一门追求较高的审美情趣的艺术，茶艺背景在其中起重要作用。书法和绘画在背景中往往能起到画龙点睛、意境深远的作用。书法和绘画的内容要求能与茶艺风格相协调，同时它们的艺术表现形式也要求能适合背景对主题的衬托渲染。

表 5-1 书法种类和文字的印象特征

种 类	例 子	印 象 特 征
篆 书	茶	秀美匀整 威严抽象
隶 书	茶	笔致优美 端正古雅
草 书	茶	自然流动 个性高雅
楷 书	茶	端庄清晰 严肃大方
行 书	茶	潇洒活泼 生动自然

注：表中部分资料来源于袁志权：《国画基础》，四川美术出版社，1987。

（三）传统茶艺背景选择原则

目前，用于茶艺表演的品饮类型繁多，以茶汤制作的方法来分有煮茶法、点茶法、泡茶法等。以饮茶的艺术性质来分类，又可分为文人茶、仕女茶、禅师茶等六大类型。由于茶艺活动的主体不同，在茶叶的选用、器具的式样、质地的配备、用水的要求、品饮的程序、环境的选择与设置等都有所不同，品饮过程的氛围，以及对参与者的生活、心理、情感、理念的影响程度也不一样，有各自的特色。

选用色彩、书法、绘画的原则是依据茶艺的类型风格特点，用美学的观点，结合色彩学原理和书法绘画的内容及其艺术表现形式，整体协调一致，突出主题而进行选择。

在此原则上，所选色彩、书法、绘画的方法多种多样，要因场地、因人而异。以饮茶的艺术性质来分的六大类型，又可归为两种：古朴淡雅型和豪华高贵型；前者的颜色应选用浅淡素雅类，背景基调是：明度选择暗调或中间调，色性趋于冷调。如俗称的古香古色，就是采用暗色彩，较冷的色调来渲染一种宁静、恬悦、淡雅的氛围。书法一般是用行书和草书，这两种写法有助于感情自然流露，在线条上富有流动美，能较好地与茶文化所提倡的"师法自然"、"情景合一"相协调；而正楷、隶书因其严肃拘谨而少用；篆书则因特征华丽，故一般不用。在绘画方面，一般是用写意的表现手法，浅妆淡抹，色彩浅淡典雅，寥寥几笔，韵味顿生。

豪华高贵的茶艺，其背景就色彩来分析，色性基调应选择暖调，明度选择以明调为主，用以表达热烈、愉快、喜庆的气氛。在书法应用方面限制较少，和前者不同的是篆书可以装饰地应用，另外是在书法内容上充分体现富贵的景象。绘画用工笔的表现手法较多，如工笔花鸟、国色天香的牡丹、鱼龙走兽等（表5-2）。

表 5-2 不同风格茶艺表演背景设置

茶艺类型	风格特征	书法形式	绘画形式	参考颜色
文人茶	淡雅风采 怡情悦性	行草（隶）	写意	浅绿
禅师茶	寂静省心 修身养性	行草（隶）	写意	浅蓝
仕女茶	轻盈婉约 柔情慧心	行草（隶）	写意、工笔	粉红
富贵茶	华丽贵重显耀权势	五体均可	工笔	黄色、橙色、红色等

另外，传统茶艺背景在选择创造中讲求组合后的协调，并不强调各影响因子的统一。同是书法上的行草，文人茶与禅师茶在内容上就有很大的差别，如"美酒千杯难成知己，清茶一盏也能醉人"和"茶禅一味"所营造的氛围大不相同，一种是潇洒风雅；一种是神秘高深。绘画的内容在背景中起着较大的作用。总之，背景的创造讲究总体协调，并不是叠加单一的效果。

三、现代茶艺的背景设置

随着现代物质文明的飞速发展，传统的茶文化有着很大的变化，形式也较为丰富。现代人在具有较高物质享受的基础上，追求着一种高品位的精神文化需求，所以各类茶事活动、茶艺表演也如雨后春笋般涌现。故茶艺背景，因茶文化的发展，茶艺风格及其作用的不断演变，也有很大变化。如服饰、器具、摆设等都有较大差别。此外，由于茶艺类型风格的增多，茶艺背景也趋于多样化，对背景的认识及创造因人因事而异，故较难整齐划一，现就几类茶艺及其背景提出自己的看法。

（一）休闲型茶艺

休闲型茶艺不再是借茶喻世，借茶抒情，借茶言志，而更常见的是作为一种生活习惯、保健、联谊、礼仪等。这种风格特点，使其背景较为多样化，或是传统，或是现代，或是两者兼而有之。对于茶几摆设，有的是宽敞的大圆桌、方桌；有的是日式的"榻榻米"，席地而坐，亲临体味邻国的饮茶风情。服饰是现代的材料，样式仿古或是现代装饰。乐曲有古乐、现代的民族歌曲、现代的通俗歌曲和外国乐曲等，旋律舒缓，让友情慢慢流动，谈兴徐徐舒张；曲调低沉，创造一种平和、友好、宽松的氛围。另外，再配上园林植物、插花。总体色彩基调趋于冷调，体现一种轻松、宁静、淡雅的风格，书法内容多是与茶有关的茶诗、茶歌等，一般用行书、草书表现，绘画不单是传统国画，还有油画等西洋画。

（二）表演型茶艺

表演型茶艺取材于历史上、生活中的茶俗、茶礼、茶艺或茶道，经过加工、提炼、再现。因此，不同的茶艺类型所表现的主题、内容以及风格都有差异。表演型茶艺背景有着浓厚的传统特色,其中的民族型背景的一个显著特点是以民族风情为背景;宫廷型则古香古色、富丽堂皇;寺院型又是古朴超然等。表演型是传统茶艺的继承和发展,在舞台上再现,故背景是在传统茶艺背景基础上又有新的变化,主要表现在生活和舞台上的差异。作为舞台,其一为表演背景,其二为宣传媒介;舞台上的背景只是生活的局部再现,所以强调主体景物的重点表现,取材于生活以上升到一种艺术的高度。

总之,从文化的角度,用美学艺术的眼光去追求茶艺中美的享受,讲究探索茶艺背景和茶艺风格一致,分析茶艺背景的影响因子,达到形式和精神的完美结合,茶才具有生生不息、延绵几千年的生命力。

第六章　茶艺表演用具

明代许次纾在《茶疏》中有言："茶滋于水，水藉乎器"，可见茶具在茶叶冲泡过程中有着重要的作用。茶具，古代亦称茶器或茗器，泛指制茶、饮茶过程中使用的各种工具，包括采茶用具、制茶工具、泡茶器具等几大类；现代茶具主要指与泡茶过程相关的专业用具。

第一节　茶具的种类及工艺特点

现代茶艺表演中使用的器具很多，我们根据材质可将茶具分为：陶质茶具、瓷质茶具、玻璃茶具、金属茶具、竹木茶具、漆器茶具等。

一、陶质茶具

陶质茶具在饮茶史上有着重要的作用。在人类开始食用茶叶的阶段，并没有专用的茶具，而是与日常的食器共用。新石器时代，陶质器具是重要的发明之一；先民用陶质水器来盛水、饮水，这成为茶具的源头。陶质茶具的发展从最初粗糙的土陶，演变为比较坚实的硬陶，再后来发展为表面敷釉的釉陶；紫砂陶出现以后，紫砂茶具成为陶质茶具的精致代表。目前，云南、贵州等一些少数民族地区仍保留着陶罐煮茶的习惯。

二、瓷质茶具

瓷质茶具的主要特点是坯质致密透明，釉色丰富多彩，成瓷耐高温，无吸水性，造型美观，装饰精巧，音清而韵长。从性能和功用上讲，瓷质茶具容易清洗，没有异味，保温适中，既不烫手，也不容易炸裂，适合冲泡各类茶叶，从而获得较好的色、香、味。瓷质茶具又可分为青瓷茶具、白瓷茶具、黑瓷茶具和彩瓷茶具等。

（一）青瓷茶具

青瓷又叫青釉瓷、绿瓷，是指施青釉的瓷器。在瓷质茶具中，青瓷茶具是最早出现的一个品种。早在东汉年间，浙江上虞就开始烧制青瓷器具。青瓷茶具自唐开始兴盛，历经宋、元的繁荣，到明、清时，其重要性开始下降。茶圣陆羽在《茶经·四之器》中写道："碗，越州上"、"越瓷类玉"、"越瓷类冰"、"越瓷青而茶色绿"、"越州瓷、岳瓷皆青，青则益茶"。这足以证明唐代越窑青瓷茶具质量好，能较好显现茶的汤色。宋代，五大名窑之一的龙泉哥窑生产的青瓷茶具，达到了青瓷制作的顶峰。青瓷质地细润，釉色晶莹，色泽青翠，适于冲泡绿茶，有利于绿茶汤色显露。

（二）白瓷茶具

白瓷茶具大约始于公元 6 世纪的北朝晚期，至隋唐时期已经发展成熟。江西景德镇烧制的白瓷，具有"白如玉，薄如纸，明如镜，声如磬"的特点；景德镇也因此获得"中国瓷都"的美誉。白瓷茶具需要在大约 1300℃ 的条件下烧制而成，所以器体致密透明，无吸水性，音清而韵长，色泽洁白，能较好地反映出各种茶汤的色泽，传热性、保温性适中，对茶的色香味不会造成影响，有利于更好地品鉴茶叶。现代茶叶感官审评中，也是以白瓷茶具作为指定评审用具。

（三）黑瓷茶具

黑瓷茶具最早出现于晚唐时期。到了宋代，饮茶方法由唐时的煎茶法逐渐改变为点茶法，在建安一带（今福建建安、建阳、蒲城等地）又率先兴起斗茶活动，这为黑瓷茶具的鼎盛发展创造了条件。衡量斗茶的效果，一是看茶面汤花色泽和均匀度，以"鲜白"为先；二是看汤花与茶盏

图 6-1　宋代建窑兔毫盏

相接处水痕的有无和出现的迟早，以"盏无水痕"为上。宋人祝穆在《方舆胜览》中写到："茶色白，入黑盏，其痕易验。"宋徽宗赵佶也在《大观茶论》中这样描写："盏色贵青黑，玉毫条达者为上，取其焕发茶彩色也。"可见黑瓷茶盏在当时的盛行程度。黑瓷以建安窑（今福建省建阳市）所产的最为著名，其生产的兔毫盏釉色黑亮而纹如兔毫，能与茶汤相映成辉。到了明代，人们不再以斗茶为乐，统治阶层力促"罢造龙团"，也使饮茶方式从点茶法转变为瀹饮法，黑瓷茶具此时已不宜为用。现代黑瓷茶具瓷坯微厚，漆黑发亮，造型古雅，美观实用，至今仍为日本茶人表演抹茶道时的首选。

（四）彩瓷茶具

彩瓷茶具，始于唐代，盛行于元、明、清。彩瓷茶具花色品种很多，有青白、翠青、冬青、红釉、蓝釉等品种，其中青花瓷茶具是最重要的花色品种之一。古人对"青花"色泽中"青"的理解与今人不同，他们将蓝、黑、青、绿等多种颜色统称为"青"。青花瓷茶具是在瓷胎上直接用氧化钴为呈色剂来描图案纹饰，再涂上一层透明釉，经过 1300℃ 高温烧制而成的器具。制瓷技术的不断提高及饮茶方法的改变，也促使了彩瓷茶具的迅速发展。最有名的生产地当属江西景德镇，其在茶具器形、造型、纹饰上都冠绝全国。另外，福建建德、广东潮州枫溪、云南玉溪等地也都有生产。目前，彩瓷茶具为普通家庭所广泛使用。

三、玻璃茶具

玻璃，古人称之为流璃或琉璃，是一种有色半透明的矿物质。用这种材料制成的茶具，能给人以色泽鲜艳、光彩照人之感。我国的琉璃制作技术虽然起步较早，但直到唐代，随着中外文化交流的增多，西方琉璃器的不断传入，我国才开始烧制琉璃茶具。陕西扶风法门寺地宫出土的由唐僖宗供奉的素面圈足淡黄色琉璃茶盏和素面淡黄色琉璃茶托，是地道

的中国琉璃茶具,虽然造型原始,装饰简朴,质地显混,透明度低,但却表明我国的琉璃茶具唐代已经起步,在当时堪称珍贵之物。宋时,我国独特的高铅琉璃器具相继问世。元、明时,规模较大的琉璃作坊在山东、新疆等地出现。清康熙时,在北京还开设了宫廷琉璃厂,只是自宋至清,虽有琉璃器件生产,且身价名贵,但多以生产琉璃艺术品为主,只有少量茶具制品,始终没有形成琉璃茶具的规模生产。近代,随着玻璃工业的崛起,玻璃茶具很快兴起,这是因为,玻璃质地透明,可塑性大,因此,用它制成的茶具,形态各异,用途广泛,加之价格低廉,购买方便,而受到茶人好评。在众多的玻璃茶具中,以玻璃茶杯最为常见,用玻璃杯泡茶,茶汤的鲜艳色泽,茶叶的细嫩外观,以及芽叶在冲泡过程中的沉沉浮浮、叶片慢慢舒展开来等,都可以一览无余,让泡茶者能够完整欣赏到茶叶的动态变化过程。特别是冲泡各类名茶,茶具晶莹剔透,杯中轻雾缥缈,澄清碧绿,芽叶朵朵,亭亭玉立,观之赏心悦目,别有风趣。但玻璃茶杯质脆,易破碎,比陶瓷烫手,是美中不足。在茶艺表演中,可选用耐高温的钢化玻璃茶具,以纯色、透明度高、厚底者为佳。

四、竹木茶具

竹木茶具是人们利用天然竹木加工而成的器皿。隋唐以前,我国饮茶虽渐次推广开来,但饮茶方式粗放。当时的饮茶器具,除陶瓷器外,民间多用竹木制作而成。茶圣陆羽在《茶经·四之器》中开列的28种茶具,多数是用竹木制作的。这种茶具,来源广,制作方便,对茶无污染,对人体又无害,因此,自古至今,一直受到茶人的喜爱。但缺点是不能长时间使用,无法长久保存,失却文物价值。在我国南方,如海南等地有用椰壳制作的壶、碗来泡茶的,经济而实用,又具有艺术性。用木罐、竹罐装茶,则仍然随处可见,特别是福建省武夷山等地的乌龙茶木盒,在盒上绘制山水图案,制作精细,别具一格。作为艺术品的黄杨木罐、二黄竹片茶罐,也是馈赠亲友的珍品,且有实用价值。近年来,随着我国茶艺文化的发展,采用红木制作的茶具也越来越多,这种茶具以茶盘、辅助泡茶用具最为常见。红木作为茶盘主要是利用它的密度大、耐浸泡、使用寿命长等特点。红木茶盘也已成为现代茶艺表演常见的用具之一。图6-2为带不锈钢储水槽的鸡翅木茶盘。

图6-2 带不锈钢储水槽的鸡翅木茶盘

五、金属茶具

金属茶具是指由金、银、铜、铁、锡等金属材料制作而成的器具。金属茶具是我国最古老的日用器具之一。早在公元前18世纪至公元前221年秦始皇统一中国之前的1500年间,青铜器就得到了广泛的应用。先人用青铜制作盘盛水,制作爵、尊盛酒,这些青铜器皿自然也可用来盛茶。从秦汉至六朝,茶叶作为饮料已渐成风尚,茶具也逐渐从与其他饮具共用中分离出来。大约到南北朝时，我国出现了包括饮茶器皿在内的金银器具。到隋唐时，金银器具的制作达到高峰。20世纪80年代中期，陕西扶风法门寺出土的一套由唐僖宗供奉的鎏金茶具，可谓是金属茶具中罕见的稀世珍宝。但从宋代开始，古人对金属茶具褒贬不一。元代以后，特别是从明代开始，随着茶类的创新，饮茶方式的改变，以及陶瓷茶具的兴起，才使包括银质器具在内的金属茶具逐渐退出舞台。尤其是用锡、铁、铅等金属制作的茶具，用它们来煮水泡茶，被认为会使"茶味走样"，以致很少有人使用。但用金属制成储茶器具，如锡瓶、锡罐等，却屡见不鲜。这是因为金属储茶器具的密闭性要比纸、竹、木、瓷、陶等好，具有较好的防潮、避光性能，更有利于散茶的储藏。因此，用锡制作的贮茶器具，至今仍流行于世。

六、漆器茶具

漆器茶具始于清代，主要产于福建福州一带。采割天然漆树液汁进行炼制，掺进所需色料，制成绚丽夺目的器件，这是我国先人的创造发明之一。我国的漆器起源久远，在距今约7000年前的浙江余姚河姆渡文化中，就有可用来作为饮器的木胎漆碗，距今约4000～5000年的浙江余杭良渚文化中，也有可用做饮器的嵌玉朱漆杯。至夏商以后的漆制饮器就更多了。尽管如此，作为供饮食用的漆器，包括漆器茶具在内，在很长的历史发展时期中，一直未曾形成规模生产。特别自秦汉以后，有关漆器的文字记载不多，存世之物更属难觅。这种局面，直到清代开始，由福建福州制作的脱胎漆器茶具日益引起了时人的注目，才出现转机。漆器茶具较有名的有北京雕漆茶具、福州脱胎茶具、江西鄱阳等地生产的脱胎漆器等。这些茶具均具有独特的艺术魅力。其中，福建生产的漆器茶具尤为多姿多彩，如有"宝砂闪光"、"金丝玛瑙"、"仿古瓷"、"雕填"等均为脱胎漆茶具。它具有轻巧美观，色泽光亮，能耐高温、耐酸的特点。这种茶具更具有艺术品的功用。

七、其他茶具

除了以上6种比较常见的茶具之外，还有用其他材质如搪瓷、玉石、塑料等制成的茶具。20世纪80年代流行搪瓷茶具。搪瓷是一种将无机玻璃质材料通过熔融凝于基体金属上并与金属牢固结合在一起的复合材料。因为质轻、牢固、易洗涤、耐高温、耐酸碱腐蚀等优点，搪瓷茶具曾一度受到大众欢迎，但是又因其传热快，易烫手，一般不适于冲泡优质茶，只适用家庭选用而不作为茶艺表演用具。塑料茶具多用于一次性茶具，但因其常带有异味，对品饮茶叶有一定的影响，所以也不是茶艺表演的最佳用具。

扩展阅读　　法门寺地宫中的茶具

法门寺是中国境内安置释迦牟尼真身舍利的著名古刹、皇家寺院，始建于北魏，当时称"阿育王寺"。唐代是法门寺的全盛时期。原寺规模宏大，寺内占地面积100余亩，拥有24座院落，唐代时有僧人500余名。法门寺地宫聚集了唐王朝供佛的大量奇珍异宝。874年，唐僖宗教命法门寺地宫封门，自此，一座伟大的文化宝库埋没地下，1000多年不被人知。1987年，国家拨款重建法门寺塔，在清理塔基时发现了石函封闭的地宫。

1987年4月12日,考古专家在清理法门寺地宫中室文物时,在一朽坏的木箱内发现了13件瓷器,有碗、盘、碟,器型较大而且规整,造型精美,胎质优良,釉色自然,制作精巧,器物口、腹、底浑然一体,宛若天成。地宫内《物帐碑》明确记载它们为秘色瓷,而其釉色也与古人记载相吻合,这就破解了一直笼罩在秘色瓷身上的种种谜团。秘色应是一种青中泛湖绿的釉色,它是越窑青瓷中极为罕见的一种色调。由于秘色瓷在制胎施釉及烧造等方面独具特色,使烧制成型的秘色瓷器似冰类玉,在光线的照射下,盘内无中生有,似盛有水,清澈明亮,玲珑剔透,给人以"巧剜明月染春水"之感。秘色瓷在法门寺地宫未开启之前,一直是个谜。人们只是从记载中知道它是皇家专用之物,臣庶不能用,故曰"秘色"。"秘色",亦即青色,"青则益茶"(《茶经》)。秘色瓷由越窑特别烧制,从配方、制坯、上釉到烧造整个工艺都是秘不外传的,其色彩只能从唐代陆龟蒙《秘色越器》诗所云"九秋风露越窑开,夺得千峰翠色来"等描写中去想象。

法门寺地宫中还出土了一套完整的唐皇室金银茶具。它是唐代官廷茶文化的一个历史缩影和真实再现。据地宫内《物帐碑》记载,这套茶具是唐僖宗的御用珍品。这套茶具主要包括烘焙、碾罗、储藏、烹煮、饮用等器皿。如以金丝和银丝编结而成金银丝结条笼子、鎏金鸿雁纹银茶碾子、鎏金仙人驾鹤纹壶门座茶罗子、贮存茶末所用的鎏金银龟盒、盛放作料的鎏金蕾钮摩羯纹三足架银盐台等,向人们全面展示了唐代从烘焙、研磨过筛、储藏到烹煮、饮用等制茶工序及饮茶的全过程,系统形象地再现了唐代官廷茶道的历史风貌,反映了唐代茶文化所达到的最高境界,为我们认识茶文化和佛教文化的关系提供了生动的实物资料,是不可多得的实用价值与审美价值兼具的历史艺术珍品。

第二节　茶具器形鉴赏

我国茶具种类繁多,造型千姿百态,是每家每户案头或茶几上不可缺少的必需品和工艺品。茶艺表演常用的茶具根据其用途可分为主茶具和辅助茶具。每一种茶具在材质、造型、工艺等方面均有其独特之处,分别介绍如下。

一、主茶具

主茶具是指用来泡茶、饮茶的主要器具。其中茶壶、茶船、茶盅、茶杯、茶托、茶碗等所构成的主茶具,一定要符合泡饮茶的功能要求,如果只有造型精美、图案亮丽、色彩鲜艳,而在其功能上有所欠缺,则只能作为摆设,失去了茶具的真正作用。不同茶具的功能要求尽管不同,但终究应以实用、便利为第一要求。

(一)茶船

茶船,亦称"茶海"或"茶盘",是盛放茶壶、茶杯、茶道组、茶宠乃至茶食的浅底器皿。茶船除了可以防止茶壶烫伤桌面、茶水溅到桌面外,有时还作为"润壶"、"淋壶"时蓄水用,盛放茶渣和洗壶废水用,并可以增加美观。茶艺表演用茶船的要求有以下几个方面。

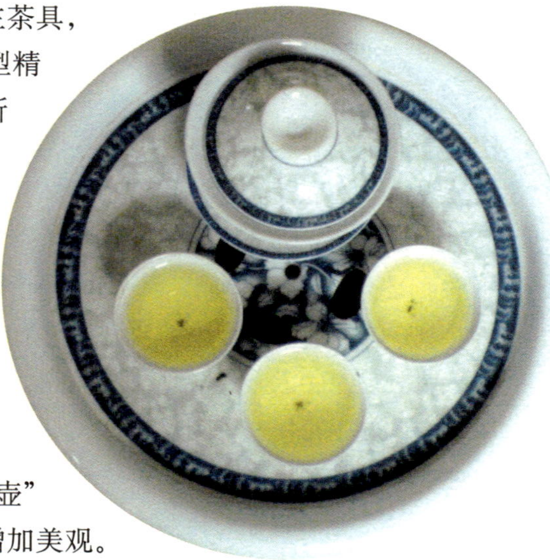

图 6-3　青花茶船

1. 茶船的实用性

茶船的好坏在于其表面的排水性是否顺畅。好的茶船可以保持泡茶平台的整洁,给人们带来健康的感观。碗状茶船优于盘状茶船,而有夹层者更优于碗状。这是因为盘状茶船蓄盛废水较少,碗状可蓄水较多,但壶的下半部浸于水中,日久天长会令茶壶上下部分色泽有差异。而有夹层的茶船既可以下层蓄废水,上层又可以实现茶船的各个功效,有利于操作与保持茶具洁净之功能。

2. 茶船的材质

目前主要用于制作茶船的材质有实木、根雕、竹材、石材、金属等。实木茶具使用较广,购买时可以根据需要决定采用哪种木材。木材的优劣决定着茶船的价值,目前市面上比较高档的实木茶船材质主要为黑檀、绿檀、酸枝红木、花梨木、鸡翅木等。根雕茶船多为福建武夷山所产树根制成,有精致雕刻,但大部分规格较大、移动不方便。石质茶船多采用砚石制作,但因较为重实名贵,且搬动不方便,多为部分文人名士所收藏,一般不作为茶艺表演用具。竹制茶船经济实惠,不仅可用做旅行茶具,也是当前茶艺表演选用最多的一种。

(二)茶壶

茶壶是一种供泡茶和斟茶用的带嘴器皿。由壶盖、壶身、壶底、圈足4部分组成。壶盖有孔、钮、座、盖等细部。壶身有口、延(唇墙)、嘴、流、腹、肩、把(柄、扳)等部分。由于壶的把、盖、底、形的细微差别,茶壶的基本形态就有近200种。泡茶时,茶壶大小依饮茶人数多少而定。茶艺表演常用的茶壶有以下几种。

1. 根据壶把造型分

侧提壶:壶把成耳状,在壶嘴对面。

提梁壶:壶把在壶盖上方成虹状者。

飞天壶:壶把在壶身一侧上方、呈彩带飞舞。

握把壶:壶把如握柄,与壶身成直角。

无把壶:无握把,手持壶身头部倒茶。

2. 根据壶盖造型分

压盖壶:壶盖平压在壶口之上,壶口不外露。

嵌盖壶:壶盖嵌入壶内,盖沿与壶口平。

截盖壶:壶盖与壶身浑然一体,只显截缝。

3. 根据壶底的不同造型分

捻底壶:茶壶底心捻成内凹状,不另加足。

钉足壶:茶壶底上有3颗外突的足。

加底壶:茶壶底加一个圈足。

4. 根据茶壶形态特征分

圆器:主要由不同方向和曲度的曲线构成的茶壶。骨肉匀称、转折圆润、隽永耐看。

方器:主要由长短不等的直线构成的茶壶。线面挺刮平整、轮廓分明,显示出干净利落、明快挺秀的阳刚之美。

塑器：仿照各类自然动、植物造型并带有浮雕半圆装饰的茶壶。特点是巧形巧色巧工，构思奇巧，肖形而不俗套；理趣兼顾，巧用紫砂泥的天然色彩，取得神形兼备的效果。如树瘿壶、南瓜壶、梅桩壶、松干壶、桃子壶等。

筋纹壶：茶壶壶体作云水纹理，口盖部分仍保持圆形。如鱼化龙壶、莲蕊壶等。

（三）茶杯

茶杯作为盛茶用具，分大小两种。小杯主要用于乌龙茶的品啜，亦叫品茗杯，是与闻香杯配合使用的；大杯也可直接作泡茶和盛茶用具，主要用于名优茶的品饮。

按照杯口形状可分为：

翻口杯：杯口向外翻出似喇叭状。

敞口杯：杯口大于杯底，也称盏形杯。

直口杯：杯口与杯底同大，也称桶形杯。

收口杯：杯口小于杯底，也称鼓形杯。

把杯：附加把手的茶杯。

盖杯：附加盖子的茶杯。

（四）盖碗

盖碗是一种上有盖、下有托、中有碗的茶具，又称"三才碗"，盖为天、托为地、碗为人。盖碗在现代茶艺中发挥着重要的作用，是应用最广泛的泡茶器具之一，适于冲泡各类茶叶，尤其是冲泡强调香气品质的茶叶，如潮汕工夫茶艺表演中常用盖碗冲泡法。

二、辅助泡茶用具

辅助泡茶用具指泡茶、饮茶时所需的各种器具，以增加美感，方便操作。

桌布　铺在桌面并向四周下垂的饰物，可用各种纤维织物制成。

泡茶巾　铺于个人泡茶席上或覆盖于洁具、干燥后的壶杯等茶具上的织物。常用棉、丝织物制成。

煮水壶　用于烧煮泡茶用水的器具，有酒精炉、炭炉和电水壶等。现代茶艺表演常用电水壶，也称为随手泡，方便快捷。

茶巾　用以擦洗、抹拭茶具的棉织物；或用做抹干泡茶、分茶时溅出的水滴，托垫壶底，吸干壶底、杯底之残水。

茶巾盘　放置茶巾的用具。竹、木、金属、搪瓷等均可制作。

奉茶盘　以之盛放茶杯、茶碗、茶具、茶食等，恭敬地端送给品茶者，显得洁净而高雅。

茶匙　从贮茶器中取干茶的工具，或在饮用添加茶叶时作搅拌用，常与茶荷搭配使用。

茶荷　古时称茶则，是控制置茶量的器皿，用竹、木、陶、瓷、锡等制成。现代茶艺表演中常用来欣赏茶的外形和置茶、分茶用。

茶针　用于疏通壶嘴，防止茶叶阻塞，使出水流畅的工具，以竹、木制成。

茶箸　泡头一道茶时，刮去壶口泡沫之具，形同筷子，也用于夹出茶渣，在配合泡茶时亦可用于搅拌茶汤。

  渣匙 从泡茶器具中取出茶渣的用具，常与茶针相连，即一端为茶针，另一端为渣匙，用竹、木制成。

  箸匙筒 插放箸、匙、茶针等用具的有底筒状物。

  茶拂 用以刷除茶荷上所沾茶末、清洁茶盘。

  茶夹 功能如同镊子，用于清洁、转移茶杯时的镊取，也常用于茶渣的清理与茶盘的清洁。

  计时器 用以计算泡茶时间的工具，有定时钟和电子秒表，以可以计秒的为佳。

  茶食盘 置放茶食的用具，用瓷、竹、金属等制成。

  茶叉 取食茶食用具，以金属、竹、木等制成。

第三节 紫砂茶具赏析

  紫砂器，又称紫砂陶，简称紫砂。它是一种以特殊陶土制成的陶器，出自江苏宜兴，因紫砂泥中铁、硅含量较高，烧制后多呈紫色，故称紫砂器。它始于唐宋，风靡于明清两代，方兴未艾，是继我国唐三彩之后又一享誉世界的古老陶艺。

一、紫砂茶器的起源

（一）紫砂茶具的起源

  关于紫砂茶具的起源，最早可追溯至北宋。1934年6月出版的《国学论衡》第三期，刊登了谈溶《壶雅》一文，该文认为"泡茶用壶……宋元已有。"其最早提出了阳羡紫砂壶宋元已有，有梅尧臣"紫泥新品泛春华"、"雪贮双砂罂"之句为证。文中提到周履道、马孝常《荆南唱合集》中有"阳羡紫砂"的记载，还提到蔡司沾《霁园丛话》：“余于白下获一紫砂罐，有'且吃茶、清隐'草书五字，知为孙高士遗物。每以泡茶，古雅绝伦”。孙高士即元朝隐士孙道明。

  20世纪60年代初期，刘汝醴《江苏紫砂工艺的发展》（南京艺术学院印行），认为紫砂创始年代，以诗词所提供的线索，可推到北宋，观点与谈溶相同。

  由以上文献可以看出，紫砂茶具的出现被认为始于北宋中叶，基本上是延续了谈溶的说法。但是在谈溶的说法中，将紫砂茶器与紫砂壶混为一谈，而实际上紫砂用具和紫砂壶并不能完全画等号。北宋诗人梅尧臣《依韵和杜相公谢蔡君谟寄茶》一诗写于宋皇佑四年。根据历史记载：皇佑三年五月间，梅尧臣由宣城乘船到汴京；九月十二日尧臣奉命到学士院面试，通过考试，由仁宗赐同进士出身，仍改太常博士，皇佑四年正月里，尧臣到汴京东门外去看马遵，结识了书法家蔡襄；庆历七年，蔡襄自知福州改福建路转运使，在建茶务（建州建安郡）监造龙凤团茶十斤上贡，作《北苑十咏》。蔡襄寄茶给梅尧臣，应是龙团茶，既然是团茶，则无需用茶壶来泡，因为人们那时大都在推崇、赞美建盏。蔡襄寄茶给梅尧臣，梅尧臣更应该赞美蔡襄寄来的茶。而"紫泥新品泛春华"一句中所谓的紫泥，可能仅指烧水、盛水的茶具，而不应该与现在泡茶的紫砂壶等同，因为宋代的饮茶习惯还没有发展到壶泡法。因此，国外的一些学者说法仅限于"紫砂器"或"紫砂茶具"。

1976年，宜兴羊角山紫砂古窑址的发现，证实了宜兴紫砂宋代已有。《宜兴羊角山古窑址调查演示文稿》所下的结论为："上限不早于北宋中期，盛于南宋，下限延至明代早期"。并在其中引用北宋梅尧臣《宛陵集》卷十五《依韵和杜相公谢蔡君谟寄茶》中"小石冷泉留早味，紫泥新品泛春华"和苏东坡"松风竹炉，提壶相呼"为其依据，从而认为"宜兴紫砂器已获得当时嗜好饮茶风尚文人的称颂"。

1989年，上海人民美术出版社出版的《宜兴紫砂》（姚迁等编著）一书认为，紫砂制器是人们生活中的实用品，又是工艺美术品，但在古代文献中，往往找不到确切的记述。现在能从书本上看到的只是诗文描写。其一，"小石冷泉留早味，紫泥新品泛春华"；"雪贮双砂罂，诗琢无玉瑕"。其二，欧阳修《和梅公仪尝茶》云："喜共紫瓯吟且酌，羡君潇洒有余清"。还有宋人作《满庭芳试茶词》云："香生玉尘，雪溅紫瓯圆"。上述诗、词句中所描写的"紫泥"、"砂罂"、"紫瓯"等都指的紫砂茶具，可见紫砂茶具在当时已为饮茶珍品，而得到名人的赞赏了。

1992年，三联书店（香港）有限公司出版的《宜兴紫砂珍赏》（顾景舟主编）一书描写："紫砂陶瓷艺术的创始，根据对一些历史文献的研究和古窑址的发掘，可以追溯到北宋中叶。"

（二）紫砂壶的起源

从可靠的史料来看，真正意义上的宜兴紫砂壶应起始于明代中期。1976年，在宜兴羊角山发现了紫砂古窑址，从羊角山出土的部分残器的制作工艺来看，与于南京1965年中华门外马家山油坊桥明代司礼太监吴经墓中出土的"紫砂提梁壶"有许多相似之处。该壶是我国目前已知有纪年可考的最早紫砂壶。该墓的主人吴经，在《明史·宦官传》中有传。该壶可视为明中期紫砂壶的标准器。如果将吴经墓出土的紫砂提梁壶与羊角山出土的紫砂残器相比较，所得出的结论，羊角山的紫砂壶上限可能就不会到北宋。如果从部分打泥片成型的残器制作工艺来判断，制作年代可能会是明中期以后，其他的捏塑成型之类的残器可能相对要早一些。

明周高起《阳羡茗壶系》有这样的记载："创始，金沙寺僧，久而逸其名矣，闻之陶家云，僧闲静有致，习与陶缸、瓮者处，抟其细土加以澄练，附陶穴烧成，人遂传用。"此书将紫砂壶的产生，归为金沙寺高僧所创。从侧面我们可得知在金沙寺中有紫砂壶了。也就是说，在明正德年间已有紫砂壶了。该书是目前已知的第一部专写"宜兴紫砂壶"的专著。

清乾隆年间吴骞编《阳羡名陶录》，清光绪年间日本人奥玄宝《茗壶图录》，民国二十六年出版的李景康、张虹的《阳羡砂壶考》等书，皆延续了周高起《阳羡茗壶系》的说法。

另外，茶书、笔记小说也都是在明中期以后才陆续开始提到紫砂壶。据《明会典》记载："洪武二十四年（公元1391年）九月，诏建中发贡上贡茶，罢造龙团，听茶户惟采茶芽以进，有司勿舆。天下茶额，惟建宁为上，其品有四：曰探春、先书、次春、紫笋。"因明太祖下诏，罢造大小龙团，惟采茶芽以进，饼茶日趋衰落，散茶兴起。饮茶方式由煮、煎改变为泡茶。新的饮茶方式的出现，必将带动和产生新的相适应的茶具出现。

正因为泡茶法的提倡与普及，便相应产生了以泡茶为主的茶壶。宜兴地区有着悠久的传统制陶制瓷技术和种茶饮茶习俗,这为以泡茶为主的紫砂壶的出现,提供了先决条件。宜兴地区的先民们,正是在明中期的这种环境气氛中,逐渐完成了在粗陶中提炼出可精加工的里外不施釉的紫砂壶。随着时间的推移,紫砂壶的制作工艺日趋完美,因而在明末有"茶壶以砂者为上,盖既不夺香,又无熟汤气"之说法。

扩展阅读　　曼生壶的由来

　　陈曼生,名鸿寿,字子恭,又号老曼、曼寿、曼云,清乾隆三十三年(公元1768年)生,道光二年(公元1822年)卒,浙江钱塘(今杭州)人,能书善画,精于雕琢,以书法篆刻成名,为西泠八家之一,艺名昭显。约在嘉庆六年(公元1801年)应科举拔贡,后任溧阳知县。嘉庆时期,开始流行文人学士与陶人合作制壶。嘉庆二十一年,陈曼生在宜兴附近的溧阳为官,结识了杨彭年,并对杨氏"一门眷属"的制壶技艺给予鼓励和支持。更因自己酷嗜砂器,于是在公余之暇,辨别砂质,创制新样,设计多种造型简洁、利于装饰的壶形。随后,曼生亲自捉刀,以俊逸的刀法,在壶上刻雄奇古雅的书体和契合茶壶本身意境的题句。

　　自此,文人壶风大盛,"名士名工,相得益彰"的韵味,将紫砂创作导入另一境界,形象地给予人们视觉上美的享受。在紫砂历史上便出现了"曼生壶"或"曼生铭,彭年制砂壶"等名词。表面看来,镌刻名士和制壶名工"固属两美",实际上,名壶以名士铭款而闻名。虽然写在壶上的诗文书画依壶而流传,但壶随字贵,这就是名垂青史的曼生壶。

　　曼生壶的特点是去除烦琐的装饰和陈旧的样式,务求简洁明快。其次是壶身大量留白,上面刻铭文诗句。壶型变换多样,简洁流畅,古朴大方。其能流传至今且对后人制壶产生深远影响的除了其壶型的设计还有其雕刻。曼生壶系列因为雕刻数量多,流传广,自成一个系列,所以在紫砂历史上是非常有影响力的。曼生壶自从其诞生的那一天起,便成为藏家追捧的珍品。据考察,曼生壶远不止十八式,至少有三十八种左右的样式。

二、紫砂壶的材质特性

　　紫砂泥属于高岭土—石英—云母类型,含有氧化硅、氧化铁、氧化钙、氧化镁、氧化锰、氧化钾等化学成分,其中含铁量较高。它的烧成温度一般在1120℃至1150℃之间。由于地质成因的关系,每处的泥矿所含铁量及其他成分的高低也不尽相同。当地一般把陶土矿土分为白泥、甲泥和嫩泥三大类。白泥是一种以灰白色为主颜色的粉砂铝土质黏土。甲泥是一种以紫色为主的杂色粉砂质黏土,又叫石骨,材质硬、脆、精。嫩泥是一种以土黄色、灰白色为主的杂色黏土,材质软、嫩、细。由于陶土中含有不同比率的氧化铁,泥料经不同比例调配,烧制的茶壶就呈现黑、紫、黄、绿、褐、赤等各种色彩。

　　现代宜兴紫砂壶所用的原料,包括紫泥、绿泥及红泥三种,统称紫砂泥。紫泥是甲泥矿层的一个夹层。紫砂泥矿体形态呈薄层状、透镜状。原料外观呈紫红色、紫色,带有浅绿色斑点,软质致密块状、斑状结构,烧后外观为紫色、紫棕色、紫黑色。由于它具有较强的可塑性、收缩率小等优点,是生产各种紫砂陶器的主要泥料,目前仅产于丁蜀镇黄龙山一带。绿泥是紫泥砂层中的夹脂,故有"泥中泥"之称。绿泥量小,泥嫩,耐火力低,一般多用做壶身的粉料或涂料,增强紫砂陶的装饰性。红泥(又称朱泥)是位于嫩泥和矿

层底部的泥料，矿形不规则，主要分布于丁蜀镇西香山附近。红泥的土质特点是含氧化铁成分高。这也是壶烧成后成为红色的主要原因。

为了丰富紫砂陶的外观色泽，满足工艺变化和创作设计的需要，可以把几种泥料混合配比，或在泥料中加入金属氧化物着色剂，使产品烧成后呈现天青、栗色、深紫、梨皮、朱砂紫、海棠红、青灰、墨绿、黛黑等诸种颜色。若杂以粗砂、钢砂，产品烧成后珠粒隐现，产生新的质感。近年来还试制成功了醮浆红泥，仿金属光泽液等化妆土，丰富了产品的色彩。

紫砂泥的材质特点，归结起来，有如下几个方面：

（一）可塑性好

紫砂泥料的可塑性好，生坯强度高，干燥收缩率小，烧成范围宽，稳定性好，产品在烧制过程中不易变形。其中紫泥的收缩率约为10%。由于具有好的可塑性，可任意加工成大小各异的不同造型。制作时黏合力强，但又不黏工具不黏手。如嘴、把均可单独制成，再粘到壶体上后可以加泥雕琢加工施艺；方型器皿的泥片接成型可用脂泥（多加水分即可）粘接，再进行加工。这种可塑特性为陶艺家充分表达自己的创作意图，施展工艺技巧，提供了物质保证。

（二）干燥收缩率小

紫砂陶从泥坯成型到烧成收缩约8%左右，烧成温度范围较宽，变形率小，生坯强度大，因此茶壶的口盖能做到严密合缝，造型轮廓线条规矩严而不致扭曲。把手可以比瓷壶的粗，不怕壶口面失圆，这样与嘴比例合度，另外可以做敞口的器皿及口面与壶身同样大的大口面茶壶。

（三）紫砂泥本身不需要加配其他原料就能单独成陶

成品陶中有双重气孔结构，一为闭口气孔，是团聚体内部的气孔；一为开口气孔，是包裹在团聚体周围的气孔群。这就使紫砂陶具有良好的透气性。气孔微细、密度高，因而具有较强的吸附力，而施釉的陶瓷茶壶几乎没有这种功能。同时茶壶本身是精密合理的造型，壶口壶盖配合严密，位移公差小于0.5mm，从而减少微生物进入壶内的可能。因而，能较长时间保持茶叶的色香味品质，相对地推迟了茶叶变质发馊的时间。其冷热急变性能也好，即便开水冲泡后再急入冷水中也不炸不裂。还可以放置炉上文火煮茶，不易烧裂。

（四）紫砂壶传热缓慢，提握抚拿不烫手

尤其全手工制作的壶，透气性好，如若经常摩挲，表面会自发光泽，手感会越益温润细腻。这也是其他质地的陶土无法比拟的。

（五）紫砂壶能吸收茶汁，壶内壁不刷，沏茶而绝无异味

紫砂壶经久使用，壶壁积聚"茶锈"，以致空壶注入沸水，也会产生茶香，这与紫砂壶胎质具有一定的气孔率有关，是紫砂壶独具的品质。因为这个特性，决定了不同的茶叶要用不同的紫砂壶，以免香气混杂，影响原汁原味。有人甚至苛刻到一个紫砂壶只泡固定档次差不多的一种茶，也就是说，即便是泡普洱茶，档次不同，则用不同的紫砂壶冲泡，

而不是千篇一律地只用一个紫砂壶。

三、紫砂壶鉴赏与评价

紫砂艺术的美学内容丰富多彩。方器、圆器、筋纹器、仿真象形器，组成紫砂造型艺术的主旋律。光货的简洁明了、方货的稳重端庄、筋纹器的严谨挺括，表现出紫砂传统艺术美。现代意念的参与，点、线、面、块的结合，创造出紫砂现代意念美。紫砂的成型工艺技法世界独一，全方位的展示手工艺品的独到之处都是其他陶器成型方法所不能比拟的。"打身筒法"和"镶身筒法"的创造、利用、掌握，更是宜兴紫砂的独创，这也是在世界陶瓷领域中独一无二的。宜兴紫砂的陶艺装饰，以中国传统的金石书画为主题，另外施以嵌、绘、彩、釉、塑、贴、漆、镶、镂等技艺，巧妙地利用紫砂材质和其他一切材质，与造型有机结合，形成鲜明的民族特点、地域特点、文化特点。它所包含的感性美和理性美的双重内涵，所带来的视觉美和触觉美的双重感受，体现了紫砂所特有的肌理美、静态美、古朴美、典雅美，从而独步于装饰艺术之林，迥然不同于外国陶瓷和国内其他陶瓷产品，别具一格，独领风骚。因此，评价和欣赏一把壶也需要具有一定的审美素养。

通常评价一把紫砂壶的优劣主要从3个方面考虑：造型、做工、实用性。一件好的作品应具备结构合理、制作精湛和实用性强的特点。所谓结构合理，是指壶的嘴、把、盖、钮、脚应与壶身整体比例协调。制作精湛，是指制作水平高超，作品"精、气、神"俱佳。实用性强，是指容积和重量恰当，壶把便于执握，壶盖周围合缝，壶嘴出水流畅，同时要考虑色泽和图案的脱俗和谐。这3个方面是评价壶艺优劣的重要准则。

如果抽象地讲紫砂壶艺的审美，可以总结为形、神、气、态这4个要素。形，即形式的美，是作品的外轮廓，也就是具体的面相；神，即神韵，一种能令人意会体悟出精神美的韵味；气，即气质，壶艺所内涵的本质美；态，即形态，作品的高、低、肥、瘦、刚、柔、方、圆等各种姿态。从这几个方面能贯通一气的紫砂壶，才是一件真正完美的好作品。

一件新的作品，应该在领悟到美的本质以后再加以评点，以这样的审美态度为出发点，才能赢得爱好紫砂者的共鸣。当然，作为一件实用工艺美术品，它的适用性也非常重要。使用上的舒服感可以愉悦身心，引起和谐的兴致。因此，要依据饮茶的习惯、风俗，有选择地考虑壶体的容量，壶嘴的出水流畅，壶把端拿省力舒适等因素。

当今，鉴定宜兴紫砂壶优劣的标准归纳起来，可以用5个字来概括："泥、形、工、款、功"。前4个字属艺术标准，后1个字为功用标准，分述如下：

（一）泥

一把好的紫砂壶固然与它的制作分不开，但究其根本，是其制作原材料紫砂泥的优越。根据现代科学分析，紫砂泥的分子结构确有与其他泥不同的地方，就是同样的紫砂泥，其结构也不尽相同。这样，由于原材料不同，带来的功能效用及给人的官能感受也就不尽相同。

虽然泥色的变化，只给人带来视觉感官的差异，与其使用的功能无关；但紫砂壶是实用功能很强的艺术品，尤其由于使用的习惯，紫砂壶需要不断抚摸，让手感舒服，以此达到心理愉悦的目的。近年来流行的铺砂壶，正是强调这种质表手感的产物。好的紫砂泥具

图 6-4 紫砂壶的不同圆器、方器、自然形、筋纹形等造型

有"色不艳、质不腻"的显著特性。所以，选购紫砂壶应就紫砂泥的良莠加以考量。

（二）形

紫砂壶的形状大致可分为 3 种：几何形、自然形、筋纹形。在紫砂圈内人士则分别称之为"光货"、"花货"、"筋瓢货"。几何形即光货，自然形即花货，筋纹形就是筋瓢货。紫砂壶之形，素有"方非一式，圆不一相"之赞誉。可以说，造型千姿百态、古朴典雅既是历代制壶艺人遵循的法则，也是紫砂壶艺区别于其他工艺品的造型特征。数百年来，历代紫砂艺人广泛吸收传统艺术的精华，有机地融入自己的造型艺术中来，使他们手中的紫砂壶成为美的艺术品。

如何评价紫砂茶具的造型，历来都是"仁者见仁，智者见智"，因为艺术的社会功能就是满足人们的心理需要，不同的人对艺术的理解与偏好是各不相同的。一般来说，选择一把好的紫砂壶，造型风格上以古拙为最佳，大度次之，清秀再次之，趣味又次之。因为紫砂壶作为茶文化的组成部分，它追求的意境，也应该与茶艺所追求的"淡泊平和，超世脱俗"的意境相一致，所以造型以古拙为最佳。历史上遗留下来许多传统造型的紫砂壶，例如"石瓢"、"井栏"、"僧帽"、"掇球"、"茄段"、"瓜菱"、"仿古"等优秀作品，虽然经过无数代的变迁，用今天的眼光来欣赏，仍然具有独到的艺术特色。

（三）工

传统的紫砂茶壶成型主要是纯手工制作，不同的工艺师有不同的制作风格。一把好的紫砂壶除了壶的流、把、钮、盖、肩、腹、圈足应与壶身整体比例协调外，其长短、粗细、高矮、方圆、线条的曲直、刚柔和稳重饱满等各方面也应与壶身相协调。在判断其优劣时，可以从以下几个方面着手：点、线、面的过渡转折是否交待清楚与流畅；注意观察壶面是否圆润、光滑而有质感；用手触摸壶内壁，看是否精细；察看壶盖是否有破损；总体上感觉壶形是否自然。

通常壶盖的制作也能显示出其工艺技术水平。制作精良的圆形壶盖能通转而不滞，准合无间隙摇晃，倒茶也没有落帽的担忧；而方形壶盖，无论从任何角度盖上，均能吻合得天衣无缝。常见的壶盖问题主要有：方器壶盖只能按一个方向盖上；有的圆盖在烧制过程中有变形；有的壶盖大小不当，壶盖内径过小。上述壶盖的优缺点也是评价紫砂壶工艺技术的标准之一。

（四）款

"款"即壶的款识。鉴赏紫砂壶款的意思有两层：一层意思是鉴别壶的作者是谁，或题诗镌铭的作者是谁；另一层意思是欣赏题词的内容、镌刻的书画，还有印款（金石篆刻）。紫砂壶的装饰艺术集中国传统艺术"诗、书、画、印"四艺为一体。一把好的紫砂壶不仅在泥色、造型、制作工夫上，而且在文学、书法、绘画、金石诸多方面，带给赏壶人美的享受。

紫砂壶的款识一般位于壶的盖内、壶底、把梢、壶腹4个部位。用于壶盖，则处于盖内孔的一侧；用于壶底，一般处于中间的位置；用于把梢，一般位于梢下壶腹上；用于壶腹，则用于诗句、画的结尾处。其使用部位恰当，在一定程度上对壶起到了装饰作用。相反，如果壶上无铭刻诗句和画，仅在壶腹正中部位署一姓名款识，必然不是名家所为。

（五）功

"功"是指壶的功能美。紫砂壶与别的艺术品最大的区别，就在于它是实用性很强的艺术品，因此，紫砂壶用于泡茶注水的功能性应优先考虑。优良的实用功能是指其容积和容量恰当，高矮得当，大者容水数升，小者仅纳一杯之量；壶把便于端拿，重心稳当；口盖严谨，出水流畅；让品茗沏茶者可以得心应手地使用。按目前家庭的饮茶习惯，一般二至五人聚饮，宜采用容量350ml的紫砂壶为佳，无论手拿手提都只需举手之劳，所以人称"一手壶"。近年来，紫砂壶新品层出不穷，如群星璀璨，让人目不暇接。制壶工艺师在讲究造型的形式美时，容易忽视其功能美。

通过以上内容，我们了解了紫砂壶欣赏的大致标准。那么，在挑选手工紫砂壶过程中还应该注意哪些细节呢？

（1）要注意紫砂壶的口盖处理。因为盖是根据壶口大小而制作的，所以要使其冲泡不脱落，互相结合而无间隙。口盖主要形式有3种：一是嵌盖，有平嵌盖及虚嵌盖之分，制品能达到"准缝无纸发之隙"者属于上品。二是压盖，即覆压于壶口之上的样式，有方圆两种。设计时要求壶盖直径略大于壶口面的外径，俗称"天压地"。三是截盖，这是同一曲线或直线组成的形体分割为壶盖和壶体的一种样式，如梨式壶、茄段壶，截盖造型简练，整体感强，制品要大小适合，外轮廓线也要互相吻合，所以成型技术要求较高。

（2）要注意紫砂壶嘴、壶把和壶钮的处理。观察壶嘴的根部，看是否结合自然，如果不自然，则该壶质量不高。因为大部分茶具制作者经常在泥片结合处粘合壶嘴，由此可以掩饰泥片结合时的不足，所以应该注意壶口结合处的情况。处理壶嘴的工艺要点有三：第一，壶嘴造型要适合水流曲线，壶嘴的长短、粗细及在壶体上的安装位置要恰当；第二，壶嘴内壁一定要光滑通畅，壶身出水网眼要多；第三，壶身上的通气孔大小要合适，气孔要内大外小成喇叭形，这样不容易被水气糊住，注茶时空气能及时进入壶内。

壶把的形式，有端把、横把、提梁3种。端把壶即最常见的执壶。横把是用在茶器上的式样，以圆筒形为多。提梁壶的形式源于瓦罐、铜壶，其提梁大小与壶体要协调，不宜过高。还有用金属或竹藤做的活络提梁，丰富了质感对比和艺术效果，因此更具装饰性。

壶钮的形式，有球形、桥形、牛鼻形、瓜柄形、树桩形和生肖动物等。紫砂壶形制高的常用圆球形钮，矮的用桥形钮，而花货则用瓜柄形、生肖形动物的多。

壶嘴、壶钮在与壶体连接上，处理时要使其嘴、把与壶身浑然一体，且有舒展流畅的造型特色。在一般的制作过程中，要求壶嘴、壶口和壶把三者的顶点在同一直线上。

（3）要注意紫砂壶底足的处理。底足形式可分一捺底、加底和钉足三种。用一捺底处理的圆器造型紫砂壶，更显简练、灵巧。加底是壶体成型后加上的一道泥圈，又称"挖足"。钉足有高矮之分，一般用于底大口小的壶类造型。底足也是构成紫砂壶造型的一个重要部分，底足的形式与尺寸的大小，直接影响着壶的造型和放置是否稳当。所以要处理好底足，才能使紫砂壶成品达到既实用又美观的要求。

第四节　茶具的选配和使用

所谓"良具益茶，恶器损味"，茶具的选配和使用是一门学问，除了茶具本身的功能性和文化性外，还应做到最大限度地发挥茶的品质特征。

一、休闲型茶艺茶具的选择原则

茶类品种和花色、茶具的质地和式样、饮茶地域以及不同人群，都对饮茶器具有着不同的要求。在茶具选择上，可以根据以下4点进行。

（一）根据所泡茶叶选配茶具

茶具与茶叶搭配自古就有讲究，最基本的原理是茶具的配备能最好地表现茶的品质。如在唐代，人们喝的是饼茶，茶须烤炙研碎后，再经煎煮而成，这种茶的茶汤呈"淡红"色；而越瓷为青色，倾入"淡红"色的茶汤，呈绿色。陆羽从茶叶欣赏的角度，提出了"青则益茶"，认为以青色越瓷茶具为上品。在宋代，饮茶习俗逐渐由煎煮改为"点注"，团茶研碎经"点注"后，茶汤色泽已近"白色"了。这样，唐时推崇的青色茶碗也就无法衬托出"白"的色泽。而此时作为饮茶的碗已改为盏，这样对盏色的要求也就起了变化："盏色贵黑青"，认为黑釉茶盏才能反映出茶汤的色泽。现今，茶叶种类繁多，人们对茶具的种类与色泽，质地与式样，以及茶具的轻重、厚薄、大小等，提出了新的要求。主要体现在以下几个方面：

(1) 饮用花茶，为有利于香气的保持，可用壶泡茶，然后斟入瓷杯饮用。

(2) 饮用大宗红茶和绿茶，注重茶的韵味，可选用有盖的壶、杯或碗泡茶。

(3) 饮用乌龙茶则重在"啜",宜用紫砂茶具泡茶;饮用红碎茶与工夫红茶,可用瓷壶或紫砂壶来泡茶,然后将茶汤倒入白瓷杯中饮用。

(4) 品饮西湖龙井、洞庭碧螺春、君山银针、黄山毛峰等细嫩名茶,则用玻璃杯直接冲泡最为理想。

(5) 至于其他细嫩名优绿茶,除选用玻璃杯冲泡外,也可选用白色瓷杯冲泡饮用。

但不论冲泡何种细嫩名优绿茶,茶杯均宜小不宜大,主要有以下几点原因:①大则水量多,热量大,会将茶叶泡熟,使茶叶色泽失却绿翠。②会使芽叶软化,不能在汤中林立,失去姿态。③会使茶香减弱,甚至产生"熟汤味"。此外,冲泡红茶、绿茶、黄茶、白茶,也可使用盖碗。

在我国民间,还有"老茶壶泡,嫩茶杯冲"之说。这是因为:①较粗老的老叶,用壶冲泡,一则可保持热量,有利于茶叶中的水浸出物溶解于茶汤,提高茶汤中的可利用部分。②较粗老茶叶缺乏观赏价值,用来敬客,不大雅观,这样,还可避免失礼之嫌;而细嫩的茶叶,用杯冲泡,一目了然,同时获得物质上和精神上的双重享受。

(二)根据各地风俗习惯选择茶具

中国地域辽阔,各地的饮茶习俗各不相同,故对茶具的选择也不一样。其表现如下:

(1) 长江以北一带,人们喜爱选用有盖瓷杯冲泡花茶,以保持花香,或者用大瓷壶泡茶,再将茶汤倾入茶盅杯饮用。

(2) 长江三角洲沪杭宁和华北京津等一些大中城市,人们爱好品细嫩名优茶,既要闻香,啜味,还要观色,赏形,因此,特别喜欢用玻璃杯或白瓷杯泡茶。

(3) 江、浙一带的许多地区,饮茶注重茶叶的滋味和香气,喜欢选用紫砂茶具泡茶,或用有盖瓷杯沏茶。

(4) 福建及广东潮汕地区,习惯于用小杯啜乌龙茶,故选用"烹茶四宝":即潮汕风炉(粗陶炭炉,专作加热之用)、玉书碨(瓦陶壶,高柄长嘴,架在风炉之上,专作烧水之用)、孟臣罐(比普通茶壶小一些的紫砂壶,专作泡茶之用)、若琛杯(半个乒乓球大小的小茶杯,每只只能容纳 10~20ml 茶汤,专供饮茶之用)。小杯啜乌龙,与其说是解渴,还不如说是闻香玩味。这种茶具往往又被看做是一种艺术品。

(5) 四川人饮茶特别钟情盖碗茶,喝茶时,左手托茶托,不会烫手,右手拿茶碗盖,用以拨去浮在汤面的茶叶。加上盖,能够保香,去掉盖,又可观姿察色。选用这种茶具饮茶,颇有清代遗风。至于我国边疆少数民族地区,至今多习惯用碗喝茶。

(三)根据消费者的不同选择茶具

不同的人用不同的茶具,这在很大程度上反映了人们的不同地位与身份。在陕西扶风法门寺地宫出土的茶具表明,唐代皇宫贵族选用金银茶具、秘色瓷茶具和琉璃茶具饮茶。清代的慈禧太后对茶具更加挑剔,她喜欢用白玉作杯、黄金作托的茶杯饮茶。而历代的文人墨客,都特别强调茶具的"雅"。清代江苏溧阳知县陈曼生,爱茶尚壶。他工诗文,擅书画、篆刻,以至于与制壶高手杨彭年合作制壶,由陈曼生设计,杨彭年制作,再由陈曼生镌刻书画，作品人称"曼生壶"，为鉴赏家所珍藏。现代人饮茶时，对茶具的要求虽然没那么严格，但也根据各自的饮茶习惯，结合自己对壶艺的要求，选择最喜欢的茶具。而一旦宾客登门，则总想把自己最好的茶具拿出来招待客人。

另外，职业、年龄以及性别不同，对茶具的要求也不一样。如老年人讲究茶的韵味，要求茶叶香高味浓，重在物质享受，因此，多用茶壶泡茶；年轻人以茶会友，要求茶叶香清味醇，重于精神品赏，因此，多用茶杯沏茶。男人习惯于用较大素净的壶或杯斟茶；女人爱用小巧精致的壶或杯冲茶。脑力劳动者崇尚雅致的壶或杯细品缓啜；体力劳动者常选用大杯或大碗，大口急饮。从工艺水平上讲，性格开朗的人欣赏大方且有气度、简洁而明亮的造型；温柔内向的人，就喜欢做工精巧、雕琢细致繁复而多变的茶壶；美籍华人喜欢浪漫的现代风格或超现实的造型；老人想长寿壶，做官的要福寿壶，想赚钱的要元宝壶、金钱壶，或希望能保佑他们消灾避难的济公活佛壶等。文化人喜欢在壶中加入茶文化的内涵，其中也包括诗词铭文、书画的镌刻。

（四）根据茶艺需要选择茶具

在选用茶具时，尽管人们的爱好多种多样，但以下三个方面却是都需要加以考虑的：一是要有实用性；二是要有欣赏价值；三是有利于茶性的发挥。不同质地的茶具，这三方面的性能是不一样的。一般说来，主要表现如下：

（1）瓷器茶具。保温、传热适中，能较好地保持茶叶的色、香、味、形之美，而且洁白卫生，不污染茶汤。如加上图文装饰，又含艺术欣赏价值。

（2）紫砂茶具。用它泡茶，既无熟汤味，又可保持茶的真香。加之保温性能好，即使在盛夏酷暑，茶汤也不易变质发馊。但紫砂茶具色泽多数深暗，用它泡茶，不论是红茶、绿茶、乌龙茶，还是黄茶、白茶和黑茶，对茶叶汤色均不能起衬托作用，对外形美观的茶叶，也难以观姿察色。

（3）玻璃茶具。透明度高，用它冲泡高级细嫩名茶，茶姿汤色历历在目，可增加饮茶情趣，但它传热快，不透气，茶香容易散失，所以，用玻璃杯泡花茶，不是很适合。

（4）搪瓷茶具。具有坚固耐用、携带方便等优点，所以在车间、工地、田间，甚至出差旅行，常用它来饮茶，但它易灼手烫口，也不宜用它泡茶待客。

（5）塑料茶具。因质地关系，常带有异味，这是饮茶之大忌，最好不用。另外，还有一种无色、无味、透明的一次性塑料软杯，在旅途中用来泡茶也时有所见，那是为了卫生和方便旅客，杯子又经过特殊处理，这与通常的塑料茶具相比，应另当别论了。20世纪60年代以来，在市场上还出现一种保暖茶具，大的如保暖桶，常见于工厂、机关、学校等公共场所；小的如保暖杯，一般为个人独用。用保暖茶具泡茶，会使茶叶因泡熟而使茶汤泛红，茶香低沉，失却鲜爽味。用来冲泡大宗茶或较粗老的茶叶较为合适。至于其他诸如金玉茶具、脱胎漆茶具、竹编茶具等，或因价格昂贵，或因做工精细，或因艺术价值高，平日很少用来泡茶，往往作为一种珍品供人收藏或者作为一种礼品馈赠亲友。

二、表演型茶艺对茶具的要求

（一）优良的工艺是技术性的保障

优良的工艺是指茶具在制造上的精良程度。如玻璃杯，应外形无缺陷，透明度高，大小适宜，不能使用残次商品；盖碗杯的瓷质应细腻光滑，杯身特别是内壁应洁白、无瑕，盖与杯圆弧相配；紫砂壶应质地细腻、制作精细，无论方圆皆构思精妙，具有高雅的气度，透出韵律感，在密封性、摆放平稳、出水润畅、无滴水等方面均符合要求。切忌贪便宜购进粗制滥造或泡浆、打蜡的劣质品。

（二）风格独特是器具的个性化选择

茶具的独特风格是茶道艺术中极富魅力的重要组成部分，因此在茶具的选配上应当追求多样化的茶具组合风格，体现个性化追求。茶具的个性化主要表现在造型、色彩、文化内容等三个方面。茶具的造型应富含创意、神形兼备；色彩上或高雅、或富丽、或恬淡，追求返璞归真，反对矫揉造作；文化内容上，壶杯用具往往绘以山水，书以诗词，琢以细饰，以增添茶具的文化内涵。

（三）组合和谐是赏心悦目的前提

茶器具的组合应和谐相配，给人以赏心悦目的感受。其中尤其应注意各种器具在材质上能否互相映照、沟通，共同形成一种气质；在造型体积上能否做到大小配合得体，错落有致，高矮有方，风格一致，力戒杂乱无绪。

（四）观赏把玩是文化品位的追求

茶器具的观赏性、把玩功能是所有茶人共同追求的。因此在满足使用功能的前提下，应努力满足观赏把玩的需要。特别是壶、杯、盏及使用频繁的"茶匙组合"应予以重视。市场上常见的由茶则、茶针、茶匙、茶夹、漏斗组成的"茶匙组合"，一般为木制品、竹制品。这些组合常出现的问题有材质低劣；制作粗糙笨大；造型俗气；比例不当；使用不顺手等。这不仅影响了艺茶特别是茶艺表演的流畅进行，更无欣赏价值可言。而有的小件组合，件件细致精妙，即使是一枝茶针，却可加工精细，设计成一细竹枝，枝身细圆光滑，竹节显露，执手处两片竹叶细腻灵动，如临风摇曳。虽然是件小玩意，却可容茶人把玩一番。至于紫砂壶、瓷质杯、盏的艺术性更是品相、气韵变化万千，文化内容融入渗出，在艺茶中更显雅趣。

第七章 茶艺表演中的环境布置

茶艺表演的环境，包括茶艺表演的外部环境和内部环境。对于外部环境，茶艺讲究的是野幽清静、回归自然。在悠然的自然环境中品茶，茶人与自然容易沟通，茶人在表演时气质也在自然中流露出来，忘却凡尘，达到精神上的升华。茶艺表演者通过对表演环境的营造，可以将茶中无法言喻的深味，体悟得更加深远。品至忘情之时，或知交、或故友、或清风明月、或松竹之下、或山川云雾、或明窗净几，无一不在茶中，也无一不在乐中了。茶艺表演空间的环境布置应该雅致协调，要如何设置茶艺表演的优雅环境呢？茶艺表演环境布置的一般要求是：表演环境要幽雅；茶席摆放、装饰点缀要规范协调，特色鲜明，主题明确，格调高雅；植物摆放恰当，灯光柔美，多维空间的视觉效果良好，整体气氛要静、雅、和、美，充分体现人文气息、自然气息和茶艺内涵的有机融合。以下从室内环境布置、茶席设置、饰物配置和背景音乐设置等几方面来加以详述。

第一节 茶艺表演的室内设置

近年来，我国茶艺馆行业发展迅速，主要得益于各茶艺馆推出的茶艺表演。室内休闲型茶艺表演俨然成了茶艺表演的主流。而茶艺馆作为茶艺表演的主要场所，既充当着文化知识传承的载体，又是爱茶之人身心休养之地；既是大众信息传播的渠道，又是各种民事活动的交流场所。环境布置的好坏，不仅体现了茶艺表演者的文化品位，还直接影响了泡茶者和饮茶者的心情。因此，休闲型茶艺表演时的室内环境设置显得非常重要。

一、茶艺馆表演环境的美学基础

茶艺馆表演环境设置是因地制宜地将茶艺馆有限的使用面积和空间进行科学的、合理的、全面的安排，以满足室内茶艺表演的需要。茶艺馆环境设置主要是围绕功能与实体的交替变换，以及茶艺风格在茶艺馆中的集中体现与含蓄表达来开展的。茶艺馆因为其行业的特殊性，所以在其环境设计上美学要求更为严格。

（一）茶艺馆环境设计的美学特征

茶艺馆的环境设计和其他室内装修设计一样，装修与设计两者既分离又相互补充。室内设计是艺术思维活动，是策划，是蓝图；装修是实现室内设计构想的表现与实践，是室内设计的延续过程，它将设计变为现实。室内设计在前，装修在后；室内设计是指令，装修是完成。

柳宗元强调"天人合一"的美学思想。完美的设计应该是使用者的审美情趣和审美心理产生共鸣,设计才真正具有了实际意义上的美学效应。一个成功的茶艺馆设计也应如此。任何一个完美的设计都包括统一与变化的协调与控制。统一就是整体要相对一致,包括了设计手法的统一、形线的协调、造型外观的类似,这些都是"统一"的表现形式;变化就是要有灵性,不会给人一种死板的感觉,有活的感觉,如外形的对比、色彩对比、设计形态的特异、材质的肌理对比、空间的方圆分割等都是"变化"的表现形式。

(二)设计的形式美学法则

设计的形式美学法则有3个:适度美、均衡美与韵律美。

适度美分两部分:一是以审美主体的生理适度美感为中心;二是以审美主体的心理适度美感为中心。例如茶艺馆设计中的天窗开放,让阳光从天窗中照射进来,使跨度很深的建筑透过小的空间得到自然光的沐浴。使人们在生理上感到光线愉快舒服的感觉,心理上不会感到自己被限制在一个封闭的空间里,潜在的心理反应让人感到房间与外面的大自然同呼吸,这样心理上就有了默契。

均衡美主要体现在形、色、力、量。形:设计各元素构件的外观形态对比,例如天棚圆形与空间界定的方形。色:色彩设置的量感上,如暖灰色与局部冷色。力:室内装修形式的重力性均衡。量:视觉面积的大与小。

韵律美:韵重于变化,律则重于统一。通过室内设计形态上的点线面的有规律的重复变化,在形的渐变,色彩由暖至冷、由明至暗、由纯至灰,材质的不同表象层次呈现等方面来具体体现。

(三)文化基础

现代室内设计风格一是回归自然化。随着环境保护意识的加强,人们向往自然,呼唤绿色设计,强调与室外的大自然的交流,选用天然材料,寻其自然纹理的亲切感。二是在设计上反映个性化。三是设计高度现代化。四是探询人情味的设计意念。要注重人的内心世界的心理需求,研究人的心理平衡,让人们在喧哗匆忙中,置身于一个富有人情味的建筑空间里。这也就是茶艺馆装修设计的初衷,顺着这个方向将茶文化的意念充分地融入设计中。

茶文化是饮茶生活过程中表现出来的精神现象。茶艺馆就是一个传播体现茶文化的重要场所。通过茶艺馆所营造的茶艺氛围,使人们在饮茶过程中获得文化的熏陶和精神的洗礼,是茶艺馆装修设计所必须遵循的前提和关键。

二、茶艺表演中的茶席设计

(一)茶席设计的概念

简单来说,茶席设计就是泡茶时用具的布置和摆放。浙江大学童启庆教授在《影像中国茶道》一书中解释为:"茶席,是泡茶、喝茶的地方。包括泡茶的操作场所、客人的坐席以及所需气氛的环境布置。"中国茶叶博物馆周文棠副研究馆员认为"茶席是根据特定茶道所选择的场所与空间,需布置与茶道类型相宜的茶席、茶座、表演台、泡茶台、奉茶处所等。茶席是沏茶、饮茶的场所,包括沏茶者的操作场所、茶道活动的必需空间、奉茶处所、宾客的坐席、修饰与雅化环境氛围的设计与布置等，是茶道中文人雅士的重要内容之一。茶席设计与布置包括茶室内的茶座、室外茶会的活动茶席、表演型的沏茶台等。"上海茶道专家乔木森则在《茶席设计》一书中表述为"所谓茶席设计，就是指以茶为灵魂，以茶具为主体，在特定的空间形态中，与其他的艺术形式相结合，所共同完成的一个有独立主题的茶道艺术组合整体。茶席是静态的，茶席演示是动态的。静态的茶席只有通过动态的演示，动静相融，才能更加完美地体现茶的魅力和茶的精神。" 由此可见茶席是一种物质形态，虽在实际内容上划分得不太清楚，但我们可以知道，茶席是指与饮茶、泡茶等有关的环境布置，具有丰富的艺术性，但又要具有实用性，既可以作为一种独立的艺术展示，又可以和茶艺表演一起进行展示。

茶席其实是一种对话，人与茶，人与器，茶与器，人与人。多种的话语叠加，传递的是一个共同的语言。茶席只是一种表达，从来都不是孤立存在的，要符合泡茶逻辑，这个逻辑包含了对茶的解读。茶席还要有空间深度，能够以席与茶客人之间无语交流，从而走向对茶更全面的感受。

（二）茶席设计的基本要素

1. 茶叶

茶是茶席设置的灵魂，也是整个茶艺表演的基础物质和思想构成。茶艺表演是因茶而存在的，茶也是茶文化艺术的表现形式。中国有六大茶类，不同茶类有不同的形状、色泽和香气特征，极具观赏价值。茶，因产地、形状、特性不同而有不同的品类和名称，通过泡饮可实现其价值。所以在茶艺表演过程中，表演者要把茶叶作为主角展示给观众欣赏，故首先把干茶放在茶台的最正面、最前面，或者由泡茶人员亲自走下表演台展示给宾客欣赏。在投茶之前，要清洗茶具，以此表示茶具是洁净的。茶在泡的过程中，也尽量用动作、姿态、茶具等展示茶品的动静之美，如绿茶在冲泡过程中用玻璃杯展示其开展过程的动态美，使其韵味之美历历在目，给欣赏者以丰富的想象空间。

2. 茶具组合

茶具组合是构成茶席设置的基础，也是茶艺表演构成的因素主体之一。其基本特征是实用性和艺术性的相融合。实用性决定艺术性，艺术性又服务于实用性。茶具组合表现形式具有整体性、涵盖性和独特性，因此，在它的质地、造型、体积、色彩和内涵方面，应作为茶席设计的重要因素加以考虑，并使其在整个茶席设置中处于最显著的位置，以便对茶席进行动态的演示。

茶具组合首先是表现在实用性上，即茶艺表演过程中都能够很好地发挥作用，而不是仅仅摆出来展示一下。茶具组合可分为两种类型，一种是在茶艺表演过程中必不可少的个件，比如煮水壶、茶叶、茶叶罐、茶则、品茗杯等。另一种是功能齐全的茶艺组件，茶艺组件基本上包括了所有辅助用具，如茶荷、茶碟、茶针、茶夹、茶斗、茶滤、茶盘、茶巾和茶几等，可以根据茶艺表演需要进行选配。实用性还表现在茶器具的功能协调性上。如在表演时所用的茶壶太小，而品茗杯太多的话，茶汤就不够分配。又如在泡条索粗松的凤凰单丛或者武夷岩茶时，所用紫砂壶口太小或者盖碗太小的话，就不能泡出茶的最佳品质。

茶具组合的艺术性主要体现在赏心悦目上，它包括了茶具本身所具有的艺术特性，如茶具的质地、大小、形状、色彩、照应等，以及茶具的摆设艺术。茶具摆设的艺术效果，包含茶具摆布的位置、方向和大小排列等；茶具排列方式还有节奏、反复、形态等，以及茶具与环境、服饰的呼应与和谐等。

泡茶器具组成依据茶艺类型、时代特征、民俗差异、茶类特性等应有不同的配置。茶具与附属器具的艺术处理主要体现在视觉效果和艺术氛围的表达上。比如泡茶时放置3个玻璃杯在泡茶台上，会显得很单调、死板，如果配上竹制的茶托来衬托，再用茶盘来盛装，配上柔和的桌布，在视觉层次上就会显得丰富，不同材质器具的变化也带来了对比效果和节奏协调感。此外，颜色也需要相应的对比和调和，整体上协调一致，层次上应富有变换。比如用青花瓷具来泡茶，旁边用嫩绿细竹作背景，能让人感觉神清气爽，如沐春风。

茶具形式和排列上，需要考虑对称和协调原则。比如，前后高矮适度的原则：能让欣赏者看得清晰；左右平衡的原则：壶为主、具在中、配套用具分设两侧；均匀摆布的原则：不同茶具之间距离要均匀，不松不紧，整体上有平衡感觉，符合传统的审美观念。在艺术处理上要充分体现茶器具的质感、造型、色调、空间的选择与布置，增加观赏价值，丰富表演的形式，进一步突出茶艺表演的主题和风格。

3. 泡茶台与桌布设置

人们在茶艺实践过程中总结了许多泡茶台的形式，根据不同的性质有不同形式的泡茶台，比如有伸缩自如、活动方便的，有质地雅致、造型优美的，有便于废水倾注和盛放的等。无论是什么形式，茶艺表演的泡茶台总体要求是：要有高低相配套的凳子；要与表演者的身材比例相协调；其长宽、大小、形状要与茶艺表现主题一致；与茶器具的多少、排列形式等相一致。如果没有相应美观的泡茶台，也可以用其他高度差不多的桌子代替，为了美观，可再铺上茶艺表演所需要的桌布即可。

桌布是茶席整体或者局部物件摆放下的铺垫物，也是布艺和其他物质的统称。坚硬的茶台铺上一层柔软的桌布，可避免茶桌上器具在摆放过程中发生不必要的碰撞，还可凭借其自身的特征和性质，辅助器具一起完成茶席设置，来共同表达茶艺表演的主题。

桌布的质地、色彩、大小、花纹等都应该与茶艺表演的主题相协调，还要综合考虑其对茶具、茶叶、茶汤美的映衬，与环境和服饰相互照应。根据运用对称、非均齐、烘托、反差和渲染等手法的不同要求而加以选择。如可以铺在桌面上，或者随意性地摊放在地上，或者搭在一角，或者垂在表演台边缘给人以流水蜿蜒之意境等。

桌布的质地类型有棉布、麻布、化纤、蜡染、印花、毛织、绸缎、手工编织等。可采用不同质地来表现不同的地域和文化特征。桌布形状一般可以分为几何形状和非几何形状，比如正方形、长方形、三角形、圆形、椭圆形等。不同形状的桌布，不但能表现出不同的图案和层次感，还能给人以广阔的想象空间。巧妙的桌布构思设计可丰富表演主题。比如，茶艺中要表现出茶的历史发展的主题，可以用比较暗色沉重的色调；丝质的桌布，长长地从桌面上铺到地面上，再用书法写上"茶路"两个字，这样的风格就能把主题表现得淋漓尽致。茶艺表演桌布经常运用的色彩是单色和碎花。色彩的变化会影响人们的精神、情绪和情感表达。铺桌布的方法也丰富多样，比如平铺、对角铺、三角铺、垂下铺、立体铺等。采用不同的铺桌布的方法，可进一步强化桌布在质地、形状、色彩等方面的组合效果，也可使桌布体现主题的语言更丰富充实。

4．茶挂

茶挂是指所有适合品茗场合或者能与茶事相结合的可以悬挂的饰品。茶挂离不开茶画。"茶画"这一称谓，是近年来随着茶文化的研究兴起而出现的。它的题材是与茶有关的一类书画作品的总称。茶挂一般是用笔墨勾勒出与茶有关的多种情景，或者根据咏茶诗词来创作美术。茶挂不一定全部是茶画，重要的是，在适当显著的位置上，结合茶席的氛围，在使用上注意"适时"、"适地"、"适宜"和"适称"4个因素，才能达到净适美雅的境界。在质量上，要有收藏价值，最好不要悬挂粗俗廉价的画作，以免影响品茗气氛，降低茶艺格调。

适时的茶挂，是指根据不同的季节月份，更换不同主题文化的茶挂。比如，年初新正，万物复苏，画作最好是富有吉祥意味，如以平安为题的竹子，以五福为题的梅花，以开泰为题的羊等。春夏秋冬，不同的景色，梅兰竹菊，演绎出不同的文化特色，以此变换为主题，茶挂显得更具有生命活力。

书法作茶挂与绘画同时展示也能表达出茶艺的旨意。可以选用有情趣、有哲理的名人诗句或语录等来相互衬托。茶挂能结合岁时的节令固然是好，不过这要有相当数量的作品才能应付。如果收藏不足，也可以避开岁时专题，趋向于没有时令限制的作品，比如四季山水和四季花卉合挂。单幅作品，如"品茗图"、"文会图"、"山居留客"等作为单幅茶挂也是比较适合的。书法和绘画的内容要求能与茶艺风格相协调，同时它们的艺术表现形式也要求能适合背景对主题的衬托渲染。作为茶艺表演者，最基本的是要能理解并且解说其字画的内容含义。

书法与绘画的作用，在于它们着力表现国人的传统审美意识和茶艺等各类艺术。如"清爱梅花苦爱茶"的茶艺表演，所用茶叶为九曲红梅，背景有红梅、雪花、对联，表达了茶之清高气质的风韵。除了绘画和书法外，茶挂也包括了相关的工艺品，尤其是一些古玩饰品，更能起到陪衬、烘托和深化茶艺表演主题的作用。因为相关的工艺品是历史发展中的一个符号，是生活经历的物象标志，可使欣赏者产生对过去事件的联想，唤起人们的情感与记忆，起到意想不到的艺术效果。比如，在杜鹃花簇前面摆放农家茶壶、粗瓷大碗和"红军光荣"字样的布条大红花，能鲜明地表达大革命时期根据地妇女送郎去当红军的主题，成为独具特色深化主题的方式。相关工艺品的范围比较广，包括自然物类、生活用品类、艺术品类、宗教用品、传统劳动用具、历史文物等。当然这些工艺品，也需要摆放得当，才能有效地补充茶艺的画面和主题，否则就会破坏茶席的和谐氛围。

（三）茶席设计的意境营造

"心手闲适，披咏疲倦，意绪梦乱，听歌拍曲，歌罢曲终，杜门避事，鼓琴看画，夜深共语，明窗净几，洞房阿阁，宾主款狎，佳客小姬，访友初归，风日晴和，轻阴微雨，小桥画舫，茂林修竹，课花责鸟，荷亭避暑，小院焚香，酒阑人散，儿辈斋馆，清幽寺观，名泉怪石。"

如此优美的品茗环境是古人许次纾在《茶疏》中所营造的。茶席设计中意境的营造其实也就是品茗意境的营造，这与茶席设计的主题息息相关。一个茶席设计作品其实就是一个艺术作品，无论大小都要有内容，并非器皿多茶席设计作品的内容就丰富，应给人留下想象的空间（图7-1至图7-3）。

图7-1 《回家》

首先是名称。给艺术作品取名，就如同给人取名一样，要想给人第一面就留下深刻的印象，就需要有一个特别的名字。茶席设计也是一样，要想吸引人就要有一个好听且耐人寻味的名称。茶席设计的名称应反复推敲，文字既要精练简单，又要能够突出主题，使其意味深长。如《盼》、《静》、《吟秋》、《龙井问茶》、《九曲红梅》、《山水情》、《仲夏之梦》、《跟着感觉走》、《浓岩茶屋》、《梅韵》、《忆江南》、《清韵》、《野趣》、《人迷草木中》、《荷趣》、《花好月圆》、《斗茶》、《荷塘月色》，等等。

图7-2 《圣诞快乐》

其次是立意表达要含蓄。作品的主题要在茶席设计中含蓄地表达出来，不能太露骨，要给人留下想象的余地。如由石伟蔚设计的《静》，作品由两张叠铺的纸，一缸鱼，三只青瓷碗，一块茶巾组成。没有任何其他的东西，也没有什么表达"静"的字画，看起来一缸鱼儿正在游，如何能"静"？可是再看那青青瓷儿三只碗，白白净净的纸和一块茶巾，却不得不让人静下心来。

图7-3 《昨天、今天》

作者巧妙地通过铺垫的色彩和简洁的器物把平静如水的心境表现得十分到位。

第二节 茶艺音乐

音乐与我们的生活是密切相关的，它不以地域而存在，也不以时间而消亡，它弥漫于天地间，渗透于人群里。饮茶时伴以音乐，无疑是一种高雅的精神享受。古人在论及茶之所宜时也认为："茶宜净室，宜古曲"。有人认为："饮茶到一定程度时，则连天籁也无，只是一片寂然。寂然中自有生趣，自有禅意，自有百千万种声音，皆能入茶。"所以，在茶艺表演过程中，背景音乐的选择非常重要。背景音乐简称BGM(Back Ground Music)，是指在不以音乐为主题的活动中，为了某种需要而播放的音乐作品，是先进的音响设备与最佳的音响设计及效果的完美组合，是集声学、生理学、心理学等学科的综合产物。

一、茶艺表演背景音乐的设置

背景音乐能涤荡人的灵魂。它是歌唱着的语言，它能影响人的情绪，改变人的行为。茶艺表演中的背景音乐营造出温馨、高雅的氛围，使宾客在音乐殿堂里获得精神上和艺术上的享受。在设计茶艺表演时的背景音乐，应遵循以下几个原则。

（一）突出茶的功能性和主题性原则

茶艺表演背景音乐的设计应遵循功能性和主题性的原则。每一种茶都有其独特的风味，具有不同的功能性成分和地域性；所以不同种和不同产地的茶应用不同的背景音乐来衬托，也就是说在背景音乐设计方面应注意其功能性和主题性的表现。

（二）突出环境的愉悦性和轻柔性原则

茶艺表演背景音乐设计的目的是让宾客融合到其中，紧张的心情得到放松、哀愁的面容得到舒展、欢快的喜悦得以抒发。这是茶艺表演背景音乐魅力之所在，也是其愉悦性和轻柔性的要求。

茶艺表演背景音乐宜选择结构简单、旋律流畅、风格高雅、节奏优美的乐曲，如古典音乐、轻音乐以及改编成单旋律或单器乐演奏的流行音乐等。

（三）突出融合性原则

茶艺表演的背景音乐设计应遵循融合性原则。背景音乐是用来辅助茶艺表演的，所以首先应与茶艺表演程式相融合。在整体表演过程中，应选择与表演进展同种节奏的音乐，不宜过快或过慢，否则会造成表演混乱。其次，背景音乐应与表演环境各种因素相融合，包括色调、表演人员服饰等。如在古朴典雅、青砖碧瓦的古文化式茶馆中，听到的应是埙、箫、编钟、古琴演奏的悠悠古乐，其委婉、低吟的旋律仿佛将人带回到那久远的年代。若选用轻快的音乐，则会显得轻浮。

二、茶艺表演中的背景音乐类别

（一）古琴乐曲

古琴是我国古老的乐器之一，起始于周代，至今已有3000多年的历史。古琴，又称"七弦琴"。七弦琴是伴奏相和歌的乐器之一，形成了独特的演奏艺术和各具特色的多种流派。流传至今的古琴乐曲有150余种。如《阳春白雪》、《高山流水》、《梅花三弄》、《阳关三叠》、《潇湘水云》、《醉渔唱晚》、《平沙落雁》、《关山月》等。

（二）古筝乐曲

古筝，与古琴一样，为拨弦乐器。现代俗称"古筝"的音箱为木制长方形，古筝的传统演奏法用于独奏、伴奏和合奏。

古筝乐曲有《渔舟唱晚》、《一点金》、《平湖秋月》、《高山流水》、《汉宫秋月》、《寒鸦戏水》、《将军令》、《四合如意》、《东海渔歌》、《彩云追月》、《茉莉芬芳》等。

（三）琵琶乐曲

琵琶也是一种古老的拨弦乐器。它的低音区淳厚结实，中音区优美洁丽，高音区清脆明亮，泛音则清越圆润。它不仅能演奏单音、双音，还能弹奏简单的和弦和复调旋律。琵琶的弹奏技法日趋丰富，现已成为独奏、伴奏和合奏的重要民族乐器。

琵琶名曲颇多，如《十面埋伏》、《浔阳夜月》、《月儿高》、《雨打芭蕉》、《石上流泉》、《塞上曲》、《金蛇狂舞》、《飞花点翠》、《彝族舞曲》等。

（四）二胡乐曲

二胡是拉弦乐器胡琴中的一种，其音色柔和优美，常用于独奏、伴奏和合奏。

二胡那深沉内在的音色和多变的弓法，不仅能拉出千愁百转、凄凉哀怨的旋律，也能奏出欢乐明快、热情奔放的曲调。二胡的名曲有《光明行》、《月夜》、《悲歌》、《空中鸟语》、《良宵》、《烛影摇红》、《二泉映月》、《听松》、《赛马》等。

（五）江南丝竹

江南丝竹，是指流行在江南一带的丝竹音乐。"丝竹"是我国对弦乐器与竹制管乐器的总称。江南丝竹常用的乐器有笛子、箫、笙、二胡、琵琶、扬琴、秦琴、三弦等。这些乐器组合在一起，具有清新、秀丽、细腻、典雅、流畅、委婉、活泼和富有情趣的韵味。

江南丝竹是合奏音乐，粗粗听来，所有乐器都仿佛在演奏同一乐曲，然而细细一听，各种乐器的演奏者则往往根据乐器的不同特点，对乐曲的旋律分别进行不同的变化润饰，使人们听起来显得丰富多彩，具有多声部的效果。

（六）广东音乐

广东音乐是流行于广东各地区的一种丝竹音乐。它起源于广东戏曲中的伴奏音乐。有些广东音乐中又加进了西洋的小提琴、木琴、黑管等。广东音乐，其音乐清秀明亮、曲调流畅优美、节奏活泼明快。演奏时，有由多种乐器组合的大、中、小型合奏。传统乐曲有《雨打芭蕉》、《柳摇金》、《步步高》等。

（七）轻音乐

音乐艺术，按其格调和表现特点，常可分为"严肃音乐"和"轻音乐"两个大类。轻音乐的特点，一是通俗性，二是娱乐性。其格调轻松、轻快、轻柔、轻盈。轻音乐包括外国古典音乐中的通俗音乐、外国舞曲、外国民歌、外国流行音乐等，这些都可以作为茶艺表演的背景音乐。

第三节　花艺在茶艺中的应用

花艺，广义包括插花艺术、盆栽花、园林造景艺术等，狭义指插花艺术。茶艺表演中以插花最为常见，而室内休闲型茶艺表演也常用盆栽花、常绿盆景来装点。

一、花艺的作用

茶室里恰当点缀绿色植物或鲜花，可使茶室显得更加幽静典雅、情趣盎然，营造出赏心悦目、舒适整洁的品茗环境，从而消解茶客因不良工作环境所造成的烦躁心情。无论是以室内为主的茶室，还是以室外为主的茶室，绿色植物的点缀都是必不可少的。因为"茶"以生命的绿色为本质，奉献给人们的是纯真和质朴。所以绿色植物不仅美化环境，更是"茶"意义的象征。

如果有条件，在室内大面积地种植最为适宜，既美观又突出了与自然融合的意义。如果条件不允许，则在室内的各个角落都放置一盆观叶植物或插花作品为好，比如一叶兰、绿萝、龟背竹、文竹、水竹等,一般不宜于摆放花。这在茶室中具有净化空气、美化环境、陶冶情操的作用。

(一) 净化作用

在茶室的装修中,有时会使用密度板、涂料、油漆、橡胶、塑料等,这些建筑装潢材料中含有多种有害化学物质,主要有三氯乙烯、苯、甲醛。而绿色植物可以通过吸收现代建筑里潜在的有害物质来净化空气。

研究发现耳蕨、常春藤、铁树、菊花能分解存在于地毯、绝缘材料、胶合板中的甲醛和隐匿于壁纸中对肾脏有害的二甲苯;红鹳花能吸收二甲苯、甲苯和存在于化纤、油漆中的氨;龙血树(巴西木)、雏菊、万年青等可清除三氯乙烯。在茶室里置放绿色植物,还有助于吸收二氧化碳,释放出氧气,净化环境。

(二) 美化作用

茶室里恰当放置花艺作品,与书画、古玩相比更富于生机活力,更富于动感。它可以从色彩上、质地上和形态上与茶室内壁、桌椅、陈设形成对比,以其自然美增强环境的悦目之感。

茶室装潢一般都趋向于简洁、明快,由直线构成。而植物的轮廓自然,形态多变,大小、高低、疏密、曲直各不相同,这样就有助于消除壁面的生硬感和单调感。

茶室里配置盆栽绿色植物,还可增加空间的表现力。如铁树与龟背竹由于叶大而具有很强的装饰性,棕竹、散尾葵、橡皮树等由于形态各异而别具情趣。盆栽绿色植物,可以使茶室内的角落得到充实,从而起到美化空间的作用。

(三) 怡情作用

茶室内放置花艺作品,不仅能从形式上起到美化空间的作用,而且还可以和其他陈设相配合,使空间环境产生某种气氛和意境,可满足茶客的精神需要,并起到陶冶性情的作用。绿色植物可增添茶室的宁静感和清逸高雅的气息。茶客在这样的环境中品茗、休闲,自然地会变得轻松、超脱、开朗、大度起来。

适宜茶室陈设的绿色观叶植物,既有多年生草本植物,又有多种木本、藤本植物,如广东万年青、观音莲、龟背竹、君子兰、巴西木、马拉巴栗、散尾葵、苏铁、橡皮树、棕竹、袖珍椰子、绿萝、吊兰等。此外,还可选用相宜的插花、盆景,来增添茶室的雅趣。

二、插花艺术与茶艺环境设置

插花艺术,即指将剪切下来的植物的枝、叶、花、果作为素材,经过一定的技术(修剪、整枝、弯曲等)和艺术(构思、造型、设色等)加工,重新配置成一件精致完美、富有诗情画意,能再现大自然美和生活美的花卉艺术品。

插花艺术的种类很多,现从不同角度归纳分类如下:

(1) 按所用花材性质不同,有鲜花插花、干花插花以及人造花插花(绢花、涤纶花、棉纸花等)。

（2）按所用容器样式不同，有瓶花、盘花、篮花（用各种花篮的插花）、钵花、壁花（贴墙的吊挂插花）等。

（3）按使用目的不同，有礼仪插花和艺术插花。

（4）按艺术风格不同，有东方式插花、西方式插花以及现代自由式插花。

鲜花插花最具有插花艺术的典型特点，即最具自然花材之美。鲜花插花色彩绚丽、花香四溢，给人以清新、鲜艳、美丽、真实的生命力美感，因而最易表现出强烈的艺术魅力。

茶艺插花讲究色彩清素，枝条屈曲有致，瓣朵疏朗高低，花器高古、质朴，意境含蓄，诗情浓郁，风貌别具。花材上多用折枝花材，注重线条美。常用的花材有松、柏、梅、兰、菊、竹、梧桐、芭蕉、枫、柳、桂、茶、水仙等；在色彩上多用深青、苍绿的花枝绿叶配洁白、淡雅的黄、白、紫等花朵，形成古朴沉着的格调；花器多选用苍朴、素雅、暗色、青花或白釉、青瓷或粗陶、老竹、铜瓶等。茶艺插花的手法以单纯、简约和朴实为主，以平实的技法使花草安详地活跃于花器上，把握花器一体，达到应情适意、诚挚感人的目的。在意境方面突出"古、静、健、淡"的特点。"古"并非是复古，而是一种幽邃中包含着哲思的状态；"静"并非寂冷无声，而是于静穆中包含着动力；"健"可引伸出健朗、瘦硬、高傲、壮挺、气骨等含义；"淡"则淡雅中含蕴深厚。

茶室里宜选用瓶式插花和悬吊式插花。瓶式插花，花的色彩不宜过分艳丽，以素雅为宜。和式茶室的整体布置极其简洁明快，或悬一画，或插一花，以显示出茶室幽雅、轻松、悠闲、清静的格调。悬吊式插花，是将花器挂在墙壁上，供人们仰望观赏或侧方平视观赏。因此，一般均要求主枝横斜，或枝蔓垂挂。悬挂式插花的形体和重量以轻巧精致为宜。花器可采用专门的陶瓷悬吊容器，也可自制。花卉品种以洋常春藤、花叶常春藤、吊竹梅、天门冬、吊兰、茑萝等藤蔓或枝叶下垂的品种为佳。

三、茶室中盆景的运用

盆景是自然美与艺术美的巧妙结合。它始于唐宋，盛于明清，在我国已有1200多年的历史。

盆景基本上可分为树桩盆景及山水盆景两大类。树桩宜选株矮叶小的木本植物，常用的有五针松、黑松等观叶类，还有六月雪、杜鹃等观花类，石榴、南天竹等观果类。树坯要形态古雅苍劲、充满生机，或树势雄伟、盘曲多姿。树桩盆景的造型原则以曲为美，以疏为美，切忌直、正、密。

山水盆景是大自然山水的缩影。它往往"缩龙成寸"，收青山绿水、亭台楼阁、树木森林、村庄墟落于尺寸之间。其画面，或雄伟、或亭奇、或秀逸、或苍古、或怪趣，有诗、有画、有情。

在茶室的博古架上，或几案上摆放一两件盆景，生机盎然，意境深远，别有一番妙趣。

第八章 我国各类茶艺赏析

不同的茶用不同的冲泡方式、不同的冲泡器具、不同的冲泡时间、不同的人文背景、不同的人际交流礼节，使得这一过程极具表演的艺术性。对茶艺而言，技艺表演只是其中一部分，泡茶的质量，茶汤的香气、滋味，会因人、因时、因地而有所不同。茶艺不仅需要选择合适的茶类，还应掌握时间长短、温度高低、器具选择、环境装饰等各方面的因素。也只有这样，才能使品茶的过程达到最佳的品赏效果和表演感染力，使观赏者通过欣赏茶具、感受茶室装饰，从中获得对茶的认识和趣味，品尝出特有的滋味并感受到特有的地域文化。换言之，品尝的过程，不仅仅是将茶倒入口中，还包括了对泡茶整个表演过程中的各方面进行品评与欣赏。本章就绿茶、红茶、乌龙茶、黄茶、白茶和黑茶茶艺表演用具、主要技艺流程、解说词等逐一进行列举欣赏。

第一节 绿茶茶艺

绿茶是我国历史最久、品类最多、产量最高、消费最广的茶类。适合表演的名优绿茶一般都具有"色泽翠绿、香气高鲜、滋味鲜爽、外形美观"4个特点。正确的冲泡方法可以让这四大特点淋漓尽致地显示出来，使人得到审美上的充分享受。绿茶茶艺表演只有根据不同的绿茶特点，合理进行茶具搭配和流程设计，并配上对动作运用的解说词进行解说点评，才能让观众充分体会到绿茶茶艺之美。

一、绿茶杯泡茶艺

一般人们饮用绿茶，通常采用下投法，即先将茶叶投入杯中，再冲入少量开水浸润后，以"凤凰三点头"手法冲至七分满后品饮。在茶艺馆中或者在开茶会时，有时为了更为突出名优绿茶之特色，亦可仿古人之法，用上、中、下3种投茶法来增添情趣。

上投法即水先茶后，先将开水冲入杯中，然后投茶，亦称晚交。中投法即水半入茶，置茶于杯中，先冲水至杯容量的1/3，待干茶吸收水分展开时再冲水至满，亦称中交。下投法即茶先水后，先置茶入杯中，一次性冲水，亦称早交。明代张源《茶录》中认为："春秋用中投，夏上投，冬下投"。但现代的名优绿茶，花色繁多，形状、紧结程度以及茸毛多少不一，如果仍是根据季节决定投茶法，对有的茶品而言，不一定能得到理想的效果。所以实质上3种方法可根据具体茶叶的嫩度和紧结情况来决定。凡干茶表面满披白毫或茶条呈扁平状，因其浮力较大不易吸水下沉，故采用下投法；若茶叶卷曲重实易下沉者则用上投法；介于两者之间的则用中投法。在无法确定时，可以先试泡后再决定。

（一）绿茶茶艺表演茶具配置

见表 8-1。

表 8-1 绿茶的上、中、下投茶法茶具配置

名　称	材　料　质　地	规　格
茶盘	竹木制品	约 35cm×45cm
玻璃杯	玻璃制品	3 只（容量 100～150ml）
杯托	玻璃制品或竹木制品	3 只（直径 10～12cm）
茶匙筒	竹木制品	内放茶匙及茶夹
茶荷	竹制品或玻璃制品	6.5～12cm
水壶	玻璃制品	容量 800ml 左右
茶巾	棉、麻织品	约 30cm×30cm

搭配说明：一般来说，为了方便观众欣赏绿茶浸泡于茶水中美丽的姿态，茶具宜选玻璃茶具，而个别不注重外形的绿茶，也可采用白瓷茶杯，但图案过分华丽夺目者不宜。茶样罐、水壶也应与主茶具保持同样风格。

（二）名优绿茶杯泡法茶艺程式

以下选用"龙井"、"径山香茗"、"碧螺春"3 种茶，分别以下、中、上投法，可同时将 3 杯茶泡好奉茶。其冲泡法如下。

(1) 配具。将泡茶用具按顺序依次排列在泡茶台上。

(2) 备具。将 3 只杯摆放在茶盘横中心前部位置；双手将茶叶罐捧出置于中茶盘左前方，将茶巾放于茶盘右后方，茶荷及茶匙取出放于中茶盘左后方。

(3) 净具。经消毒后的茶具常带有一些消毒的异味，故用开水润杯以消除异味；另一方面，干燥的玻璃杯经过湿润后，冲泡时可防止水气在杯壁凝雾，以保持杯的晶莹剔透，以便观赏。

(4) 用水处理。许多名优绿茶不能用温度过高的开水冲泡。要把开水倒入瓷壶适当降温。

(5) 赏茶。用茶匙拨出适量茶叶于茶荷中，给客人欣赏，并介绍茶叶相关信息，同时说明分别用何种投茶法。

(6) 下投法置茶。将龙井茶 2g 置第一只茶杯中。

(7) 下投法浸润泡。以回转手法向玻璃杯内注入少量开水，浸润泡时间为 60 秒。

(8) 冲水入杯（中投法）。在第二只杯中冲入茶杯容量约 1/2 的水。

(9) 置茶（中投法）。将径山茶 2g 均匀拨入杯中水面上，这时可闻到散发出来的茶香。

(10) 下投法试香。左手托住茶杯杯底，右手轻握杯身基部，运用右手手腕逆时针旋转茶杯，左手轻搭杯底作相应运动，称做摇香。此时杯中茶叶吸水，开始散发出香气。摇毕将茶杯奉给来宾，敬请品评茶之初香。随后收回茶杯。

(11) 下投及中投法冲泡。双手取茶巾，斜放在左手手指部位；右手执水壶，左手以茶巾部位托在壶底，双手用"凤凰三点头"手法，高冲低斟将开水冲入茶杯，应使茶叶上

下翻动。不用茶巾时,左手半握拳搭在桌沿,右手执水壶单手用"凤凰三点头"手法冲泡。这一手法除有利于表达主人对客人的尊敬外,还有利用水的冲力来均匀茶汤浓度的功效。冲泡水量控制在杯总容量的七分满即可。

(12) 上投法冲水入杯。在第三只杯内用回转低斟高冲法冲水入杯约七分满。

(13) 上投法置茶。将碧螺春2g均匀拨入杯中水面,可见茶叶迅速下沉,并散发出香气。

(14) 敬茶。用伸掌礼向客人敬茶。不要拿杯沿。

(15) 品茶。茶杯中茶叶舒展后,客人可先闻香,再看汤色,然后啜饮。

(16) 收具。敬茶结束,将泡茶用具收好,向客人行礼。

二、绿茶壶泡茶艺

(一)茶具配置

见表8-2。

表8-2 绿茶的壶泡法茶具配置

名 称	材 料 质 地	规 格
茶 盘	竹木制品	约35cm×45cm
茶 壶	青瓷制品	容量250ml
盖 置	瓷制品或木制品	比茶壶盖略大
茶 盅	青瓷或玻璃	容量至少与壶容量相同
茶 杯	青瓷制品	3～4只,容量50ml
杯 托	青瓷或竹木制品	
茶匙筒	竹木制品	内放茶匙、渣匙、茶夹、漏斗
茶 荷	竹制品或青瓷制品	
水 壶	青瓷制品或其他	容量800ml左右
水 盂	青瓷制品或木制品	风格与壶、杯一致
茶 巾	棉、麻织品	约30cm×30cm

茶具除选用成套青瓷茶具外,另可用青花瓷、白瓷、素色花瓷。为了便于欣赏茶汤真色,茶杯内壁以白色为佳。

(二)大宗绿茶壶泡法茶艺程式

(1) 备具。将泡茶用具按需要摆放好。

(2) 备水。尽可能选用清洁的天然水。将水放至容器急火煮至沸腾,冲入热水瓶备用。壶内水温应控制在85℃左右。

(3) 净具。先用少许热水温壶,令茶壶周身受热均匀。这一点在气温较低时十分重要。因茶饱含天地之灵气,所以要求泡茶器皿必须干净,同时便于更好地观赏茶汤及芽叶。

(4) 赏茶。用茶匙拨出适量茶叶于茶荷中,给客人欣赏,介绍茶叶相关信息,并说明分别用何种投茶法。

(5) 投茶。下投法冲泡。左手揭茶壶盖,用茶荷茶匙法投茶入壶,茶水比例1g:50ml。

要泡好一壶好茶必须掌握适度的茶水比，这样冲泡出来的茶汤才能既不失茶性又能充分展示茶的特色。

（6）冲泡。右手取盅用回旋手法注入约1/4容量的开水，按逆时针方向旋转茶壶进行浸润泡，时间约20～60秒，而后向茶壶内高冲注入小半壶开水。盖上壶盖，静置片刻，同时进行温杯。

（7）温杯。在冲泡等待间隙时进行温杯。向每只茶杯中注入约一半容量的热水，按注水顺序逐个逆时针转动，令杯体均匀受热后将水倒入水盂。

（8）沥茶。按温杯顺序沥茶至五分满。然后揭开壶盖。

（9）奉茶。将泡好的茶敬给来宾。这是一个宾主融洽交流的过程，奉茶者行伸掌礼请用茶，接茶者宜点头微笑表示谢意，或答以伸掌礼。

（10）品饮。宾主观其色，嗅其香，尝其鲜，适当评价和讨论。泡茶者观察叶底舒展程度及控制水温。

（11）二次冲泡。泡第二道的重点是保证茶汤的浓度，令品饮者领会茶之真味。冲泡手法如前，但水温宜略高，水量略多，至壶口下沿约5mm处。将茶杯注七分满。

（12）净具。将所有茶具收放原位，对茶壶、茶杯等使用过的器具一一清洗。

三、绿茶茶艺表演解说词欣赏

"天下西湖三十六，杭州西湖最明秀"。杭州西湖三面环山一面城，水光潋滟百媚生，这里受钱塘江朝云暮雨的滋润，得吴越灵山秀水的精华，所产的龙井茶集"色绿、香郁、味甘、形美"四绝于一身，曾被清代乾隆皇帝赐封为"御茶"。今天我们就请各位嘉宾品一品驰名中外的西湖龙井茶。

（1）初识仙姿。龙井茶外形扁平光滑，享有色绿、香郁、味甘、形美"四绝"之盛誉。优质龙井茶，通常以清明前采制的为最好，称为明前茶；谷雨前采制的稍逊，称为雨前茶，而谷雨之后的就非上品了。明人田艺衡曾有"烹煎黄金芽，不取谷雨后"之语。

（2）再赏甘霖。"龙井茶、虎跑水"是杭州西湖双绝，冲泡龙井茶必用虎跑水，如此才能茶水交融，相得益彰。虎跑泉的泉水是从砂岩、石英砂中渗出，富含丰富的矿物质。现将硬币轻轻置于盛满虎跑泉水的赏泉杯中，硬币置于水上而不沉，水面高于杯口而不溢，表明该水水分子密度高、表面张力大、碳酸钙含量低。请来宾品赏这甘霖清冽的佳泉。

（3）静心备具。冲泡高档绿茶要用透明无花的玻璃杯，以便更好地欣赏茶叶在水中上下翻飞、翩翩起舞的仙姿，观赏碧绿的汤色、细嫩的茸毫，领略清新的茶香。现在，将水注入将用的玻璃杯，一来清洁杯子，二来为杯子增温。龙井茶是至清至洁，天涵地育的灵物，冲泡龙井茶更是要求所用的器皿也必须至清至洁。

（4）清宫迎佳人。苏东坡有诗云："戏作小诗君一笑，从来佳茗似佳人。"他把优质名茶比喻成让人一见倾心的绝代佳人。"清宫迎佳人"即用茶则轻柔地把茶叶投到玻璃杯中。

（5）喜逢甘露。古人把细嫩的龙井称为"润心莲"。西湖龙井的冲泡要注意最大限度地保持茶叶的原有品质，在冲泡过程中将色香味形充分展现给大家。因此，要先把茶叶滋润开，充分吸水后再冲泡，芽叶才能真正展现出来。刚才大家看到的是采用"回旋斟水法"向杯中注水少许，以 1/4 杯为宜，温润的目的是浸润茶芽，使干茶吸水舒展，便于欣赏。

（6）初试香茗。左手托住茶杯杯底，右手轻握杯身基部，运用右手手腕逆时针旋转茶杯，左手轻搭杯底作相应运动，称做摇香。此时杯中茶叶吸水，开始散发出香气。摇毕将茶杯奉给来宾，敬请品评茶之初香。随后收回茶杯。

（7）悬壶高冲。温润的茶芽已经散发出一缕清香，这时高提水壶，让水直泻而下，接着利用手腕的力量，上下提拉注水，反复 3 次，让茶叶在水中翻动。这一冲泡手法，雅称凤凰三点头。凤凰三点头不仅为了泡茶本身的需要，为了显示冲泡者的姿态优美，更是中国传统礼仪的体现。凤凰三点头像是主人在向客人鞠躬行礼，这是对客人表示敬意，欢迎大驾光临之意。

（8）甘露敬宾。客来敬茶是中国的传统习俗，也是茶人所遵从的茶训。将自己精心泡制的清茶与新朋老友共赏，别是一番欢愉。让我们共同领略这大自然赐予的绿色精英。

（9）辨香识韵。龙井是茶中珍品，素有"色绿、香郁、味甘、形美"四绝佳茗之称。其色澄清碧绿，其形一旗一枪，交错相映，上下沉浮。请看，杯中的热水染上了生命的绿色，茶芽在热水中逐渐苏醒，展开它美妙的身姿，尖尖的茶芽如枪，展开的叶片如旗，一芽一叶的称为旗枪，两叶抱一芽的称为雀舌，杯中动静相宜，十分生动有趣。

观赏了杯中的茶舞之后，我们在品茶之前，要先闻茶香。龙井茶的香为豆香，清幽淡雅，让我们用心去感悟龙井茶来自天堂、可以启人心智、通人心窍的茶香。

（10）再悟茶语。龙井茶初品时会感清淡，需细细体会，慢慢领悟。正如清代茶人陆次之所说："龙井茶，真者甘香而不洌，啜之淡然，似乎无味，饮过后，觉有一种太和之气，弥沦于齿颊之间，此无味之味乃至味也，其贵如珍，不可多得也。"品赏龙井茶，像是观赏一件艺术品。透过玻璃杯，看着上下沉浮的茸毫，看着碧绿的清汤，看着娇嫩的茶芽，龙井茶仿佛是一曲春天的歌、一幅春天的画、一首春天的诗。让人置身在一派浓浓的春色里，生机盎然，心旷神怡。

亲爱的各位嘉宾，"一杯春露暂留客，两腋清风几欲仙"。我们的龙井茶茶艺到此告一段落，接下来请大家继续细品慢啜，祝各位嘉宾品茗愉快，心想事成。谢谢大家！

点评：西湖龙井茶是我国十大名茶之一。该套茶艺更是名优绿茶的代表，在冲泡手法上，为了方便宾客观看龙井冲泡过程中的"色绿、香郁、味甘、形美"等特点，再加上龙井茶冲泡对水质有特殊讲究，所以，茶艺表演过程中选用玻璃杯进行冲泡，并特别设置赏茶、摇香环节，以便观众更好地欣赏西湖龙井茶。在解说过程中，特别向观众介绍了西湖龙井茶的历史渊源和品质特点，对每个操作环节进行了合理的解释，并能够通过解说引导观众对龙井茶的色、香、味、形等进行欣赏，实为绿茶茶艺表演解说之典范。

第二节　红茶茶艺

红茶是国际贸易中流通量最大的茶类，世界各地饮用最为普遍，适合秋冬季节饮用，有清饮和调饮两种。红茶的品质特征具有很强的"兼容性"，加入酸的如柠檬、甜的如冰糖，还可加入炼乳、冰等，都可形成良好的风味。泡饮红茶常用紫砂壶、白瓷盖碗及白瓷茶壶等茶具。因红茶一般不注重欣赏冲泡过程中外形的开展情况，因此，在进行茶艺表演时，一般不采用玻璃杯具。

一、红茶清饮壶泡法茶艺

（一）茶具配置

见表8-3。

表8-3 红茶清饮壶泡法茶具配置

名 称	材料质地	规 格
茶盘	竹木制品	约35cm×45cm
茶壶	青瓷制品	容量250ml
盖置	瓷制品或木制品	比茶壶盖略大
茶杯	青瓷制品	3～4只，容量50ml
杯托	青瓷或竹木制品	
茶匙筒	竹木制品	内放茶匙、渣匙、茶夹、漏斗
茶荷	竹制品或青瓷制品	
水壶	青瓷制品或其他	容量800ml左右
水盂	青瓷制品或木制品	风格与壶、杯一致
茶巾	棉、麻织品	约30cm×30cm

一般选用成套白瓷制茶具，如白底红花瓷、红釉瓷、白瓷或紫砂。注意茶杯内壁以白色为佳，便于欣赏茶汤红艳明亮的颜色。

（二）红茶壶泡法茶艺程式

（1）布具。将准备好上述泡茶用具按方便取用原则在表演台上一一摆布开来。

（2）赏茶。将所要泡的红茶倒入茶荷，送到宾客面前，赏茶观色。

（3）洁具。用洁净的开水，将茶杯等一一加以清洁。

（4）投茶。下投法冲泡，即先投茶入壶而后注水冲泡。用茶荷茶匙法投茶入壶，茶水比例按1g:50ml。也可根据茶壶大小和客人多少投入茶叶。

（5）冲水。当量茶入杯后，冲入90℃以上的沸水。冲水时要高悬壶斜冲水，使茶叶在壶中旋转。

（6）浸泡。静心等候2～3分钟，等待茶汁充分浸泡出来。

（7）分茶。判断茶壶内茶汤浓度适宜后即可分茶。将泡茶壶内冲泡好的茶汤，分别倒入茶杯中。要求茶汤浓淡均匀，达七分满为好。

（8）品茶。先闻其香，再观察红茶的汤色。待茶汤冷热适口时，即可举杯品味。缓缓啜饮，细细品味。

(9) 二次冲泡。泡第二道茶时要保证茶汤的浓度，即茶汤色泽与头道茶相近。令品饮者再次领会茶的香浓味醇。冲泡手法如前。冲水毕，将茶壶双手奉给来宾，由来宾自行斟用。

(10) 收具。每次冲泡完毕，应将来宾不用的茶器具收入茶盘，并端回整理。

二、冰红茶茶艺

（一）茶具配置

见表 8-4。

表 8-4 冰红茶泡法茶具配置

名　称	材料质地	规　格
茶盘	竹木制品	约 35cm×45cm
冲泡壶	玻璃制品	容量 250ml
冷却壶	玻璃制品	
茶杯	瓷制品或玻璃制品	
冰块缸	瓷制品或玻璃制品	
茶匙筒	竹木制品	内放茶匙、渣匙、茶夹、漏斗
茶荷	竹制品或青瓷制品	
水壶	青瓷制品或其他	容量 800ml 左右
水盂	青瓷制品或木制品	风格与壶、杯一致
茶巾	棉、麻织品	约 30cm×30cm

（二）冰红茶茶艺程式

(1) 备具。将茶盘、杯具、冷却壶、冰块缸、泡茶壶等泡茶用具摆放好。

(2) 备水。先用温水预热热水瓶，在电热水器中将水煮至沸腾，倒入热水瓶备用。

(3) 布具与赏茶。按照泡茶要求将茶具布置到合理的方位。将所要泡的红茶倒入茶荷，送到宾客面前，赏茶观色。

(4) 置茶。取茶样罐开盖，用茶匙取茶投入到滤胆中。

(5) 冲泡。右手提热水壶，用回转冲泡法向泡茶壶内注水，400ml 左右。

(6) 倒茶。双手将泡茶壶反方向运动旋转茶壶数次，加速茶叶有效成分析出。然后将茶汤倒入预置冰块的冷却壶中。

(7) 冷却。手握冷却壶反方向运动旋转数次，加速冰块融化及均匀茶汤浓度。

(8) 分茶。在每只茶杯中放置 2~3 块冰块，将冷却壶中的冰茶依次倒入茶杯，每杯约倒茶杯总容量的七成满即可。

(9) 奉茶。将泡好的茶依次敬给来宾。奉茶时行伸掌礼，并将茶杯转动 180°，使杯柄在来宾的右侧，便于握杯。

(10) 品饮。取小匙逆时针搅动茶水，令茶与冰决充分混匀，把茶匙在杯内壁略停放一下沥干茶汤再放在杯碟边。右手握杯柄端起茶杯，闻香观色啜饮（女士应用左手轻托杯底）。

(11) 收具。每次冲泡完毕，应将所用茶器具收放原位。对茶壶、茶杯等使用过的器具一一清洗。

三、红茶茶艺表演解说词欣赏

祁门工夫红茶产于安徽省祁门县，清光绪年间开始仿照闽红试制生产。其内质优异，与正山小种、云南滇红齐名，国外也有将祁门红茶与印度大吉岭红茶、斯里兰卡红茶并称为世界三大高香茶，是不可多得的红茶极品。下面就请我们的茶艺师为大家表演祁门工夫红茶茶艺。

(1) "宝光"初现。祁门工夫红茶条索紧秀，锋苗好，色泽并非人们常说的红色，而是乌黑润泽。国际通用红茶的名称为"Black tea"，即因红茶干茶的乌黑色泽而来。请来宾欣赏其色被称之为"宝光"的祁门工夫红茶。

(2) 清泉初沸。热水壶中用来冲泡的泉水经加热，微沸，壶中上浮的水泡，仿佛"蟹眼"已生。按茶圣陆羽《茶经》所说，水不能烧到太沸，剧烈沸腾之水，已经煮老，不适合泡茶。

(3) 温热壶盏。用初沸之水，注入瓷壶及杯中，为壶、杯升温。

(4) "王子"入宫。用茶匙将茶荷或赏茶盘中的红茶轻轻拨入壶中。祁门工夫红茶是国际公认的三大著名红茶之一，在国外往往被视为珍品，也被誉为"王子茶"。

(5) 悬壶高冲。这是冲泡红茶的关键。冲泡红茶的水温要在100℃，刚才初沸的水，此时已是"蟹眼已过鱼眼生"，正好用于冲泡。而高冲可以让茶叶在水的激荡下，充分浸润，以利于色、香、味的充分发挥。

(6) 分杯敬客。用循环斟茶法，将壶中之茶均匀地分入每一杯中，使杯中之茶的色、味一致。

(7) 喜闻幽香。一杯茶到手，要先闻茶香。祁门工夫红茶是世界公认的三大高香茶之一，其香浓郁高长，又有"茶中英豪"、"群芳最"之誉。香气甜润中蕴藏着一股兰花之香。

(8) 观赏汤色。红茶的红色，表现在冲泡好的茶汤中。祁门工夫红茶的汤色红艳，杯沿有一道明显的"金圈"。它是红茶的发酵程度和茶汤的鲜爽度好坏的标志，金圈越明显，说明品质越好。

(9) 品味鲜爽。闻香观色后即可缓啜品饮。祁门工夫红茶以鲜爽、浓醇为主，与红碎茶浓强的刺激性口感有所不同，其滋味特别醇厚、回味绵长。请仔细品味祁门红茶的品质特色。

(10) 再赏余韵。一泡之后，可再冲泡第二泡茶。

(11) 三品得趣。红茶通常可冲泡三次，三次的口感各不相同，细饮慢品，徐徐体味茶之真味，方得茶之真趣。下面请来宾品评的是第三次冲泡的茶汤加入炼乳调制的奶茶。奶茶是西方爱茶者最喜好的饮茶方式，品评加奶的红茶，主要欣赏红茶的姜黄色的色、扑鼻的奶香、鲜醇可口的滋味特色。

(12) 收杯谢客。红茶性情温和，收敛性好，易于交融，因此通常用之调饮。祁门工夫红茶同样适于调饮。然清饮更易领略祁门工夫红茶特殊的"祁门香"香气，领略其独特的内质、隽永的回味、明艳的汤色。感谢来宾的光临，愿所有的爱茶人都像这红茶一样，相互交融，相得益彰。

点评：祁门红茶是我国著名的红茶之一。该套茶艺结合了红茶的品质特点，在茶艺创作过程中，采用现场煮水来保证冲泡温度，表演时将赏形、闻香、观色、品韵糅合在茶艺表演之中。在解说词的创作上，结合茶艺表演，依次向观众介绍了祁门红茶的来历与品质特点，每个操作步骤都凝炼为四字词组，解说起来不仅朗朗上口、抑扬顿挫，还能引起欣赏者的共鸣。在茶艺流程上，将红茶连续冲泡三次，并且第三次采用加奶方式奉献给欣赏者，可以让欣赏者对祁门红茶有非常深刻的印象。不足之处在于，祁门红茶特有的茶文化内涵还有待于挖掘，并将之应用于解说词当中。

第三节 乌龙茶茶艺

乌龙茶又称青茶，有人说是因乌龙茶的制作极费工夫；有人说是因乌龙茶须细吃慢饮，冲泡颇费工夫；有人说乌龙茶最难泡出水平，要有"真功夫"；因此也被称为"工夫茶"。"工夫茶"源于广东、福建，以冲泡乌龙茶著称。工夫茶艺按照地区民俗可分为潮汕、台湾、闽南和武夷山等几大流派。潮汕工夫茶最古香古色，被称为中国茶道的"活化石"。工夫茶艺是目前中国最流行、最具特色的茶艺，常见的冲泡方法有盖碗泡法和紫砂壶冲泡法，以下分别予以介绍。

一、潮汕工夫盖碗茶茶艺

《清朝野史大观·清代述异·卷十二》载："中国讲求烹茶，以闽之汀、漳、泉三府，粤之潮州府功夫茶为最。"史上所载潮州府其地理范围包括了现今的潮汕地区，如今潮汕人饮茶量之大、烹茗技艺之精久负盛名。

（一）茶具配置

见表8-5。

表8-5 潮汕工夫茶盖碗冲泡法茶具配置

名 称	材 料 质 地	规 格
茶盘	竹木制品	大盘，约35cm×45cm
双层茶盘	白瓷或白底花瓷制品	圆形，下层可储水
盖碗	白瓷或白底花瓷制品	1只
品茗杯	白瓷或白底花瓷制品	4只
杯托	青瓷或竹木制品	4只
茶船	瓷制品	形似大碗
茶匙筒	竹木制品	内放茶匙、渣匙、茶夹、漏斗
茶荷	竹制品或青瓷制品	

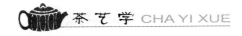

(续)

名 称	材 料 质 地	规 格
煮水器	紫砂大壶及紫砂酒精炉或随手泡	容量 800ml 左右
水 盂	不限	不限
茶 巾	棉、麻织品	用方形折叠法折好

因煮水器中红泥炭炉不易得，在茶艺表演时常用酒精炉代替。表演时要注意保持通风良好。盖碗泡乌龙茶在广东潮州一带比较流行，特别是泡清香型"凤凰水仙"及"凤凰单丛"风味特佳。这种泡法亦适用于其他高香、轻发酵、轻焙火的乌龙茶。

（二）潮汕工夫茶盖碗冲泡法茶艺程式

（1）备具。在泡茶台下放一只水盂，式样不限，备用。泡茶台上居中摆放大茶盘，大茶盘内左侧放双层瓷茶盘，盖碗在右，4只小杯在左呈新月状环列（杯口向下）在瓷茶盘上；大茶盘内右侧前排并列摆放茶样罐与茶匙筒，茶匙筒后放茶荷；大茶盘内右侧后排放碗形茶船及茶巾。小茶盘竖放在大茶盘右侧桌面，内入煮水器及火柴。摆放完毕后覆盖上泡茶巾后备用。

（2）备水。尽可能选用清洁的天然水。

（3）布具。分宾主落座后，泡茶者揭去泡茶巾折叠后放在泡茶台右侧桌面。先提保温瓶向紫砂大壶中倒少许开水，荡涤后将弃水倒进水盂。重新注入热水，将酒精炉点燃，紫砂大壶搁放在炉上。双手捧取茶样罐与茶匙筒，移至大茶盘左侧前方桌面；茶荷移至大茶盘内右上角，盖碗端放到茶船前方；将双层茶盘中的4只品茗杯排放成两两方阵。

（4）赏茶。左手横握茶样罐，右手开盖放大茶盘中，右手取茶匙将适量茶叶从茶样罐拨入茶荷，接着用茶匙将茶荷中的茶叶拨散，便于观赏外形。将茶匙插入茶匙筒，盖好茶样罐并复位。双手托捧茶荷，送至来宾面前，敬请欣赏干茶外形及色泽等。

（5）温盖碗。右手大拇指与中指捏住盖碗沿、食指轻抵盖钮提起盖碗（不连托），放碗形茶船中；用三指依次将4只品茗小杯一一翻正。左手揭开盖碗盖子放在盖碗托碟上，右手提开水壶回转手腕向盖碗内注热水，至八分满（翻口沿下）后开水壶复位；左手加盖后，右手用上述方法端盖碗，左手取茶巾轻托盖碗底，回转手腕温盖碗。温毕，茶巾复位，左手搁在桌沿；右手提盖碗至双层茶船上方，将热水从盖碗盖子与碗沿间隙中巡回倒入4只品茗杯，水尽将盖碗放回碗形茶船，左手将盖揭开放盖置上。

（6）置茶。双手捧茶荷先平摇几下，令茶叶分层后左手托住茶荷；右手取茶匙将面上的粗大茶叶拨到一边，先舀取细碎茶叶放进盖碗，再取粗大茶叶置其上方（目的是冲泡后细碎茶渣不易倒出）。一般用盖碗冲泡的多为条形乌龙茶（如凤凰水仙、凤凰单丛等），其用茶量为盖碗容量的2/3左右。当然应视乌龙茶的紧结程度、整碎程度及品饮口味而灵活掌握。

（7）温润泡。右手提开水壶回转手腕向盖碗内注开水，应使水流顺着碗沿打圈冲入至满；左手提碗盖由外向内刮去浮沫即迅速加盖；右手三指提盖碗将温润泡的热水倒进茶船，顺势将盖碗浸入茶船。

(8) 冲泡。左手提盖碗盖子放盖置上，右手提开水壶回转手腕向盖碗内注水，同样水流应顺着碗沿打圈冲入，至八分满后开水壶复位，左手加盖；静置1分钟左右。

(9) 温杯。趁冲泡静置时间进行温杯。4只品茗杯中原盛有热水，可依前右—前左—后左—后右顺序清洗。手法是：右手大拇指搭杯沿处、中指扣杯底圈足侧拿起前右小杯，将其轻放在前左小杯热水内，食指推动前右杯外壁，大拇指与中指辅助，三指协同将此杯在前左小杯热水中清洗一周，然后提杯沥尽残水复位。接着一一温杯，最后的右后杯不再滚洗，直接转动手腕，让热水回转至全部杯壁，再将热水倒掉即可。

(10) 分茶。右手三指提拿盖碗先到茶巾上按一下，吸尽盖碗外壁残水；不必除盖子，用"关公巡城"手法将茶汤分入4只品茗杯；观察各杯茶汤颜色，用"韩信点兵"手法用最后几滴茶汤来调节浓度。分茶毕，将盖碗置回盖碗托上。一般的轻发酵乌龙茶在茶汤筛尽后，宜揭开盖碗盖子，令叶底冷却，易于保持其所固有的香气与汤色。

(11) 奉茶。如果来客围坐较近，不必使用奉茶盘。直接用双手捧取品茗杯，先到茶巾上轻按一下，吸尽杯底残水后将茶杯放在杯托上（也可不用），双手端杯托将茶奉给来宾，并点头微笑行伸掌礼。

(12) 品饮。接茶时可用伸掌礼对答或轻欠身微笑。右手以"三龙护鼎"手法握杯，举杯近鼻端用力嗅闻茶香。接着将杯移远欣赏汤色，最后举杯分3口缓缓喝下，茶汤在口腔内应停留一阵，用舌尖两侧及舌面舌根充分领略滋味。喝毕握杯再闻杯底香，用双手掌心将茶杯焐热，令香气进一步散发出来；或者单手虎口握杯来回转动闻香。

(13) 第二、三泡。双手捧碗形茶船将其中已冷却的开水倒入双层茶盘，复位后右手提开水壶向碗形茶船内注入适量的开水。右手提拿盖碗放入茶船，左手揭盖，右手注开水，这一道需要冲泡1分15秒左右。依次收回品茗杯，仍呈两两方阵放在双层茶盘中，注开水重新温杯。接着同前分茶、奉茶、品饮。第三泡冲泡需要1分40秒，方法如第二泡。如果茶叶耐泡，还可继续冲泡四、五道。

(14) 收具。冲泡完毕，将所用茶器具收放原位，对茶壶、茶杯等使用过的器具一一清洗。覆盖上泡茶巾以备下次冲泡。

二、乌龙茶壶杯泡茶法

（一）茶具配置

见表8-6。

表8-6 乌龙茶壶杯泡法茶具配置

名 称	材料质地	规 格
茶盘	竹木制品	大盘，约35cm×45cm
双层茶盘	白瓷或白底花瓷制品	圆形，下层可储水
茶壶	紫砂壶或潮州红泥壶	
茶杯	白瓷杯（若琛杯）	
杯托	竹木制品	4只

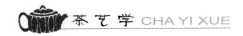

(续)

名　称	材　料　质　地	规　格
茶船	白瓷制品	形似大碗
茶匙筒	竹木制品	内放茶匙、渣匙、茶夹、漏斗
茶荷	竹制品或青瓷制品	
煮水器	紫砂大壶及紫砂酒精炉或随手泡	容量800ml左右
水盂	不限	不限
茶巾	棉、麻织品	用方形折叠法折好

壶杯泡乌龙茶在广东潮州一带也比较流行，尤其是受老年朋友和老茶客的喜爱，特别是泡重发酵、重焙火的"凤凰水仙"及"凤凰单丛"风味特佳。

（二）潮汕工夫茶壶杯泡法茶艺程式

（1）备具。在泡茶台底下放置一只水盂备用，式样不限。大茶盘居中放泡茶台上：茶盘内前排并列摆放茶样罐、茶匙筒；茶盘中排左侧放瓷茶盘，内反扣4只品茗杯；中排靠右侧放茶船，内放茶壶；茶盘后排左边放纸茶荷，杯托放中间，右边放茶巾。小茶盘放在大茶盘右侧桌面，内置煮水器、火柴等。如果泡茶台较小，可在坐位右侧放小茶几或特制炉架，搁放煮水器等。摆放完毕，覆盖泡茶巾备用［附：纸茶荷制法。取一张质地坚韧的干净白纸，裁成正方形（约20cm×20cm），将纸斜角对折，左手按住双折的一角，右手拎起双折的另一角，向内再与对折的角折叠］。

（2）备水。尽可能选用清洁的天然软水。有条件的茶艺馆应安装过滤设施，家庭自用可自汲泉水。

（3）布具。揭开泡茶巾折叠后放在小茶盘后方桌面；先提保温瓶向提梁大紫砂壶中倒少许热水，荡涤后将水倒进水盂，重新注热水入壶中；将大紫砂壶放在点燃的酒精炉上。双手将茶样罐、茶匙筒移放至大茶盘左前方桌面上；将杯托放到小茶盘煮水器后方右侧；茶巾仍放在大茶盘内右下角。

（4）温具。依次将4只品茗杯翻正；右手提开水壶用回转手法向茶壶（连盖）上冲淋少许热水，至水流遍及壶身后，开水壶复位；左手提茶壶盖放茶盘中，右手提开水壶沿壶口回转冲入热水至五分满，水壶复位，左手盖好壶盖，双手捧壶涤荡。烫壶后右手持茶壶柄提壶将热水依次循环倒入4只品茗杯。

（5）取茶。双手捧取茶样罐，开启后移放到茶盘右侧；左手取纸茶荷，大拇指、中指夹住纸茶荷两侧，食指插入内折的纸角中间，撑开纸茶荷；右手横拿茶样罐转动手腕倒茶；左手轻抖令茶叶粗细分层。一般情况下的投茶量：疏松条形乌龙茶用量为茶壶体积的2/3左右；球形及紧结的半球形乌龙茶用量为茶壶体积的1/3左右。碎茶较多时则减少置茶量，来宾多为清淡饮者，也宜酌情减量。目测茶量至足够右手放下茶样罐。

（6）赏茶。双手将茶荷平放到前方桌面，请来宾欣赏干茶。泡茶者利用这一间隙双手将茶样罐盖好，移回到茶匙筒旁边。

（7）置茶。待来宾赏茶完毕，以左手取纸茶荷托住（令其开口向内）；右手取茶匙将粗大的茶叶拨到壶流一侧,将细碎的茶叶拨到壶把一侧。这样可避免冲泡后出现茶叶将出水孔堵塞,造成茶壶出水不畅。

(8) 淋壶。右手提开水壶向茶壶注热水,逆时针回转运动手腕,水流从壶身外围开始浇淋,向中心绕圈最后淋至盖钮处,直至茶壶外壁受热均匀而足够(判断标准是茶壶嘴开始向外冒水),开水壶复位。一般乌龙茶头一道需泡1分钟左右。

在等待冲泡的间隙,将4只品茗杯依次轮回荡洗,洗毕将杯中的热水倒在茶盘内,重新摆放整齐。

(9) 游山玩水。右手握茶壶令壶底与茶盘边沿轻触,逆时针移动一圈,作用是刮去茶壶底部残水,晃动茶壶有利于茶汤均匀。转毕提壶至茶巾上按一下,再次吸干壶底的残水。

(10) 关公巡城。右手提壶逆时针方向不断转动,令茶汤均匀分入4只品茗杯中。

(11) 韩信点兵。茶壶中的茶汤基本分完后,为保证茶汤浓度一致,需要观察各只茶杯中的茶汤:凡汤色稍淡者,则抖动手腕将茶壶中余下的茶汤精华多点数滴,汤色较深者少点几滴。一般的轻发酵乌龙茶在茶汤筛尽后,宜揭开茶壶盖,令叶底冷却易于保持其固有的香气与汤色。

(12) 奉茶。如果来客围坐较近,不必使用奉茶盘。直接用双手捧取品茗杯,先到茶巾上轻按一下,吸尽杯底残水后将茶杯放在杯托上,双手端杯托将茶奉给来宾,并点头微笑行伸掌礼。

(13) 品饮。接茶时可用伸掌礼对答或轻轻欠身微笑。右手以"三龙护鼎"手法握杯,女士须用左手托杯底,举杯近鼻端用力嗅闻茶香。接着将杯移远欣赏汤色,最后举杯分3口缓缓喝下,茶汤在口腔内应停留一阵,用舌尖两侧及舌面舌根充分领略滋味。喝毕握杯再闻杯底香,用双手掌心将茶杯焐热,令香气进一步散发出来;也可单手握杯,将茶杯夹在虎口部位,来回转动嗅闻香气。

(14) 泡二、三道茶。冲泡前先将茶船及茶盘中的残水倒入水盂。如同冲泡其他茶类一样,第二、三道乌龙茶冲泡的重点在于保持足够的茶汤浓度。采用延长冲泡时间的方法,二道应冲泡1分15秒左右;三道应冲泡1分40秒左右。如果茶叶耐泡,还可继续冲泡四、五道茶。

(15) 净具。冲泡完毕,将所用茶器具收放原位,对茶壶、茶杯等使用过的器具一一清洗。覆盖上泡茶巾以备下次冲泡。

三、武夷山工夫茶茶艺表演解说词欣赏

各位嘉宾,大家好,欢迎你们到武夷山来品茗赏艺。风景秀甲东南的武夷山是乌龙茶的故乡,宋代大文豪范仲淹曾写诗赞美武夷茶说:"年年春自东南来,建溪先暖冰微开,溪边奇茗冠天下,武夷仙人自古栽。"自古以来,武夷山人不但善于种茶,制茶,而且精于品茶。现在由我来为各位嘉宾表演武夷山的功夫茶茶艺,请大家静下心来,和我共享茶艺的温馨和怡悦。功夫茶茶艺共有十八道程序,前九道由我来操作表演,后九道则请各位嘉宾和我密切配合,共同完成。

第一道：焚香静气，活煮甘泉。焚香静气，就是通过点燃这支香，来营造祥和、肃穆、无比温馨的气氛。希望这沁人心脾的幽香，能使大家心旷神怡，也但愿你的心会伴随着这悠悠袅袅的香烟，升华到高雅而神奇的境界。

宋代大文豪苏东坡是一个精通茶道的茶人，他总结泡茶的经验说："活水还须活火烹。"活煮甘泉，即用旺火来煮沸壶中的山泉水。

第二道：孔雀开屏，叶嘉酬宾。孔雀开屏是向同伴展示自己美丽的羽毛，我们借助孔雀开屏这道程序，向嘉宾介绍今天泡茶所用的精美的功夫茶茶具。

"叶嘉"是苏东坡对茶叶的美称。叶嘉酬宾，就是请大家鉴赏乌龙茶的外观形状。

第三道：大彬沐淋，乌龙入宫。大彬是明代制作紫砂壶的一代宗师，他所制作的紫砂壶被后代茶人叹为观止，视为至宝，所以后人都把名贵的紫砂壶称为大彬壶。大彬沐淋，就是用开水浇烫茶壶，其目的是洗壶并提高壶温。

第四道：高山流水，春风拂面。武夷茶艺讲究"高冲水，低斟茶"，高山流水即将开水壶提高，向紫砂壶内冲水，使壶内的茶叶随水浪翻滚，起到用开水洗茶的作用。

"春风拂面"是用壶盖轻轻地刮去茶汤表面泛起的白色泡沫，使壶内的茶汤更清澈洁净。

第五道：乌龙入海，重洗仙颜。品饮武夷岩茶讲究"头泡汤，二泡茶，三泡、四泡是精华。"头一泡冲出的茶汤我们一般不喝，直接注入茶海。因为茶汤呈琥珀色，从壶口流向茶海好像蛟龙入海，所以称之为乌龙入海。

"重洗仙颜"本是武夷九曲溪畔的一处摩崖石刻，在这里寓意为第二次冲水。第二次冲水不仅要将开水注满紫砂壶，而且在加盖后还要用开水浇淋壶的外部，这样内外加温，有利于茶香的散发。

第六道：母子相哺，再注甘露。冲泡武夷岩茶时要备有两把壶，一把紫砂壶专门用于泡茶，称为"泡壶"或"母壶"；另一把容积相等的壶用于储存泡好的茶汤，称之为"海壶"或子壶。现代也有人用"公道杯"代替海壶来储备茶水。把母壶中泡好的茶水注入子壶，称之为"母子相哺"。母壶中的茶水倒干净后，趁着壶热再冲开水，称之为"再注甘露"。

第七道：祥龙行雨，凤凰点头。将海壶中的茶汤快速而均匀地依次注入闻香杯，称之为"祥龙行雨"，取其"甘霖普降"的吉祥之意。

当海壶的茶汤所剩不多时，则应将巡回快速斟茶改为点斟，这时茶艺小姐的手势一高一低有节奏地点斟茶水，形象地称之为"凤凰点头"，象征着向嘉宾行礼致敬。

过去有人将这道程序称之为"关公巡城"，"韩信点兵"，因这样的解说充满刀光剑影，杀气太重，有违茶道以"和"为贵的基本精神，所以我们予以扬弃。

第八道：夫妻和合，鲤鱼翻身。闻香杯中斟满茶后，将描有龙的品茗杯倒扣过来，盖在描有凤的闻香杯上，称之为夫妻和合，也可称为"龙凤呈祥"。

把扣合的杯子翻转过来，称之为"鲤鱼翻身"。中国古代神话传说，鲤鱼翻身跃过龙门可化龙升天而去。我们借助这道程序祝福在座的各位嘉宾家庭和睦，事业发达。

第九道：捧杯敬茶，众手传盅。捧杯敬茶是茶艺小姐用双手把龙凤杯捧到齐眉高，然后恭恭敬敬地向右侧的第一位客人行注目点头礼后把茶传给他。客人接到茶后不能独自先品为快，应当也恭恭敬敬地向茶艺小姐点头致谢，并按照茶艺小姐的姿势依次将茶传给下一位客人，直至传到坐在离茶艺小姐最远的一位客人为止。然后再从左侧同样依次传茶。通过捧杯敬茶众手传盅，可使在座的宾主们心贴得更紧，感情更亲近，气氛更融洽。

第十道：鉴赏双色，喜闻高香。鉴赏双色是指请客人用左手把描有龙凤图案的茶杯端稳，用右手将闻香杯慢慢地提起来，这时闻香杯中热茶全部注入品茗杯，随着品茗杯温度的升高，由热敏陶瓷制的乌龙图案会从黑色变为五彩。这时还要注意观察杯中的茶汤是否呈清亮艳丽的琥珀色。

喜闻高香是武夷品茶三闻中的头一闻，即请客人闻一闻杯底留香。第一闻是闻茶香的纯度，看是否香高辛锐无异味。

第十一道：三龙护鼎，初品奇茗。三龙护鼎是请客人用拇指、食指扶杯，用中指托住杯底，这样拿杯既稳当又雅观。三根手指头喻为三龙，茶杯如鼎，故这样的端杯姿势称为三龙护鼎。

初品奇茗是武夷山品茶中的头一品。茶汤入口后不要马上咽下，而是吸气，使茶汤在口腔中翻滚流动，使茶汤与舌根、舌尖、舌面、舌侧的味蕾都充分接触，以便能更精确地品悟出奇妙的茶味。初品奇茗主要是品这泡茶的火功水平，看有没有"老火"或"生青"。

第十二道：再斟流霞，二探兰芷。再斟流霞是指为客人斟第二道茶。

宋代范仲淹有诗云："斗茶味兮轻醍醐，斗茶香兮薄兰芷。"兰花之香是世人公认的王者之香。二探兰芷是请客人第二次闻香，请客人细细地对比，看看这清幽、淡雅、甜润、悠远、捉摸不定的茶香是否比单纯的兰花之香更胜一筹。

第十三道：二品云腴，喉底留甘。"云腴"是宋代书法家黄庭坚对茶叶的美称。"二品云腴"即请客人品第二道茶。二品主要品茶的滋味，看茶汤过喉是鲜爽，甘醇，还是生涩，平淡。

第十四道：三斟石乳，荡气回肠。"石乳"是元代武夷山贡茶中的珍品，后人常用来代表武夷茶。"三斟石乳"即斟第三道茶。"荡气回肠"是第三次闻香。品啜武夷岩茶，闻香讲究"三口气"，即不仅用鼻子闻，而且可用口大口地吸入茶香，然后从鼻腔呼出，连续三次，这样可以全身感受茶香，更细腻地辨别茶叶的香型特征。茶人们称这种闻香的方法为"荡气回肠"。第三次闻香还在于鉴定茶香的持久性。

第十五道：含英咀华，领悟岩韵。"含英咀华"是品第三道茶。清代大才子袁枚在品饮武夷岩茶时说："品茶应含英咀华并徐徐咀嚼而体贴之。"其中的英和华都是花的意思。含英咀华即在品茶时像是在嘴里含着一朵小花一样，慢慢地咀嚼，细细地玩味，只有这样才能领悟到武夷岩茶所特有的"香，清，甘，活"，无比美妙的岩韵。

第十六道：君子之交，水清味美。古人讲"君子之交淡如水"，而那淡中之味恰似在品饮了三道浓茶之后，再喝一口白开水。喝这口白开水千万不可急急咽下，而应当像含英咀华一样细细玩味，直到含不住时再吞下去。咽下白开水后，再张口吸一口气，这时您一定会感到满口生津，回味甘甜，无比舒畅。多数人都会有"此时无茶胜有茶"的感觉。这道程序反映了人生的一个哲理——平平淡淡总是真。

第十七道：名茶探趣，游龙戏水。好的武夷岩茶七泡有余香，九泡仍不失茶真味。名茶探趣是请客人自己动手泡茶，看一看壶中的茶泡到第几泡还能保持茶的色香味。

"游龙戏水"是把泡好的茶叶放到清水杯中，让客人观赏泡后的茶叶，行话称为"看叶底"。武夷岩茶是半发酵茶，叶底三分红，七分绿。叶片的周边呈暗红色，叶片的内部呈绿色，称之为"绿叶红镶边"。在茶艺表演时，由于乌龙茶的叶片在清水中晃动很像龙在戏水，故名"游龙戏水"。

第十八道：宾主起立，尽杯谢茶。

"饮茶之乐，其乐无穷。"自古以来，人们视茶为健身的良药，生活的享受，修身的途径，友谊的纽带。在茶艺表演结束时，请宾主起立，同干了杯中的茶，以相互祝福来结束这次茶会（摘自林治先生编写的《红袍功夫茶茶艺》）。

点评：本套茶艺虽然表演起来所用时间相对较长，但是观众并不觉得冗长乏味。整个茶艺编排中贯彻了三大特色。一是茶道即人道，茶道最讲人间真情，本套茶艺通过"母子相哺"、"夫妻和合"、"君子之交"等很通俗的程序表达了母子之情、夫妻之爱和朋友之谊，很真切地给人以温馨的感受。二是融知识性与趣味性为一体，艺术地再现了武夷山茶师在审评茶叶时"三看、三闻、三品、三回味"的高超技巧，参与了这套茶艺后就真正懂得了武夷山茶人是如何审评茶叶的。其三是重在参与。本套茶艺表演设置为客人与表演者围桌而坐，共同候汤、鉴水、赏茶、闻香、观色、品茗。每一个客人都是茶艺的创作者，而不是旁观者。正因为有这三大特点，所以这套茶艺深受欢迎，并已在全国广泛流传。

第四节　白茶茶艺

白茶属轻微发酵茶，选用白毫特多的芽叶，慢慢晾干，不揉、不炒，晾至八九成干时，再用低温文火焙至足干。因白茶未经高温烘焙，也不经揉炒，故其香气、滋味主要来自芽叶本身。白茶因采用的原料不同，分为芽茶和叶茶两种。白毫银针是白茶中之名品，芽长近寸，覆被白毫，银光闪烁，汤色浅杏黄，香气清鲜，滋味醇和；冲泡杯中，"满盏浮花乳"，条条挺立，如垂挂的石钟，上下交错，蔚为奇观。因此，白茶具有极高的欣赏价值，是以观赏为主的一种茶品。当然悠悠的清雅茶香，淡淡的澄黄茶色，微微的甘醇滋味，也是品赏的重要内容。

一、茶具配置

见表 8-7。

表 8-7　白茶冲泡的茶具配置

名　称	材　料　质　地	规　格
茶盘	竹木制品	约 35cm×45cm
玻璃杯	玻璃制品	容量 100～150ml
杯托	玻璃制品或竹木制品	直径 10～12cm
茶匙筒	竹木制品	内放茶匙及茶夹
茶荷	竹制品或青瓷制品	6.5～12cm

(续)

名　称	材　料　质　地	规　格
水　壶	玻璃制品	容量 800ml 左右
茶　巾	棉、麻织品	约 30cm×30cm

由于白茶茶艺过程是为了让观众更好地欣赏白茶的品质，所以常采用玻璃杯冲泡之法。而且由于冲泡白茶一般采用较低的温度，通常茶艺表演时不再准备烧水设备，而直接采用开水壶。而赏茶用的茶荷宜采用青瓷或竹木，以较深的颜色来反衬白茶的洁白特征。

二、白茶茶艺程式

白茶的冲泡方法，与绿茶相似，因其未经揉捻，冲泡后茶汁不易浸出，所以，冲泡时间要比绿茶稍久些。现以白毫银针为例，用玻璃杯冲泡法介绍其茶艺过程。

(1) 备具。将用于演艺的器具整齐地摆放在茶盘上。冲泡需要的用具有：保温瓶、大小竹制茶盘、玻璃杯、杯托、茶匙、茶荷、茶样罐、水壶、茶巾、茶巾盘、泡茶巾等。摆放位置以便于取放、美观为合适。大盘中放玻璃杯具、小茶盘、水壶；小盘内放茶样罐、赏茶盘、茶巾、茶巾盘、茶荷及茶匙。摆放完毕后覆以茶巾，置桌面备用。

(2) 备水。选用清洁的天然水。煮水至沸，冲入保温瓶备用。泡茶前先用少许开水温壶，再倒入煮开的水贮存。

(3) 布具。分宾主落座后，冲泡者揭去泡茶巾叠放在茶盘右侧桌面上；双手将茶盘中的用具逐个摆放在便于冲泡操作，又不影响品赏者欣赏的位置上，茶盘中仅剩供人观赏的杯具。

(4) 置茶。打开茶罐，用茶匙将茶叶从茶样罐拨入茶荷中，再分放各杯中。一般的茶水比例为 1g 茶用 50ml 水冲泡，每杯放茶 2～3g，视杯具大小确定，盖好茶样罐并复位。

(5) 赏茶。双手将玻璃杯奉给来宾，敬请欣赏干茶外形、色泽及嗅闻干茶香。赏毕按原顺序双手收回茶杯。

(6) 润茶。以回转手法向玻璃杯内注少量开水（水量约为杯子的 1/4 左右），目的是使茶叶充分浸润，便于之后冲泡时，茶叶中可溶性物质能较快地析出。浸润时间约半分钟，具体视茶叶的紧结程度而定。

(7) 摇香。左手托住茶杯杯底，右手轻握杯身基部，用右手手腕旋转茶杯，左手轻搭杯底作相应运动。此时杯中茶叶吸水，开始散发出香气。摇毕，可依次将茶杯奉给来宾，敬请品评茶叶香气，随后收回茶杯。

(8) 冲泡。右手执水壶，左手用茶巾托在壶底，双手用凤凰三点头手法冲泡。利用水的冲力，使杯内茶叶上下翻动，杯中上下茶汤浓度趋于一致，加快芽叶内物质被冲出的速度。冲泡水量控制在杯总容量的七成。

(9) 奉茶。双手将泡好的茶依次敬给来宾，互表敬谢之礼。

(10) 品饮。首先，欣赏茶芽在杯中上下浮立的状态，此景犹如春笋斗艳，满园春色。接着是闻香观色，其汤色杏黄清亮，香气自然清鲜；轻轻地浅啜，慢慢地细品。

(11) 续水。当杯中茶水被饮至仅剩 1/3 时，应及时续水。续水前应将水壶中未用尽的温水倒掉，重新注入开水，以保持冲泡茶水的温度不致太低。一般每杯茶可续水两次（或应来宾的要求而定），续水仍用凤凰三点头手法。

（12）净具。每次冲泡完毕，应将所用茶器具收放原位，对茶壶、茶杯等使用过的器具一一清洗，摆放整齐。净具毕，盖上泡茶巾以备下次使用。

三、白茶茶艺表演解说词欣赏

茶从东方走来，分为绿、红、白、青、黑、黄六大类。白茶被称为年轻的古老茶类，其发展历经沉浮，并为现代人重新认知，号称"茶叶的活化石"。明朝李时珍《本草纲目》曰：茶生于崖林之间，味苦，性寒凉，具有解毒、利尿、少寝、解暑、润肤等功效。古代和现代医学科学证明，白茶是保健功效最全面的一个茶类，具有抗辐射、抗氧化、抗肿瘤、降血压、降血脂、降血糖的功能。而白茶又分为白毫银针、白牡丹、寿眉和新工艺白茶等，亦称侨销茶。昔日，品白茶，是贵族身份的象征。欲知白茶的风味如何，让我们共同领略。

（1）焚香礼圣，净气凝神。唐代撰写《茶经》的陆羽，被后人尊为"茶圣"。点燃一柱高香，以示对这位茶学家的崇敬。

（2）白毫银针，芳华初展。白毫银针是茶叶珍品，融茶之美味、花香于一体。白毫银针采摘于华茶1号、华茶2号明前肥壮之单芽，经萎凋、低温烘（晒）干、拣剔、复火等工序制作而成。这里选用的"白毫银针"是福鼎所产的珍品白茶，曾多次荣获国家名茶称号，请鉴赏它全身满披白毫、纤纤芬芳的外形。

（3）流云拂月，洁具清尘。冲泡白茶以玻璃杯或瓷壶为佳。我们选用的是玻璃怀，可以观赏银针在热水中上下翻腾、相融交错的情景。用沸腾的水"温杯"，不仅为了清洁，也为了茶叶内含物能更快地释放。

（4）静心置茶，纤手播芳。置茶要有心思。要看杯的大小，也要考虑饮者的喜好。北方人和外国人饮白茶，讲究香高浓醇，大杯可置茶7~8g，南方人喜欢清醇，置茶量可适当减少，即使冲泡量多，也不会对肠胃产生刺激。

（5）雨润白毫，匀香待芳。茶，被称为南方之嘉木，而白毫银针，披满白毫，所以被我们称之为"雨润白毫"。先注沸水适量，温润茶芽，轻轻摇晃，叫做"匀香"。

（6）乳泉引水，甘露源清。好茶要有好水。茶圣陆羽说，泡茶最好的水是山间乳泉，江中清流，然后才是井水。也许是乳泉含有微量有益矿物质的缘故。温润茶芽之后，悬壶高冲，使白毫银针茶在杯中翩翩起舞，犹如仙女下凡，蔚为壮观，并加快有效成分的析放，能欣赏到白毫银针在水中亭亭玉立的美姿，稍后还会留给我们赏心悦目的杏黄色茶水。

（7）捧杯奉茶，玉女献珍。茶来自大自然云雾山中，带给人间美好的真诚。一杯白茶在手，万千烦恼皆休。愿您与茶结缘，做高品位的现代人。现在为您奉上的是白茶珍品"白毫银针"。

（8）春风拂面，白茶品香。啜饮之后，也许您会有一种不可言喻的香醇喜悦之感，它的甘甜，清冽，不同于其他茶类。让我们共同来感受自然，分享健康。

今天的白茶茶艺表演到此结束，谢谢各位嘉宾的观赏，让我们以茶会友，期待下一次美妙的重逢。

点评：白茶是我国六大茶类之一，属于轻微发酵茶，因为加工工艺相对简单，风味品质以轻淡自然为特征，茶艺表演过程中要让欣赏者准确领略到白茶的特色。上述白茶表演及解说词能够根据表演所用茶叶特点，将白茶功效、原料的加工工艺特殊之处、冲泡过程中的欣赏方法一一向观众介绍，表演过程短小、流畅，比较适合小场合表演，也是时间紧凑的茶艺表演的典范。

第五节 黄茶茶艺

黄茶是指一类按一定加工工艺制成的茶叶，不是指人们平时看到的，因保管不善或其他原因，使茶叶产生黄变的茶。黄茶的基本品质特点是"黄汤黄叶"。其滋味浓而不涩，醇而爽口，啜入口中，喉腔中有圆滑醇爽之感。黄芽茶一般不经揉捻，或经过轻微揉捻，因此，茶汁较难浸出。黄茶中最有名的当数君山银针，君山银针产于湖南岳阳君山，因这种茶由未开展的肥嫩芽头加工而成，芽上满布毫毛，芽身金黄，有"金镶玉"之美称，色泽鲜亮，香气清郁，汤色橙黄，滋味甘醇，久置其味不变；冲泡时芽尖向上，在水面上悬空竖立，继而徐徐下沉；竖立时，如群笋出土，沉落时似雪花下坠，姿态十分优美，所以常常作为黄茶表演的代表。

一、茶具配置

见表8-8。

表8-8 黄茶玻璃杯冲泡法茶艺表演茶具配置

名 称	材 料 质 地	规 格
茶盘	竹木制品	约35cm×45cm
玻璃杯	玻璃制品	3只（容量100～150ml）
杯托	玻璃制品或竹木制品	3只（直径10～12cm）
茶匙筒	竹木制品	内放茶匙及茶夹
茶荷	竹制品或玻璃制品	6.5～12cm
水壶	玻璃制品	容量800ml左右
茶巾	棉、麻织品	约30cm×30cm
茶样罐	白瓷或青瓷	大小与玻璃杯搭配
水盂	青瓷制品或木制品	风格与壶、杯一致
泡茶巾	棉、麻织品	约30cm×30cm

二、黄茶茶艺程式

黄茶冲泡可以用与绿茶相似的方法，可用杯泡，也可用壶泡。君山银针这类芽茶，重在欣赏冲泡后茶芽在水中的展姿，用玻璃杯冲泡，视觉效果较好，非单芽的茶可用壶冲泡，下面就壶泡过程做一些介绍。

（1）备具。泡茶台上居中摆放茶盘。茶盘中摆置茶壶、品茗杯（反扣在杯托中）、茶巾盘（盘内放茶巾、茶荷与茶匙）、水壶、水盂。摆放整齐后上覆泡茶巾备用。

(2) 备水。选用清洁的天然水,将水煮沸,冲入热水瓶备用。泡茶前先用少许开水温壶,再倒入煮开的水,以保持壶内水温在85℃左右。

(3) 布具。待宾客落座后,揭去泡茶巾,折叠后放在茶盘右侧桌面上;双手将所用器具逐件移至桌面,摆放位置以不影响观赏、便利操作取放为合适。茶盘内仅剩泡茶用的壶、杯、杯托、盖置。双手按顺序将茶杯翻正,边翻边调整其摆法,使之整齐、美观、取放方便。

(4) 温壶。左手轻轻掀起盖放在盖置上,同时右手提水壶向茶壶内注入少许热水;左手盖好壶盖右手放下水壶;右手执壶把左手托茶壶底,用手腕旋转茶壶,令茶壶周身受热均匀。祛荡冷气后,将水注入水盂,茶壶放回原处。

(5) 置茶。左手揭茶壶盖放盖置上,用茶荷茶匙将茶置入壶内。

(6) 冲泡。双手取茶巾,放在左手手指部位(左手心向上),右手提水壶,左手用茶巾托茶壶底,右手用回旋手法向茶壶内注入开水,水温应比绿茶冲泡要稍高,注入量约为水壶容量的1/4左右,水壶复回时左手放下茶巾,盖好茶壶盖;右手握茶壶把,左手托茶壶底,转动茶壶,浸润茶叶,半分钟左右时间,茶壶复位;左手揭盖,右手提水壶,用回转手法向茶壶内高冲注入开水至小半壶。盖上壶盖,静置片刻,同时进行温杯。约15秒后,提壶向倒掉热水的茶杯中先斟出一杯,仍倒回茶壶内以均匀茶汤;再等待15秒,依前法倒出一杯,观察茶汤深度以决定何时酾茶,仍将杯中茶汤倒回茶壶中。接着将其余品茗杯中的热水倒入水盂。

(7) 温杯。在冲泡等待间隙进行温杯。第一次等待时,右手提水壶,按翻杯顺序向每只杯内注入一半容量的热水,约10秒后,将其中一只杯内的热水倒入水盂,用来注入第一道用于均匀茶汤浓度的茶;第二次观察浓度后,将茶汤仍倒回茶壶;接着将未温的杯子拿起,双手转动,令杯体均匀受热后将水倒入水盂。

(8) 酾茶。在判断茶壶内茶汤浓度适宜后,即可酾茶。为保证每杯茶的浓度一致,按翻杯顺序向杯内倒呈梯级变化的茶汤量,最后倒水的杯约为五分满,接着,反向顺序将前几杯都倒至五分满。头一道茶汤量较少,不致因为溶出茶叶内过多的可溶性物质而影响下一道茶的风味。

(9) 奉茶。双手将泡好的茶依次敬给来宾。宾主互表谢意与敬意。

(10) 品饮。品饮时,依观色、嗅香、尝味逐项进行。

(11) 二道茶冲泡。用新煮的开水倒入水壶进行第二道茶的冲泡。冲泡手法如前,但是水温应略高,水量也略多,应冲至茶壶壶口下沿约5mm处,茶杯内注约七分满的茶汤后奉茶。以后如继续冲泡,可按上述方法重复。

(12) 净具。每次冲泡完毕,应将所用茶器具收放原位,对茶壶、茶杯等使用过的器具一一清洗。净具毕,摆放整齐后盖上泡茶巾以备下次使用。

三、君山银针茶艺表演解说词欣赏

"帝子萧湘去不还,空余秋草洞庭间。淡扫明湖开玉镜,丹青画出是君山。"在八百里浩渺的洞庭湖中,荡漾着一颗绿色的翡翠,远望如横黛,近观似青螺,这里生态条件独特,冬春多雾，夏秋多云，72座山峰，横卧在浩渺的烟波之中，满山茂林翠竹，郁郁葱葱；遍地奇花异草，芳香扑鼻。

君山银针茶艺共分为20道程序，恭请上座，耐心等待，静心欣赏。

（1）芙蓉出水。茶叶是至纯至洁之物，君山银针乃茶之珍品，茶艺小姐冲泡君山银针前先要用清澈透明的泉水清洗双手，请看茶艺小姐的纤纤玉指，犹如芙蓉出水。

（2）生火煮泉。茶是灵魂之饮，水是生命之源，茶中有道，水中也有道，宜茶之水"五诀"为："清、活、轻、甘、冽"。冲泡君山银针水温和水质都是有讲究的，今天所烹之水是来自我们君山岛的泉水。

（3）银针出山。"湖光秋月两相和，潭面无风镜未磨；遥望洞庭山水翠，白银盘里一青螺。"君山银针需在每年的清明前后5天左右，采摘单一茶芽，经8道工序，历时72小时精制而成，每千克君山银针大概需要5万个左右的茶芽。

（4）银盘献瑞。看茶如观景，鉴茶如赏玉，各位茶友请欣赏：我们君山银针芽头壮实，紧结挺直，芽身黄似金，茸毫白如玉。

（5）湘妃洒泪。"君妃二魄芳千古，山竹诸斑泪一人"。相传4000多年前，舜帝南巡，久去未归，其爱妃娥皇、女英寻夫至洞庭山，得知帝驾崩于九嶷山，悲痛欲绝，攀竹哭泣，泪染竹秆，遂成斑竹，不久，二妃忧郁成疾，不治身亡，葬于洞庭山上，由此，洞庭山改名为"君山"。一代伟人毛泽东在《七律·九嶷山》一诗中写到，"斑竹一枝千滴泪"，这是对二妃忠贞爱情的赞颂。

（6）金玉满堂。茶艺小姐将4～5g君山银针投入每个水晶玻璃杯中，金黄闪亮的茶芽徐徐降落杯底，形成一道美丽的景观，恰似洞庭湖中君山小岛的72座山峰，也寓意着各位茶友家庭幸福，生活甜美，金玉满堂。

（7）气蒸云梦。"八月湖水平，涵虚混太清，气蒸云梦泽，波撼岳阳城。"我们借助唐代诗人孟浩然这首诗来描述冲水，茶艺小姐采用凤凰三点头的方法将水冲至七分满。请看玻璃杯上方的浓浓热汽，像不像气蒸云梦？而杯中翻腾的沸水恰似洞庭湖水，惊涛拍岸，正是烟波震撼岳阳城。

（8）风平浪静。当沸水冲入杯中后，用玻璃片将杯盖住，保持水温，有利于银针竖立。

（9）雾锁洞庭。银针冲泡后，呈现八景奇观，因逐时变幻，需耐心等待，静心欣赏。正是杯中看茶舞，八景呈奇观。请看：杯中的热汽形成一团云雾，好像君山岛上长年云雾缭绕。

（10）雀舌含珠。茶芽含有空气，吸水产生气泡，微微张开的茶芽，形似雀鸟之舌。

（11）列队迎宾。茶芽整齐排列，悬浮水面，表示欢迎各位领导、各位来宾、各位茶友的到来。

（12）仙女下凡。茶芽吸水，缓缓降落，恰似天女散花，又似天降伞兵。

（13）三起三落。茶芽沉入杯底，瞬间变化，忽升忽降，"三起三落"，能起落的芽头为数并不多，一个芽头落而复起三次，更属罕见，正是"未饮清香涎欲滴，三浮三落见奇葩"。

（14）春笋出土。这是银针最有观赏价值的一道景观，茶芽竖立杯底，如雨后春笋，被诗人喻为"春笋出土"。

（15）林海涛声。茶芽竖立杯底，芽光水色，浑然一体，堆绿叠翠，妙趣横生，轻摇茶杯，茶芽摆动，"林海涛声"，隐约可闻。

（16）白鹤飞天。移去杯盖，一股蒸汽从杯中升起，犹如一群白鹤升上天空。

（17）敬奉佳茗。请茶艺小姐将茶敬献给茶友。君山银针是中国十大名茶之一，1956年在德国莱比锡国际博览会上荣获金奖，1972年成为中国政府代表团在联合国总部纽约招待各国使节的首选茶叶，1988年参加中国首届食品博览会获金奖，2006年5月又成为俄罗斯总统普京首选的中国茶叶。近年来君山银针多次在国际、国内博览会上获金奖，其外观以芽身黄似金、茸毫白如玉而被誉为金镶玉，是不可多得的茶叶珍品。

（18）玉液凝香。细品君山银针，沉积厚重的茶文化书香，有联为证："杜少陵五言绝唱"，"范希文两字关情"，"藤子京百废俱兴"，"吕纯阳三过必醉"。

（19）三啜甘露。口品茶之甘甜，回味茶汤"先苦后甜"的滋味，回想茶芽"三起三落"的现象，回韵景观"上下浮动"的奥理，领悟屈原"上下求索"的精神。

（20）尽杯谢茶。"君山茶叶贡毛尖，配以洞庭白鹤泉，入口醇香神作意，杯中白鹤上青天。"醉翁之意不在酒，品茶之韵不在茶，茶中有道，品茶悟道。

（摘自湖南省君山银针茶业有限公司创编的君山银针茶艺表演解说词，有删改）。

点评：君山银针为黄茶中的精品，只有湖南岳阳君山岛上生产。该套茶艺共20道流程一气呵成，将君山银针的历史文化、品质特点、冲泡技巧一一展现给欣赏者。茶艺解说词更是以凸显君山银针茶历史、茶文化为特色。虽然整个茶艺过程有20个操作步骤，但经过解说者的介绍，仿佛让观众聆听一个茶文化故事，故事里时而风声水起，时而仙女下凡，时而林海涛声，时而云雾缭绕，让欣赏者如临仙境梦境，浮想联翩之际，一杯香茶已经端到面前。所以虽然程序烦琐但也不觉乏味。解说词的创作可谓花尽心思，在整套程序中，将民俗典故之美、自然风光之美、银针茶叶之美融为一体，使欣赏者即使没有到过君山岛也能想象她的美丽动人之处。因此，不能不说，这套茶艺是名茶表演中的创新之大作。

第六节　黑茶茶艺

一、黑茶的特色与茶艺

黑茶是一类生产历史悠久，花色品种丰富的茶类。中国的湖北、四川、云南、广西等地是黑茶的主要产区。云南的普洱茶是黑茶中不可多得的名品，古往今来，备受赞赏，在海外侨胞中，享有较高的声誉。

普洱茶之所以闻名中外，不在于外观式样奇特，而在于它具有优良的品质和可贵的药效。古人称普洱茶性温和，不但品质好、药效大，而且适于烹用或泡饮，又有久藏不变的特点。普洱茶以能治病而著称，清朝赵学敏《本草纲目拾遗》中写道："普洱茶清香独绝也。醒酒第一，消食化痰，清胃生津，功力尤大也"。

茶具配置见表8-9。

表 8-9 黑茶的茶具配置

名　称	材　料　质　地	规　格
茶　盘	竹木制品	大盘，约 35cm×45cm
双层茶盘	白瓷或白底花瓷制品	圆形，下层可储水
茶　壶	紫砂壶	容量 150～250ml
茶　杯	白瓷杯（若琛杯）	视人数定
杯　托	竹木制品	视人数定
茶　船	白瓷制品	形似大碗
茶匙筒	竹木制品	内放茶则、渣匙、茶夹、漏斗
茶　荷	竹制品或青瓷制品	
煮水器	紫砂大壶及紫砂酒精炉或随手泡	容量 800ml 左右
水　盂	不限	不限
茶　巾	棉、麻织品	用方形折叠法折好

二、普洱茶茶艺程式

九道茶是流行于中国西南地区的一种冲泡茶形式。泡九道茶一般以普洱茶最为常见，多用于家庭接待宾客，所以，又称迎客茶。因饮茶有九道程序，故名"九道茶"。下面以"九道茶"冲泡为例，介绍普洱散茶的冲泡过程。

（1）赏茶。将宫廷普洱茶置于小盘，请宾客观形、察色、闻香。

（2）洁具。迎客茶以选用紫砂茶具为上，通常茶壶茶杯、茶盘一色配套。多用开水冲洗，这样在清洁茶具的同时，又可提高茶具温度，以利茶汁浸出。

（3）置茶。一般视壶大小，按 1g 茶泡 50～60ml 开水比例将普洱茶投入壶中待泡。

（4）泡茶。用刚沸的开水迅速冲入壶内，至三四分满。

（5）浸茶。冲泡后，立即加盖，稍加摇动，再静置 5 分钟左右，使茶中可溶物溶解于水。

（6）匀茶。再向壶内冲入开水，使茶汤浓淡适宜。

（7）斟茶。将壶中茶汤分别斟入半圆形排列的茶杯中，从左到右，来回斟茶使各杯茶汤浓淡一致，至八分满为止。

（8）敬茶。由主人手捧茶盘，按长幼辈份，依次敬茶示礼。

（9）品茶。一般是先闻茶香，继而将茶汤徐徐送入口中，细细品味，享饮茶之乐。

如用于表演的普洱茶茶艺，上述九道程序再加上备具、备水、净具等其他茶冲泡过程均有的几项也有十余道之多。

一般普洱茶冲泡用的开水温度要高，此茶虽较温和，耐浸泡，但也忌浸泡时间过长，否则苦涩味重，如冲泡得当则茶汤清澈，茶味醇厚。如品饮者喜爱喝较浓的茶，除增加茶叶的投入量外，还可将浸泡时间延长，反之亦然。

三、普洱茶茶艺表演解说词欣赏

中国是茶的故乡,而云南则是茶的发源地及原产地,几千年来勤劳勇敢的云南各民族同胞利用和驯化了茶树,开创了人类种茶的历史,为茶而歌,为茶而舞,仰茶如生,敬茶如神,茶已深深地渗入到各民族的血脉中,成为了生命中最为重要的元素。同时,在漫长的茶叶生产发展历史中创造出了灿烂的普洱茶文化,使之成为香飘十里外、味酽一杯中的享誉全球的历史名茶。今天很荣幸为大家冲泡普洱茶,并将历史悠久、滋味醇正的普洱茶呈现于大家面前。

(1)备具摆盏。在正式冲泡之前,首先为您介绍一下冲泡普洱茶所用到的各类精美茶具。

流水茶盘,用来盛放各类茶具。

茶通,寓意茶源广通,共分5小件:茶夹,用来夹洗茶杯;茶则,用来量取干茶;茶针,用来疏通堵塞的紫砂壶壶口;干茶漏,用于较小的紫砂壶壶口,以防干茶外漏;茶匙,用来拨赶茶叶以及废弃的茶渣。

紫砂壶,产自江苏宜兴,以紫砂泥制者为佳,因普洱茶存放时间较久,茶气较足,味浓而醇厚,所以选泡茶之壶,宜大不宜小,且要以深圆、砂粗、壁厚、出水流畅者为上佳。

公道杯,用来均匀茶汤以及鉴赏汤色。

品茗杯,用来品饮香茗。

过滤网,用来过滤茶渣。

茶荷,以白瓷制造,用来盛放干茶,便于各位宾客欣赏。

杯托,形状如盘而小,用来放置品茗杯。

随手泡,用来火煮甘泉。煮水候汤,泉分三沸,一沸太稚,三沸太老,二沸最宜,如若随手泡内声若松涛,水面浮珠,视为二沸,用于泡茶最佳。

(2)淋壶润杯。茶自古便被视为一种灵物,所以茶人们要求泡茶的器具必须冰清玉洁,一尘不染,同时还可以提升壶内外的温度,增添茶香,蕴蓄茶味;品茗杯以若琛制式为佳,纯白、底平口阔、质薄如纸、色洁如玉,不薄不能起香,不洁不能衬色。

而四季用杯,也各有区别,春宜"牛目"杯、夏宜"栗子"杯、秋宜"荷叶"杯、冬宜"仰钟"杯,杯宜小宜浅,小则一啜而尽,浅则水不留底。

(3)赏茶投茶。普洱茶采自世界茶树的发源地,由云南乔木型大叶种茶树制成,芽长而壮,白毫多,内含大量茶多酚、水浸出物、多糖类物质等成分,营养丰富,具有越陈越香的特点。古木流芳,投茶量为壶身的1/3即可。

(4)洗茶。玉泉高致,涤尽凡尘,普洱茶不同于普通茶,普通茶论新,而普洱茶则讲究陈,除了品饮之外还具有收藏及鉴赏价值。时间存放较久的普洱茶难免在存放过程中沾染浮尘,所以通常泡茶前宜快速冲洗干茶2~3遍,这个过程我们俗称为洗茶。

(5)泡茶。水抱静山,冲泡普洱茶时勿直面冲击茶叶,破坏茶叶组织,需逆时针旋转进行冲泡。彩云南现是云南名称的由来,传说元狩元年,汉武帝刘彻站在未央宫向南遥望,一抹瑰丽的彩云出现于南方,即派使臣快马追赶,一直追到彩云之南,终于追到了这片神奇吉祥的圣地,也就是现今的云南大理。

(6) 赏汤。普洱茶冲泡后汤色唯美，似醇酒，有茶中"XO"之称，红浓透亮，赏心悦目，令人浮想联翩。

(7) 分茶。平分秋色，俗语说"酒满敬人，茶满欺人"，分茶以七分为满，留有三分茶情。

(8) 敬茶。齐眉举案，敬奉香茗，各位嘉宾得到茶杯后，切莫急于品尝，可将茶杯静置于桌面上，静观汤色，您会发现普洱茶汤红浓透亮，油光显现，茶汤表面似有若无地盘旋着一层白色的雾气，我们称之为陈香雾。只有上了年代的普洱茶，才具有如此神秘莫测的现象，并且时间存放越久的茶沉香雾越明显。

(9) 握杯。下面告诉大家一个正确的握杯方式，用食指和拇指轻握杯沿，中指轻托杯底，形成三龙护鼎，女士翘起兰花指，寓意温柔大方，男士则收回尾指，寓意做事有头有尾，大权在握。

(10) 闻香。暗香浮动，普洱茶香不同于普通茶，普通茶的香气是固定于一定范围内，如龙井茶有豆花香，铁观音有兰花香，红茶有蜜香，但普洱茶之香却永无定性，变幻莫测，即使是同一种茶，不同的年代，不同的场合，不同的人，不同的心境，冲泡出来的味道都会不同，而且普洱茶香气甚为独特，品种多样，有樟香、兰香、荷香、枣香、糯米香等。敬请各位贵宾闻香识香。

(11) 初品奇茗。品字由三口组成，第一口可用舌尖细细体味普洱茶特有的醇、活、化，第二口可将茶汤沿舌尖向后流淌，感受其特有的顺滑绵厚，最后一口可用喉咙用心体会普洱茶生津顺柔的感觉。

鲁迅先生说，有好茶喝，会喝好茶，是一种清福。让我们都来做生活的艺术家，泡一壶好茶，让自己及身边的人享受到这种清福。

点评：本套茶艺结合了普洱茶的泡法特点，泡茶程式一开始就向欣赏者介绍了茶具的名称与功能，让欣赏者对所用茶具有了大致的了解。在泡茶过程中对每一步操作都从原理上给欣赏者进行解释，让观众在欣赏泡茶的同时，也学习了普洱茶的冲泡方法。表演程式设置合理，符合普洱茶冲泡方法，在表演过程中有意设置让观众一起参与到茶艺中，使普洱茶艺真正成为生活茶艺。这一点，很值得我们学习。

第七节 白族三道茶茶艺

一、白族三道茶茶俗介绍

三道茶是大理白族人民的一种茶俗文化，早在南诏时期（公元649～902年）即作为招待各国使臣的宫廷茶艺，是对宾客的最高待遇。在《蛮书管内物产》中就有"蒙舍蛮以椒、姜、桂和烹而饮之"的记载。最早对三道茶有完整记录的是《徐霞客游记滇游日记六》："楼下采青松毛，铺藉为茵席，去卓趺坐，前各设盒果，注茶为玩，初清茶，中盐茶，次蜜茶，本堂诸静侣环坐满室，而外客与十方诸僧不与焉。"这是崇祯十二年己卯正月十五日徐弘祖在宾川鸡足山悉檀寺写下的日记片段。从记载中可以看出，三道茶已形成特殊的程式，对饮茶的人也有了一定的要求，具有一定地位的人才能参与品尝。现今三道茶也承袭了这一习俗。

三道茶，白族称它为"绍道兆"。本是一种宾主抒发感情，祝愿美好，并富于戏剧色彩的饮茶方式。喝三道茶，当初只是白族用来作为求学、学艺、经商、婚嫁时，长辈对晚辈的一种祝愿。如今，应用范围已日益扩大，成了白族人民喜庆迎宾时的饮茶习俗。以前，一般由家中或族中长辈亲自司茶。现今，也有小辈向长辈敬茶的。制作三道茶时，每道茶的制作方法和所用原料都是不一样的。

白族人民以茶待客，以三道茶敬献贵宾，有严格的规矩和程式。有专家把三道茶的制作到饮用总结为"十八序"，即：宾主就坐，主客寒暄，品尝点心，赏花观形，精心焙烤，作料制作，备水煨烧，分道冲泡，进具温杯，分盅冲茶，按客奉献，主客互敬，观其汤色，闻其香气，品其滋味，论茶述艺，祝福吉祥，拱手道谢。以茶献客，主人不用"吃喝"等粗俗字眼，一律用"请"字。盛茶用洁白精巧的瓷茶盅，献茶用红黑二色漆成的木制茶盘。每盅茶只冲半杯，不能盛满，白族民间有"酒满敬人，茶满欺人"的风俗。品茶时，宾主同饮。主人（一般为家庭或家族中德高望重的男性长者）首先接过茶盅，待客人都有茶后，双手举杯，"请"字邀客，然后一饮而尽。客人们亦应双手举杯，以"请"字回敬，或干杯或慢慢品味。这样的方式，一是表现了主人的豪爽性格，二是可以消除客人的疑意，在接下来的叙谈商议中首先给客人一个好印象。

作为一种民俗文化，白族茶礼始终贯穿"礼"、"真"、"美"三字。礼指"客来敬茶，举止文明"；真指"仁者待人，真诚朴实"；美指"品行高尚，追求完美"。充分体现了白族文明、好客的特点。

新式表演型三道茶茶艺开始于1984年，当时在北京民族文化宫举办大理画展时，曾以三道茶招待看画来宾后引起重视；1985年大理州白剧团与下关宾馆联手，在献茶之间加进歌舞乐对外营业，效益甚佳，逐步被社会各方套用。从此，白族三道茶成为大理地区文化旅游的重要内容和文化品牌。

二、白族三道茶表演所用器具及程式

（一）白族三道茶表演所用器具

见表8-10。

表8-10 三道茶的茶具配置

名　称	材　料　质　地	备　注
铁火盆	铁质	也可用烤茶专用炉
烧水壶	铜制	
茶盘	竹木制品	圆形或方形
小圆砂罐	陶制品	3～4只（容量100～150ml）
杯托	竹木制品	3只（直径10～12cm）
白瓷茶匙		1只
茶匙筒	竹木制品	内放茶匙及茶夹
茶荷	竹制品或金属	6.5～12cm

(续)

名　称	材 料 质 地	备注
有柄小瓷杯		3～4只（容量100ml左右）
茶巾	棉、麻织品	约30cm×30cm

（二）白族三道茶茶艺程式

作为民族待客性质的茶艺表演，白族三道茶通常会比一般茶艺表演更具有民俗特色，因此在三道茶茶艺表演过程中，有许多请观众或宾客欣赏民族文化的技艺环节，通常的操作流程如下。

（1）备具。在泡茶台下放置铁火盆，也可事先放置烤茶专用火炉。泡茶台上居中摆放大茶盘，大茶盘内左侧放双层瓷茶盘，盖碗在右，4只小杯在左呈新月状环列（杯口向下）在瓷茶盘上；大茶盘内右侧前排并列摆放茶叶罐与茶匙筒，茶匙筒后放茶荷及相关调料；大茶盘内右侧后排放碗形茶船及茶巾。摆放完毕后覆盖上泡茶巾备用。

（2）备水。尽可能选用清洁的天然水。

（3）布具。分宾主落座后，泡茶者揭去泡茶巾折叠后放在泡茶台右侧桌面。将小陶罐搁放在炉上预热，同时将铜茶壶也一并放置。双手捧取茶叶罐与茶匙筒，移至大茶盘左侧前方桌面；将茶荷移至大茶盘内右上角，将茶盘中的4只品茗杯排放成一字形。

（4）赏茶。左手横握茶样罐，右手开盖放大茶盘中，右手取茶匙将适量茶叶从茶样罐拨入茶荷，接着用茶匙将茶荷中的茶叶拨散，便于观赏外形。将茶匙插入茶匙筒，盖好茶样罐并复位。由另一陪泡人员双手托捧茶荷，送至来宾面前，请来宾或观众欣赏干茶外形及色泽等。

（5）置茶与煮茶。待小陶罐发热后，左手持茶荷右手拿陶罐上部，加入适量茶叶。之后再放入铁火盆上烤，并抖动陶罐使茶叶均匀受热，待茶叶烤至焦黄发香时，冲入少量沸水，使陶罐中的茶水泡沫刚开不溢出为好。罐中发出劈啪声，稍后再冲入沸水，煮沸一会儿。

（6）斟茶。将煮好的茶分别斟入半圆形排列的茶杯中，至半杯。

（7）敬第一道茶。由从泡人员手捧茶盘，主泡者按长幼辈分，依次敬茶示礼。

（8）泡第二道茶——甜茶。原料由主泡者向宾客介绍展示，请待泡人员将二道茶所用原料放入小茶盘请宾客欣赏。

在头道茶烘烤的基础上，向陶罐内加入切碎的乳扇（乳扇是由鲜牛奶煮沸混合3∶1的食用酸炼制凝结，制为薄片，缠绕于细竿上晾干而制成，应是一种特形干酪。——编者注）、核桃仁、芝麻、红糖等配料后，再加入开水，稍煮至微沸，再倒入茶杯内。重复前次奉茶礼节。

（9）泡第三道茶——回味茶。在甜茶的基础上，向陶罐内加入切碎的姜丝、花椒、桂皮等配料后，再加入开水和适量蜂蜜，稍煮至微沸后，再倒入茶杯内。出汤时加蜂蜜搅拌均匀，使五味均衡。献茶流程同上。

三、白族三道茶表演解说词欣赏

各位茶友、各位来宾，今天我们请大家欣赏的是由大理某某茶艺表演队表演的白族三道茶茶艺。

白族是云南历史悠久、民族文化灿烂辉煌的少数民族之一，唐宋时期建立过"南诏"、"大理"国，现大理被列为中国历史文化名城，也是茶马古道重镇。三道茶艺就是白族文化艺苑中一朵绚丽的奇葩。白族三道茶，由寺庙逐步发展到皇宫贵族，又到文人雅士，最后普及到民间，是一种宾主抒发感情、祝愿美好、富于戏剧色彩的饮茶方式。其"一苦二甜三回味"，形成了对子女传教事业、生活哲理的一套福礼。

第一道茶，称之为"清苦之茶"。先将水烧开，小砂罐烤热，取适量茶叶放入罐内转动抖烤，待罐内茶叶烤黄啪啪作响，发出焦糖香时，注入开水稍煮片刻，将沸腾的茶水注入茶盅，双手献给客人。清苦茶色如琥珀，焦香扑鼻，喝下去滋味苦涩，故而谓之"苦茶"。通常只有半杯，一饮而尽。寓意做人的哲理："要想立业，先要吃苦。"

第二道茶，称之为"甜茶"。重新用小砂罐置茶、烤茶、煮茶，同时在茶盅内放入少许红糖、乳扇、桂皮，将煮好的茶汤倒入七分满为止。这样沏成的茶，甜中带香，十分好喝，它寓意"人生在世，只有吃得苦，才有甜香来！"

第三道茶，称之为"回味茶"。煮茶方法同上，但茶碗中放的原料已换成适量蜂蜜，少许核桃仁，若干花椒粒，一撮熟芝麻，倒茶通常为六七分满。喝茶时一般晃动茶盅，使茶汤和作料混合均匀，趁热喝下。这杯茶，喝起来甜、酸、辣各味俱全，回味无穷。它告诫人们，凡事要多"回味"，切记"先苦后甜"的哲理。

大理白族三道茶，是云南大理地区的独具一格的饮茶习俗。喝三道茶，当初只是白族用来作为求学、学艺、经商、婚嫁时，长辈对晚辈的一种祝愿。如今，应用范围已日益扩大，成了白族人民欢迎各位来宾时的饮茶习俗。白族人民以茶待客，以三道茶敬献贵宾，有严格的规矩和程式。通常要求也十分严谨，它把茶点、茶礼、茶艺贯穿始终，其间有"三道"、"六则"等要求。

所谓"三道"，就是指今天我们所喝的三道茶：即一苦、二甜、三回味。"六则"：即选用上等好茶，道道皆烤，铜壶烧水，木炭生火，砂罐焙茗，专用作料。

品"三道茶"，可以用"真、善、美"概括。"真"，就是朴实无华，"善"，就是以善待人，"美"，就是美好，追求完美。"三道茶"以其较高的艺术价值，品后会给人留下诗情画意的美感。清代黄秉萤诗曰："爱收新泉自煮茶，一瓶鱼蟹眼生花。此间便足消烦热，何必清门学种瓜。"这便是诗人在古城大理饮茶的情趣。最后再次祝愿各位到大理来旅游的宾朋，放下一颗忙碌的心，来领略感受这里诗情画意的美景；愿我们的三道茶的思想精神能给你带来生活启迪，祝各位朋友心想事成，万事如意！

点评：白族三道茶是我国著名的民俗茶艺之一，自从20世纪80年代被重新挖掘出来后，现已成为大理地区文化旅游的重要内容和文化品牌。作为一种宾主抒发感情、祝愿美好、富于戏剧色彩的饮茶方式。品饮三道茶最重要的不仅仅是品尝到3种不同的味道，而是从民族茶俗文化了解大理地区的区域文化。因此，如何设置茶艺程式和解说词就显得极为重要。本套茶艺表演和解说词，一开始就向观众详细介绍了白族三道茶的由来，然后在演示和品饮三道茶时分别向观众介绍三道茶的寓意，即"要想立业，先要吃苦"、"人生在世，只有吃得苦，才有甜香来"、"凡事要多'回味'，切记'先苦后甜'"的哲理。表演接近尾声时再次向来宾介绍三道茶的艺术价值和操作规程，使观众在欣赏三道茶表演之时，也通过三道茶的艺术性展示，获得处事生活哲学，为民俗茶艺之精品。

第九章　韩国与日本茶艺赏析

第一节　韩国茶礼赏析

韩国茶艺起源于中国,从新罗时代开始就有茶文化,成为韩国传统文化的一部分。"和、敬、俭、美"是韩国茶礼的基本精神,体现了心地善良、以礼待人、俭朴廉洁和以诚交友。韩国茶文化历史悠久,但在历史上曾有过长期消沉,以后又受到西方文化冲击,直至20世纪80年代,韩国经济高速发展,茶文化开始复兴,茶礼重新出现,并把每年的5月25日定为茶日,年年举行茶文化盛典。本节主要介绍传统茶艺(即通常所说的"茶礼")等。

一、韩国茶礼分类

韩国茶礼可分为生活茶礼、仪式茶礼、其他茶礼3种。

生活茶礼是指平常生活中以饮茶为目的进行的茶艺活动,根据场所不同包括以下几种。

(1) 茶室行茶法:茶室茶礼是韩国茶艺的基础,在室内泡茶、喝茶的形式。

(2) 亭子行茶法:公园或野外的亭子里进行的茶礼。

(3) 野外行茶法:野外或者山里进行的茶礼。

(4) 寺院行茶法:寺院进行的茶礼。

仪式行茶法是指通过向神佛、祖先等供奉茶果,拜祭神明、纪念祖先的仪式。可分为以下几种。

(1) 节日茶礼仪式:各种节日进行的茶礼仪式,例如在端午节或者中秋节等。

(2) 祭祠茶礼仪式:在家里五代以内的祖先拜祭时的奉茶仪式。

(3) 墓祭茶礼仪式:墓前五代以前的祖先的奉茶仪式。

(4) 祠堂茶礼仪式:祠堂进行的茶礼仪式。

(5) 佛殿献茶仪式:向佛祖恭茶的仪式。

(6) 祖师祭献茶仪式:向历代祖师献茶的仪式。

其他茶礼是指除生活茶礼和仪式茶礼之外的茶艺活动,包括以下几种。

(1) 山川献茶仪式:从古朝鲜时期祭天仪式演变而来,现主要向名山名川恭茶的仪式。

(2) 神像献茶仪式:向龙王神、灶王神等的献茶仪式。

(3) 草衣禅师献茶祭:草衣禅师被称为韩国茶圣,他所创立的献茶祭融合了佛教和儒家思想,在韩国茶礼中占重要的位置。

二、韩国茶具

（一）茶罐

将适量茶叶放入茶罐中并冲进热水，泡出茶汤，与中国茶具中的茶壶功能相似。茶罐有金、银、铜、玉、陶瓷等材质（图9-1）。选购时应注意盖子与茶罐是否吻合，壶嘴里的网孔细小、均匀，倒茶汤时可过滤茶渣。使用后立即用开水冲洗并用茶巾擦拭干净。

图9-1 茶罐

（二）熟盂

将烧开的水放入熟盂中，放凉至适宜温度，再倒入茶罐中泡茶（图9-2）。有时也从茶罐中将茶汤放入熟盂，分茶之用。其材质有金、银、铜、玉、陶瓷、玻璃等。

图9-2 熟盂

（三）茶盏与茶托

茶盏也称为茶杯，将茶汤倒入茶杯中供人饮用。茶托用于放茶盏，材制有瓷、木等，但为防止与茶盏碰撞时的噪声，最好是用木制，其形状多种多样，如圆形、三角形、四角形、莲花形、树叶形，等等（图9-3）。

图9-3 茶盏与茶托

（四）茶壶

用于放干茶，其形状一般为肚圆形的小瓷缸（图9-4）。

（五）茶匙与茶则

茶匙和茶则均为盛茶入茶罐之用具，一般为竹制品，但也有其他木制或者银制品，盛茶量要求精确时一般使用茶则（图9-5）。

（六）茶巾

茶巾的主要功用是清洁茶壶，于酌茶之前将茶壶或茶海底部残留的杂水擦干，亦可擦拭滴落桌面之茶水。最好是吸水性强的棉麻制品，使用后及时清洗保持茶巾的清洁。

（七）茶床

用于放置茶罐、熟盂、茶盏等泡茶用具（图9-6），一般为圆形、椭圆形、八角形或者四方形，

图9-4 茶壶

第九章 韩国与日本茶艺赏析

大小适中，高度较矮小。

（八）茶桌布

用于盖住茶床及茶具（见图 9-7）。茶桌布颜色以朴素为佳，传统的茶桌布里为蓝色、外面为红色。冬天最好使用棉布，夏天最好使用麻布。大小适中，盖过茶床即可。

（九）茶盘

用于承放茶杯或其他茶具的盘子，以盛接泡茶过程中流出或倒掉之茶水。也可以用做摆放茶杯的盘子，茶盘有塑料制品、不锈钢制品，形状有圆形、长方形等多种（图 9-8）。

（十）退水器

泡茶时放废水之用（图 9-9）。

三、韩国茶艺礼节

韩国素有"礼仪之国"的称号，韩国人十分重视礼仪道德的培养，尊敬长辈是韩国民族恪守的传统礼仪。韩国茶艺以敬和礼为基础，茶艺礼节是茶艺活动中必须遵守的规则。本章主要以生活行茶法中的室内茶礼为例介绍韩国茶艺礼节，并介绍主人与客人应注意的礼节。

（一）韩国茶艺基本顺序

1. 迎客

接待客人时应到门口迎接客人，恭迎客人至房内，主人先入室后从年长者开始迎客至房内。进入茶室时，主人先轻开门进入茶室后，

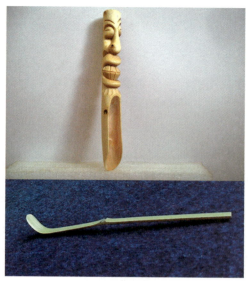

图 9-5　茶匙与茶则

图 9-6　茶床

图 9-7　茶桌布

图 9-8　茶盘

图 9-9　退水器

站在东侧请客人进入茶室。之后客人进入茶室（年长者优先），从茶室内西侧走向北侧至适当位置后，面向东侧。最后主人与客人面对面正式行礼。

2. 茶具的摆放位置

茶具摆放应便于泡茶，一般用两个茶床，尽可能只摆放需要的茶具，避免摆放不需要的茶具。

3. 烫壶

茶具摆放完毕后，收茶桌布。开水倒入茶罐中，将茶罐的水均匀倒入茶杯。将茶杯中的水倒入退水器。开水倒入熟盂中冷却到泡茶适宜温度，茶叶放入茶罐，准备泡茶之用。

4. 投茶

打开茶罐盖子放好后，左手将茶筒拿到胸前，右手打开盖子放在茶床角落，右手拿起茶则取一定量的茶叶投入茶罐。投茶后先将茶则放到原位后，茶筒盖子盖好放回原位。之后将茶罐盖子盖好。

5. 倒茶

倒茶时用右手拿茶罐，左手扶起袖口或者轻轻压住茶罐盖子。按人数摆好茶盏，倒茶时按从右到左顺序，每一个杯子倒 1/3，反复 3 次倒完。茶汤量为茶杯的六成满为最适宜，最多不能超过七成。

6. 敬茶

倒好茶汤后，从主人的右边年长者开始敬茶，敬茶时右手拿茶托，左手轻轻扶住右袖口，放在客人前的茶床上。敬完茶后主人将自己的杯子放到身前，然后对客人说：请用茶。此时客人回：谢谢。之后与客人一起喝茶。喝茶时右手拿起茶杯的中间部分，左手托起茶杯，边观赏茶汤颜色边喝茶。喝茶时不能发出声音，品茶叶的色香味。主人喝完一口茶后，将开水倒在熟盂中，准备第二泡茶的水。客人喝完茶后，将客人的茶杯收回，收回应注意茶杯的顺序颠倒。客人在喝完第一泡茶后等第二泡茶时，主人拿出准备好的茶果请客人食用。

7. 茶果

茶果是指喝茶时同时食用的水果或者糕点。茶果一般在喝完第一泡茶后等第二泡茶的间隙拿出，所以主人提前准备好后放在旁边或者侍者伺机拿出。

8. 续茶

客人在食用茶果的间隙，主人将熟盂中的开水倒入茶罐中，准备第二泡茶。敬茶过程与第一泡茶相同。根据客人的意向可续两三次。喝完茶后客人起身离开时，应送到门外，出房间的顺序与进房间时的顺序相反，年幼者先出，年长者后出。客人离开后才能清洗擦干茶具，并放回原位保管。

（二）主人应遵守的礼节

向客人说明准备好的茶类，询问客人的意见。

双手向客人敬茶。

敬茶时茶杯的手柄朝向客人的右手边。

泡茶喝茶时不能背向客人。

（三）客人应遵守的礼仪

入茶室时应脱掉外衣，挂在室外的衣挂上。如果没有衣挂，则在进入所指示的场所之后，折叠好放在自己身体后面（应将两边的垫肩相对折起，不能露出衣服衬里）。

（1）入茶室时不要戴戒指、手表、项链等金属饰物，这样才符合朴素的茶会气氛。不应饰护身用具。

（2）不可穿着过于华丽的服饰，或是过于夸张地露出衬里的衣服，这些都不适应茶室气氛。

（3）入茶室事先清洗口腔与双手，整理好自己的鞋物，以便于离开时方便穿着，事先清洁指甲，注意保持言行举止端正，换上白色袜筒再进入茶室。

（4）进入后主动向先到的来宾行礼（无论熟悉者或是陌生者）。

（5）离开茶室时彼此行礼致谢，整理好自己的坐位，确认没有遗留果皮纸屑。

（6）不可践踏坐垫，使用完毕后应放在原来位置上。

（四）茶礼中的行礼法

礼仪教育是韩国用儒家传统思想教化民众的重要方式。韩国的茶中离不开行礼，行礼的对象除了人之外还包括神、佛等，根据年龄、性别、职位、地区以及服装等的不同，其行礼的方法也有所不同。茶礼中的行礼法大约可分为草礼、平礼、真礼、拜礼4种。草礼一般是年长者向年幼者答礼时使用；平礼是年龄或官职差不多时使用；真礼是年幼者向年长者或者仪式中使用；拜礼用于婚、葬、祭等仪式中使用。

1. 男子行礼

草礼时两膝跪坐，右脚放在左脚上，两手轻放在身前，左手放在右手上，低头并身体向前倾斜15°左右。平礼与草礼相比不同点是身体向前倾斜30°左右。真礼时双手手掌完全接触地面，低头并身体向前倾斜45°左右。拜礼与真礼相似，不同点是身体尽量接近地面，更为恭敬。

2. 女子行礼

穿韩服与否女子行礼方法有所不同。穿韩服行草礼时将右膝立起而跪坐，两手轻放在身体两侧，低头并身体倾斜15°左右；平礼时与草礼相比不同之处在于低头并身体倾斜30°左右；真礼与平礼及草礼不同点在低头并身体倾斜45°左右；拜礼时两脚并齐跪坐，右手放在左手上，身体和头尽量接近地面，更为恭敬。穿便服行草礼地双膝跪坐，右脚放在左脚上，双手轻握，并膝盖上，轻轻低头身体向前倾斜15°左右，平礼与草礼相似，不同之处在于向前倾斜30°左右；真礼与平礼相似，只是身体向前倾斜45°左右；拜礼时则身体尽量靠近地面，以示恭敬。

四、韩国茶礼赏析

本节根据韩国茶艺的分类，介绍雪松行茶法、成年茶礼仪式、佛堂献茶仪式等韩国行茶法。除此之外，韩国茶礼还包括了幼儿茶礼、中小学生实用茶礼、书生茶礼，等等。

（一）雪松行茶法

雪松行茶法是由韩国茶道协会所创立，是主人邀请一些爱茶之士，在茶室或者其他一些场所品茶的一种茶礼。雪松行茶法与佛堂茶礼等仪式茶礼相比较为轻松，又比实用茶礼严肃。

1. 雪松茶礼的七项法则

（1）尊重茶道精神。雪松行茶法是以尊重茶道精神为基础，并将茶道精神融入茶礼的各个环节。例如，开始泡茶时最先用茶巾轻压茶壶盖，这一过程是将陆羽《茶经》中指出的茶器腹部的以守中也的中和或者中庸的茶道铭记在心之意。之后用茶巾将茶壶擦4次，这一过程是将草衣禅师的《东茶颂》中的神与体、建与灵为一体即相合的茶道精神铭记在心之意。

（2）温故知新，尊重传统。雪松行茶法是在整理陆羽《茶经》，草衣禅师的《茶神传》，百丈怀海的《百丈清规》、《禅院清规》，以及《朱子家礼》、《梵音集茶礼》、《佛教衣食集》等文献的基础上所创立的。

（3）尊重礼节。雪松行茶法非常尊重礼节，可以说是从礼节开始到礼节结束。因此学习雪松行茶法一般从礼拜开始。礼拜形式大约分为4种：草礼、行礼、真礼、拜礼，而且根据性别不同也有所不同。因此该行茶法是培养尊敬他人、奉献精神的一种茶礼。

（4）尊重科学。在泡茶时，尊重茶道精神、尊重礼节，但如果不尊重现代科学，很难发挥茶的效能。因此雪松行茶法对投茶量、水温、泡茶时间、茶叶储藏方法等提出了明确的要求。

（5）尊重法度。雪松行茶法除了以上应遵守的事项之外，还应便利、自然、遵守秩序。

（6）保持清洁。保持清洁是与茶道精神相关的重要礼法，最基本的是先保持自身的清洁以及场所、茶具等的清洁。

（7）尊重和谐之美。茶礼应将茶人的身心与茶具融为一体，因此将茶人的心与身融为一体，并进一步使茶、水、茶具、客人的气氛和谐的综合性艺术行为。

2. 雪松茶礼步骤

雪松茶礼法具体的步骤如下：

（1）待客人坐好之后，用水瓢盛开水至熟盂，水盂的开水倒入茶罐。

（2）茶罐里的水倒入各茶杯后，转动两次茶杯后将水倒入退水器中。

（3）泡茶者将开水再次倒入熟盂后，放凉至适宜的温度。

（4）泡茶者右手拿着茶巾，左手拿起茶杯将每一个擦拭干净，并放好。

（5）待熟盂中的水冷却至一定温度时，泡茶者打开茶罐盖子放在盖托上，取适量茶叶放入茶罐中。

（6）之后将熟盂中的水倒入茶罐泡1~3分钟。

（7）待泡好茶之后将茶水倒入茶杯，交给奉茶者。奉茶者从泡茶者处接过茶杯以及事先准备好的茶食放在茶盘上，走向客人致礼后再敬茶。

(8) 客人向奉茶者答礼后,品尝茶水与茶食。

(9) 待客人品尝好茶水与茶食后,奉茶者收回茶杯并向客人行礼后回到原位置。

(二)成年茶礼仪式

在古时候韩国的成年礼仪是在女子15岁、男子20岁时,家长给他们穿上成年服装,给男子戴冠、给女子戴上发簪,宣告已成为成年。成年礼的意义不在于外表形式的改变,而是培养起社会予以承认又予以管理和约束,更为重要的是通过成年礼仪培养起受礼者的社会责任心和义务感。现在的韩国成年礼是在19周岁生日或者成年日(5月的第3个星期一)进行。

韩国成年茶礼仪式顺序如下:

(1) 受礼者穿上传统礼服,面向大门站好。

(2) 宾客进入屋内后,并礼拜宾客,宾客答礼。受礼者跪拜宾客两次,宾客则答拜一次。

(3) 礼拜结束后,侍者给受礼者梳发后,宾客给受礼者插上发簪。

(4) 宾客念祝词后,受礼者向客人拜礼4次。

(5) 主泡者泡好茶后,侍者将茶杯奉给宾客,宾客赐茶给受礼者。

(6) 受礼者喝茶后拜礼4次。

(7) 受礼者向宾客宣誓成年的义务与责任,并拜礼两次。

(8) 宾客对受礼者答拜。

(三)佛堂献茶仪式

韩国茶道协会每年在法国寺、崇烈寺等地进行佛堂献茶、果、香仪式,特别是每年新茶上市时都会举行向佛堂献供新茶仪式,其程序如下:

(1) 泡茶者首先向佛献香后,向佛祖跪拜3次;再献上花,并跪拜3次。

(2) 摆放茶桌,不能正对着佛像,献茶仪式中适宜使用高脚茶杯。

(3) 首先收起茶桌布叠好,并放在茶桌正右边。

(4) 将开水倒入熟盂中,再用熟盂中的水清洗茶罐以及茶杯,将废水倒入退水器中。

(5) 再将开水倒入熟盂中后等开水冷凉至泡茶适宜温度,在等待的时间用茶巾擦干茶杯。

(6) 茶罐中置入新茶后,将熟盂中的水倒入茶罐中泡出茶水。

(7) 将茶水倒入高脚茶杯之后放在茶盘上,奉茶者双手举高茶盘至眼睛位置,走向佛殿后,交给住持。

(8) 住持接过茶杯敬茶至佛坛,合掌拜礼3次。

(9) 仪式结束后,泡茶者与奉茶者将佛坛上的茶水与茶食分发给观礼者品尝。

(四)高丽五行茶礼

高丽五行茶礼气势庄严,规模更大,展现的是向神农氏神位献茶仪式。唐代陆羽著有《茶经》,被人称为茶圣、茶神。韩国则把中国上古时代的部落首领炎帝神农氏称做茶圣。古代传说中神农日遇七十二毒,得茶而解之,神农是发现茶、利用茶的先行者,高丽五行茶礼是韩国为纪念神农氏而编排出来的一种献茶仪式，是高丽茶礼中的功德祭。

高丽五行茶礼中的五行是东方的一种哲学，五行包括五行茶道（献茶、送茶、饮茶、吃茶、饮福）、五方（东、南、西、北、中）、五色（青、白、紫、黑、黄）、五味（甘、酸、苦、辛、咸）、五行（土、木、火、金、水）、五常（信、仁、义、礼、智）、五色茶（黄茶、绿茶、红茶、白茶、黑茶）。

五行茶礼设置祭坛、五色幕、屏风、祠堂、茶圣炎帝神农氏神位和茶具。献茶仪式顺序如下。

（1）四方旗官举着印有图案的彩旗进场，两名武士剑术表演，两名执事身着蓝色和紫色官服入场，由多名女性两人一组地分别献烛、献香、献花瓶、献茶食。

（2）30名佳宾手持鲜花，以两行纵队沿着白色地毯，向茶圣炎帝神农氏神位献花。

（3）多位女性端着大茶碗，前往献茶，分成两组盘坐在会场两侧作冲泡茶的表演，并用青、赤、白、黑、黄5种颜色的茶碗向神位献茶。

（4）最后女性祭主宣读祭文。

高丽五行茶礼是国家级进茶仪式，表现了高丽茶法、宇宙真理和五行哲理，是一种茶道礼，是高丽时代茶文化的再现。茶礼全过程充满了诗情画意和独特的民族风情。

第二节　日本茶道赏析

日本茶道世代相传，数百年长盛不衰。它与花道、俳句、水墨画、庭园艺术等一样，无不受到禅文化的渗润，形成以"空寂"与"闲寂"为核心的日本传统美学思想，从古至今深刻地影响着日本人的文化生活。在日本，茶道组织遍及全国，研习茶道的人据说有四五百万人之多。

一、日本茶道流派

日本茶道分两大宗系：一种为抹茶道，传自我国唐宋时期的抹茶法，用蒸青茶碾制成粉状茶叶饮用；另一种为煎茶道，源于中国明清时期，采用以炒为主加工而成的散状芽条。日本最有名的茶道流派是所谓"三千家"，被称为"千家流派"。千家流派又分为3个派系，即"表千家"、"里千家"和"武者少路千家"。

表千家是千家流派之一，始祖为千宗旦的第三子江岭宗左。其总堂茶室就是"不审庵"。表千家为贵族阶级服务，他们继承了千利休传下的茶室和茶庭，保持了正统闲寂茶的风格。里千家是千家流派之一，始祖为千宗旦的小儿子仙叟宗室。里千家实行平民化，他们继承了千宗旦的隐居所"今日庵"。由于今日庵位于不审庵的内侧，所以不审庵被称为表千家，而今日庵则称为里千家。武者小路千家也是千家流派之一，始祖为千宗旦的二儿子一翁宗守。其总堂茶室号称"官休庵"，该流派是"三千家"中最小的一派，以宗守的住地武者小路而命名。薮内流派始祖为为薮内俭仲。当年薮内俭仲曾和千利休一道师事于武野绍鸥。该流派的座右铭为"正直清净"、"礼和质朴"。擅长于书院茶和小茶室茶。远州流派始祖为小堀远州，主要擅长书院茶。

二、日本茶室布置及茶具

（一）日本茶室建筑

日本茶室建筑由茶室本身和露地组成，因其外形与日本农家的草庵相同，且只使用土、沙、木、竹、麦秆等材料，外表亦不加任何修饰而又有"茅屋"、"空之屋"等称呼。

茶室是指用以举行茶事的房间，或是指以举行茶事为主的建筑。按风格可以分成书院造茶室和草庵风茶室。一套完整的茶室建筑按照功能可分为茶席、水屋两个主要部分，以及便所、腾手口、物入等其他附属部分。茶室面积一般以置放四叠半"榻榻米"为度，约 $9\sim10m^2$，小巧雅致，结构紧凑，以便于宾主倾心交谈。茶室分为床间、客、点前、炉踏达等专门区域。室内设置壁龛、地炉和各式木窗，一侧布"水屋"，供备放煮水、沏茶、品茶的器具和清洁用具。床间挂名人字画，其旁悬竹制花瓶，瓶中插花，插花品种视四季而有不同。

在日本茶道界，茶人称茶室外的庭院为"露地"。露地是进入茶室前的通道，是俗世与茶室的过渡空间。露地有垣摒、露地门、腰褂、蹲踞、雪隐、步石、石灯笼等，并布置有各种景观，步石道路按一

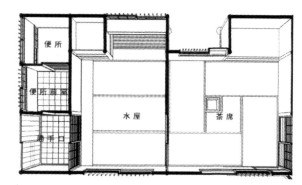

图 9-10 日本茶室空间分布图

定路线，经腰褂待合、雪隐、蹲踞等景观构成元素最后到达茶室。把庭院称做露地源自千利休。据《南方缘》记述"露地"一名取自佛经《法华经》："长者诸子，出三界火宅之外，坐露地之中。"，意思是说修行的菩萨行过三界的火宅来到露地，因露地为白色，又称"白露地"。茶道中的露地，不是供人欣赏的，而是修行的道场。历经室町、桃山、江户，以至明治、大正、昭和、平成各时期，已经发展成一种很成熟的景观风格。

日本的妙喜庵、如庵以及密庵称为三大国宝级茶室，其中位于京都郊外的妙喜庵是最著名的茶室建筑，据说是茶大师千利休（公元 1522～1591 年）的草庵风格茶室。茶室大小仅为四叠半榻榻米，其中包括了两叠榻榻米大小的茶床、水屋以及卫生间，空间狭小，但功能齐全。

茶道建筑的美学源自于茶道的美学，又充分体现了日本茶道之美。日本茶道建筑是供人举行茶事的地方，所以它们的"美"是与"用"结合在一起的，它的美呈现出多样、精巧、谦和、淡雅的风格。例如，茶室的简朴单纯模仿了禅院，茶室所用的建筑材料也意在给人以清贫或回归自然的印象，求精致而寓深意，显现出茶人对艺术追求的理想。

总地来说日本茶道建筑有以下几个特点：一是不对称之美。二是简朴之美，"简朴"是对"精巧"、"绚丽"的否定，茶室建筑多为单色，颜色偏灰，茶室里的装饰一般都少而精。三是枯高，"枯高"主要体现为茶室壁龛的柱子一般选用某个名寺拆下来的材料，茶室内的色调以朽叶为主，露地里的蹲踞多用古寺的基础石或旧桥墩做成，露地里常常种

植姿态遒劲的松树等。四是自然之美，"自然"即不造作，顺其自然，茶室的茅草屋顶、竹制的吊顶、弯曲的中柱、露地中没扫的落叶都是茶道建筑自然美的体现。五是幽深之美，"幽深"即不一览无余，藏一部分让人回味，这一点特别体现在露地的景观设计与布局上，露地面积小，但是幽深，能令茶人流连忘返。茶道建筑的这几个特点不是一个个拼凑的，而是相互关联，具有同一属性的，都是由茶道的思想核心——禅派生出来的。

（二）日本茶具赏析

因日本茶道源于中国，故而其茶具也源于中国功夫茶具。根据其流派不同，所使用的茶具有所不同，但其基本的茶具如下。

1. 挂轴

日本茶室里一般挂着装裱好的画或者书法作品，称为挂轴。《南方录》中指出挂轴是茶具中最为重要之物品，因此在进行茶事或茶会时根据其主题选取恰当的挂轴是必不可少的。挂轴一般包括：禅僧笔迹、佛教经典名句、平安时期到镰仓时代的书法家笔迹、诗歌、信、日本歌或者书法、中国风格绘画、家训等。

图 9-11　挂轴

2. 花入

花入是插花用的花瓶，由金属、瓷器、竹子材料制作。花入包括以下几种：挂在茶室柱子上的挂式花入、吊在天井上的吊式花入、放在茶床上的置式花入。

3. 茶釜

用于烧水的铁制的重要道具。根据所用炉子可分为炉用和风炉用。茶釜包括盖子、茶釜嘴、把手、茶釜肩、茶釜羽、釜胴、釜底等组成部分。

4. 炉子

位于地板里的火炉，利用炭火煮釜中的水，根据其材质不同可分为土风炉、唐铜风炉、铁风炉、板风炉等。风炉也属于火炉，功能与炉相同，用于5月至10月之间气温较高的季节。

5. 水指

盛茶道所需冷水并带有盖子的茶具。其

图 9-12　花入

第九章 韩国与日本茶艺赏析

图 9-13　茶釜

图 9-14　炉子

材质有金属、陶瓷、木材等，根据季节和环境的不同选择不同的水指。

6. 茶入及仕覆

茶入是用于放浓茶（浓茶是老茶树出芽时用遮阳网覆盖使其避免强光照射，采茶后蒸青并晒干后碾磨而成）的陶制茶罐，一般配有象牙盖子。而仕覆则是用来包覆茶入的布袋。

7. 薄茶器

用于放薄茶的茶罐，一般有木材、漆器、象牙、竹子等材质。

8. 茶碗

盛茶汤、喝茶用的瓷碗，可分为和物和唐物。

9. 茶杓、茶巾、茶筅

茶筅是沏茶时用于搅拌；茶杓为竹制品，用于取茶粉，茶巾用于擦拭茶碗。

日本茶道的用具名目繁多，不但有大小之分，还有"和物"（日本）与唐物（中国）、高丽物（韩国）之区别。

图 9-15　水指

图 9-16　茶入

图 9-17　薄茶器

图 9-18　茶碗

图 9-19　茶杓

图 9-20　茶筅

三、日本茶道礼节

日本茶道发扬并深化了唐宋时"茶宴"、"斗茶"之文化精神，形成了具有浓郁民族特色和风格的民族文化，同时也不可避免地显示出受中国传统美德的深层内涵的茶文化之巨大影响。日本茶道强调通过品茶陶冶情操、完善人格，强调宾主间有一种高尚精神、典雅仪式和双方间的融洽关系。按照茶道传统，宾客应邀入茶室时，由主人跪坐门前表示欢迎，从推门、跪坐、鞠躬，以至于寒暄都有规定的礼仪。

（一）茶室中需遵守的基本礼节

茶道的每一个动作都有严格的规定。如拿茶碗时，拿茶碗的哪一部分，手臂弯曲多少度，移动时端起的高度、移动线路等都有明确的规定。每一件茶道具都有正面和背面，不得乱放。茶人对待它们像对待人一样，轻拿轻放，不得有粗暴的态度或举动。进茶室时要先进右脚，出茶室时要先出左脚。在茶室内行走，越过每一块草席（榻榻米）的边框时，也要迈对左右脚。点茶时，茶道具都有规定的位置，客人也分主客、次客、末客，各有各的固定位置。

在茶室里，人们要处处表现出谦恭的态度。比如喝茶时，要将茶碗的正面转过去，用背面对嘴喝。这一方面是表示对茶碗的尊重，另一方面是请在座的诸位都能欣赏到茶碗正面的花纹形状，是对周围人的一种礼让。主人要不断地询问客人，自己点的茶、做的茶点有没有不合口味的。为了衬托客人们的容貌，主人一定要穿素雅的和服。而客人为不至于在主人精心布置的茶室中喧宾夺主，也不宜穿大红大绿。这样，在茶室里参加茶事，人们都习惯于穿素雅的服装，而且不宜戴手表、首饰等，更不准喷洒香水，以免香水的气味冲乱了茶室的花香。

此外茶室布置中也需避免以下几点，如有了鲜花，就不再用以花为题的绘画，如果用了圆形的茶壶，水罐就必须有角，在把花瓶或香炉放进壁龛里时，要注意不要把它放在正中，以防止它两边空间相等。

（二）茶道中的鞠躬礼仪

来宾入室后，宾主均要行鞠躬礼。有站式和跪式两种，且根据鞠躬的弯腰程度可分为真、行、草三种。"真礼"用于主客之间，"行礼"用于客人之间，"草礼"用于说话前后。

站式鞠躬："真礼"以站姿为预备，然后将相搭的两手渐渐分开，贴着两大腿下滑，手指尖触至膝盖上沿为止，同时上半身由腰部起倾斜，头、背与腿呈近90°的弓形（切忌只低头不弯腰，或只弯腰不低头），略作停顿，表示对对方真诚的敬意，然后，慢慢直起上身，表示对对方连绵不断的敬意，同时手沿腿上提，恢复原来的站姿。鞠躬要与呼吸相配合，弯腰下倾时作吐气，身直起时作吸气，使人体背中线的督脉和脑中线的任脉进行小周天的循环。行礼时的速度要尽量与别人保持一致，以免尴尬。"行礼"要领与"真礼"类似，仅双手至大腿中部即可，头、背与腿约呈120°的弓形。"草礼"只需将身体向前稍作倾斜，两手搭在大腿根部即可，头、背与腿约呈150°的弓形，余同"真礼"。若主人是站立式，而客人是坐在椅（凳）上的，则客人用坐式答礼。"真礼"以坐姿为准备，行礼时，将两手沿大腿前移至膝盖，腰部顺势前倾，低头，但头、颈与背部呈平弧形，稍作停顿，慢慢将上身直起，恢复坐姿。"行礼"时将两手沿大腿移至中部，余同"真礼"。"草礼"只将两手搭在大腿根，略欠身即可。

跪式鞠躬："真礼"以跪坐姿预备，背、颈部保持平直，上半身向前倾斜，同时双手从膝上渐渐滑下，全手掌着地，两手指尖斜相对，身体倾至胸部与膝间只剩一个拳头的空档（切忌只低头不弯腰或只弯腰不低头），身体呈45°前倾，稍作停顿，慢慢直起上身。同样行礼时动作要与呼吸相配，弯腰时吐气，直身时吸气，速度与他人保持一致。"行礼"方法与"真礼"相似，但两手仅前半掌着地（第二手指关节以上着地即可），身体约呈55°前倾；行"草礼"时仅两手手指着地，身体约呈65°前倾。

四、日本茶事赏析

在日本进行茶道活动也称为茶事，举办茶事要具备以下几个条件：其一是人心与人心的交流，真诚交流是决定茶事是否成功的重要因素；其二是茶事十分讲究合理搭配，通过茶道用具的合理搭配，使自己和客人置身于和谐的茶室空间中；其三是茶道具体的礼法，主人待客娴熟的动作往往使茶事达到高潮，每一份茶饱含着主人的心意。

（一）日本茶事的种类

茶道根据不同的季节举行应时茶事。如新春时节举行的茶事称为"初釜"；立春之日举行的茶事称为"节人釜"等。茶道也可根据其目的不同进行茶事，如以赏月为主要目的的茶事称为"月见"；以赏红叶为主要目的的茶事称为"红叶狩"；下雪天为赏雪举行的茶事称为"雪见"，等等。

此外，在茶事的分类中还有一种"茶事七式"的说法，是根据一天中茶事举行的时间点的不同，分别命名为正午、夜咄、朝、晓、饭后、迹见、不时。正午茶事开始于中午十一二点，大约需4个小时，为最正式的茶事，全年都可以举行；夜咄是在冬季的傍晚五六点开始举行；朝茶事为夏季的早晨6:00左右举行；晓茶事一般为2月的凌晨4:00左右举行；饭后茶事也叫点心茶事，是指与吃饭时间错开的茶事；迹见茶事是指在朝、正午茶事之后，如客人要求拜见茶道具从而再次举行的茶事；不时茶事是指临时进行的茶事。

除了上述的茶事之外，也有口切茶事、一客一亭茶事、残火茶事等其他茶事。但所有的茶事中正午茶事为最基本形式。

（二）茶事过程

1. 茶事准备过程

茶道的中心思想是在短短的时间内以名器名物、茶水为媒介，酝酿出浓厚的艺术气息，从而完成人与人之间心的交流。为了使茶事的气氛融洽，主要在决定进行茶事后，首先要精心挑选客人。茶事的客人分别称为正客、次客、三客、四客以及末客，其中正客责任最重，他代表所有客人的意向。茶事之前主人挑选正客之后，以正客为中心选择其他客人。定好客人名单后，主人要向客人发出邀请函，上面应注明茶事的原因、时间、地点以及客人名单，以便让客人事先对茶事有大致的了解。客人在收到邀请后，次客等到正客家里致谢，之后正客代表全体客人前往主人家向主人表示感谢，称为前礼。

每一次茶事都有主题，主要应根据主题事先选定好适当的茶道具。举行茶事的前几天主人应将茶室、茶庭打扫得一尘不染。在壁龛上放一瓶花，茶道用花一般选用时令花木，花的数量一般为一朵或两朵，花形要少，配以一些枝叶。至距茶事开始前30分钟，主人或助手将门前和茶庭的地面洒上水，等候客人的到来。

客人到来后，主人请客人参观茶庭，主人返回茶室准备泡茶事宜完毕后，主人敲响铜锣，客人5人以下敲5下，5人以上敲7下，客人听到铜锣声，立即起身在茶庭的踏石上蹲下，静听锣声平息。之后从正客开始依次到石水盆处，再次用盆中的水清身净心，主人打开茶室的小出入口，客人依次膝行入茶室，拜看壁龛上的花、茶瓶和其他茶道具，然后就府，由末客拉上入口的门发出轻微响声。

主人听到关门响声后，提起装满水的提桶到石水盆处，在石水盆中加满水，将水勺拿回厨房。之后主人将茶室的拉窗及挂在窗上的帘子全部揭开，室内一下子亮起来。接下来就开始进行正式的茶道礼法。

2. 日本茶道礼法

日本茶道的礼法分为3种：炭礼法、浓茶礼技法和薄淡茶礼技法。

（1）炭礼法。炭礼法即为烧沏茶水的地炉或者茶炉准备炭的程序，分别设有初炭礼法和后炭礼法。茶事需要4个小时，为了保持火势，期间需要添两次炭，第一次称为"初炭礼法"，第二次则称为"后炭礼法"。炭礼法包括准备烧炭工具、打扫地炉、调整火候、除炭灰、添炭、占香等。为了使烧水的火候恰到好处，炭的摆置方法以及位置都有严格的规定。

首先，主人将釜环挂在茶釜的两耳上，从怀中取出茶釜纸垫放在左边，提起茶釜放在茶釜纸垫上，将釜耳取下放在茶釜的左侧，然后用羽帚开始清扫地炉。客人们看到主人开始清扫地炉，便依次至炉边拜看炉中情景。

接着主人用灰匙往地炉里撒上温灰，温灰要撒在放炭位置边上，一是为了保持茶室的整洁，二是为了使火力集中于中央，加强火势。撒完温灰后再用羽帚清扫一遍炉沿、釜架。之后主人开始往地炉中添炭，添炭时主人左手持火箸，右手将炭放入地炉，将火箸递到右手，依次用火箸添加各种炭。主人将炭加入地炉后，客人从末客开始依次回到自己的坐位。

主人用羽帚再进行一次打扫，然后打开香盒，用火箸将香盒中的香夹入地炉中。使用风炉时用的是白檀、沉香等香木，装在用木头、贝壳等制成的香盒中，而使用地炉时用的是用数种香料炼成的炼香，装在陶制的香盒中。主人放完香，客人请求拜看一下香盒，主人将香盒放在左掌中，用右手向内转两次之后，摆在相邻的榻榻米上。然后和釜环将茶釜放回地炉上，收拾好道具，将灰器撤走之后，客人取来香盒细细拜看。主人回座后，客人欣赏完香盒送回，由正客向主人询问有关香盒及香的情况，主人回答完毕后，拿起香盒走出茶室，在茶室门外跪拜礼，然后关上拉门退出，添炭技法表演也就此结束。

（2）点茶技法。点茶技法是主人制茶、客人品茶的一整套的程序章法，包括浓茶礼技法和薄茶礼技法。如上所述，日本茶道的点茶技法来源于中国宋代的点茶，与宋代的点茶相比，更注重的是点茶时的一举一动。日本茶道对点茶技法的位置、动作、顺序、姿势、移动路线都作了严格的规定，其规则十分烦琐。此外，日本点茶技法的种类也非常多，流派及茶人学习阶段的不同，其点茶技法也有所不同。初学者一般从学习薄茶礼技法开始，一般点一次薄茶大致需要20分钟，点薄茶的水温为80℃左右，茶粉量为1.75g左右。点浓茶需要30分钟左右，水温也与点薄茶一样，而茶粉量略多，为3.75g。浓茶礼技法与之相比细节上略有不同，但大致相同，因此主要介绍点薄茶的过程。

（1）将放有薄茶盒、茶勺、茶筅、茶碗、绢巾、茶巾的托盘放在茶道口处，在门外跪坐下来，行一礼，说"请允许我为您点茶"。用双手端起托盘，站起来，右脚先迈过门坎，走进茶室。在火炉前坐下，将托盘放在风炉正面。

（2）拿污水罐进入茶室，在风炉前方坐下，将放在正面的托盘移到靠客人的右边，污水罐移到左膝边上，端正坐姿。

（3）左手拿起绢巾开始折叠，叠时速度要不紧不慢。用左手拿起薄茶盒，用叠好的绢巾擦拭，然后将茶盒放回托盘。

（4）重叠绢巾，叠好后用右手拿起茶勺，用绢巾擦拭，然后将茶勺再放到托盘上。用右手拿起茶刷，放在薄茶盒的右侧，将茶巾放在托盘的右下方。

（5）用绢巾将茶釜的盖子盖上，用左手提起茶釜，在茶碗中倒入热水后放回风炉，将绢巾搭在托盘的左侧边。

（6）用右手拿起茶刷，将茶刷放入茶碗内，以热水浸过，然后放回原处。用右手拿起茶碗，然后再用左手将茶碗中的水倒入污水罐。用右手拿起茶巾，擦拭茶碗。将用茶巾擦过的茶碗放回托盘原处，然后再将茶巾放回托盘原处。

（7）用右手拿起茶勺，对客人说："请用点心"。用左手拿起薄茶盒，打开盖子，将盖子放在托盘的右下侧。用茶勺将茶盒中的茶粉舀入茶碗中，用茶勺在茶碗口上轻磕，将沾在茶勺上的茶粉磕掉，给薄茶盒盖上盖子，放回托盘，并将茶勺放回原处。

（8）用右手拿起茶巾，左手提起茶釜盖子，在茶碗中倒入热水。左手扶碗，右手用茶筅点茶，快速均匀地上下搅动，直到泛起一层细泡沫为止，泡沫越多越厚越细为好，点好后用茶筅在茶碗里划一圈，茶筅从茶碗正中间离开茶面，茶面中间稍稍隆起，将茶筅放回原处。

（9）右手拿起茶碗，放在左手，用右手向内转两圈，放在相邻右侧的榻榻米上，茶碗的正面朝向客人。客人自己来取茶，等候客人喝完茶之后将空碗送回。右手将客人送回的空碗拿起，将正面转向自己，放回托盘的原处。在茶碗里倒入热水，用右手拿起，交给左手，将茶碗的水倒入污水罐。

（10）客人说："请收起茶具吧"。这时行礼说："请让我收起茶具"。在茶碗里倒入热水，用右手拿起茶筅，用茶碗中的热水清洗，清洗碗后将茶碗中的脏水倒入污水罐。将茶巾放入茶碗当中，放回托盘，再拿起茶筅放入茶碗中。

（11）用右手拿起茶勺，用左手将污水罐往后挪，再用右手拿起绢巾，叠好后用绢巾擦拭茶勺，之后将茶勺搁在茶碗上，将茶盒放回最初的地方。在污水罐上方抖掉绢巾上附着的脏东西，将茶釜的盖子打开一条缝。再次叠绢巾，叠好后别在腰间。端起托盘，放回正面，

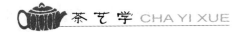

将污水罐端到茶道口处，再端起托盘，回到茶道口。

在茶道口最后行一礼，结束点茶技法的表演。

3. **茶事准结束之后的一些礼节**

茶礼结束后，从正客开始依次互致道别之礼，客人致礼完毕后，再拜看一遍壁龛和炉，然后从茶室小出入口退出，由最后一位客人关上门。在客人拜看壁龛时，主人退出茶室，听到关门声后再次入室，打开茶室小出入口的门。主客最后再互行一礼，主人目送客人。

茶事结束后的第二天，正客要再次到主人家向主人致谢，这称为"后礼"。现在"前礼"和"后礼"也可以通过电话来完成。

第十章 茶艺创作与评鉴

第一节 茶艺表演的创作

一、茶艺表演的艺术表现要求

正如我们前面章节所介绍的，所有的茶艺，一般来说都应该包括4个方面的内容。其一是茶艺思想。每种茶艺都应该有自己独特的思想内涵，如白族三道茶的"一苦二甜三回味"正是一种人生哲理表现。其二是礼仪规范。茶艺要求一定的礼仪规范，这种礼仪规范既包含在迎宾奉茶当中，同时也包含在冲泡的整个过程当中。其三是艺术表现。任何一种茶艺都应该有自己和其他茶艺相区别的甚至是独特的或者是唯一的艺术表现。这种艺术表现主要表现在冲泡之中，同时也有的是表现在器具、茶叶和其他的方面。其四是技术要求。每一种茶艺都应该有自身的技术要求，也就是说达到最佳的冲泡效果、最佳的口感、最佳的观感。如观感应表现在汤色的清亮、器具的清新、环境的清雅，以及冲泡人给观赏者带来的愉悦感等。

从上面的内容可以看出，除了思想内涵，茶艺其他三个方面的内容都是靠动作展示出来的。因此，茶艺的表演过程实际也可看做为一种叙事过程，即是通过表演人员的肢体语言来进行叙事的。其中，茶艺叙事是以肢体语言为主导，如手势、动作，而音乐、服饰、插花、熏香、茶挂等环境因素也起着叙事的辅助作用。

总之，从表演型茶艺的特点来看，其艺术表现要体现出茶艺的共性和个性的和谐统一。即茶艺表演是将茶艺思想、礼仪规范、艺术表现、技术要求整合在一起的。茶艺表演的全过程，更是茶艺叙事体现的关键。茶艺表演虽有规范的要求，但不能僵化，不宜凝滞，而是充满着生活的气息，生命的活力。在表演的整体风格上，只有自由旷达，毫不造作，注重内省，不拘一格，才能达到茶艺叙事的高度和深度。同时，表演时要注重意境，百花齐放，不能一味地模仿、照搬，一招一式学别人的，若不融入自己的理解，动作会显得生硬、做作、呆板，这是不可取的。只有茶艺表演时多姿多彩，才能使儒雅含蓄与热情奔放、空灵玄妙与禅机逼人、缤纷精彩与清丽脱俗等各种风格都美在其中。

二、茶艺程序编排

茶艺表演，简单地说，就是将日常沏泡茶技巧进行艺术加工后，展现出来的具有表演性、观赏性的艺术活动。在茶艺表演活动中，茶艺表演者与品饮者是共处在同一审美活动中，通过茶艺解说员，将茶艺表演行为艺术潜隐的茶艺精神用艺术化的语言传达给品饮者。在这一审美流程中，茶艺师们赋予文化象征意义的行为艺术给饮者的是听觉、视觉的享受；

解说者则是通过语言艺术给予饮茶者听觉的享受，为饮茶者领悟茶艺要旨提供引导。欣赏者在前两者的合力表演中，调动全部的审美感官，经过感知、体味、领悟，最终将这些物质的东西内化为一种精神愉悦，完成对茶艺表演的审美欣赏。因而，成功的茶艺表演需要欣赏者的参与互动，才能达到应有的表演效果和领悟茶艺思想内涵的目的。因此，一个好的茶艺表演过程，就是要通过合理的茶艺程序编排，才能将茶艺思想、礼仪规范、茶艺艺术等表现出来。下面我们就说说如何编排茶艺表演程序。

（一）主题的确定

进行茶艺表演的创作，首先要给它定下一个主题。主题相当于一篇文章的中心思想。一般说来，一篇文章只有一个中心思想，因此，每个茶艺表演只能有一个主题。不要想着一下子表达太多的东西，要选一个比较具体的、可操作性强的主题。如果说可以作为茶艺表演主题的素材是一个湖泊，那么你所选择的主题就是那湖中的一滴水。正如市场营销学中说到的，要不断地将市场细分细分再细分。太泛的题目只会使茶艺表演的中心思想不突出，而且要考虑到太多的因素，操作起来比较困难。

主题思想是茶艺表演的灵魂。无论你是取材于古代文献记载还是现实生活，表演型茶艺都要有一个主题。如周文棠先生根据朱权《茶谱》中记载文献编创的《公刘子朱权茶道》、南昌女子职业学校编创的《仿唐宫廷茶艺》，是根据唐代清明茶宴来反映唐代茶文化的盛况；《禅茶》则是根据佛门喝茶方式及用茶来招待客人的习惯进行的编创，以体现禅茶一味的思想；婺源的《文士茶》是根据明清徽州地区文人雅士的品茗方式进行的编创，反映的是明清茶文化的高雅风韵；《白族三道茶》则是取材于少数民族茶俗，通过一苦二甜三回味的三道茶，来告诫人们人生要先吃苦后才能享受幸福。有了明确的主题后，才能根据主题来构思节目风格，编创表演程序、动作，选择茶具、服装、音乐等进行排练。

（二）表演人数的确定

根据主题要求，首先确定表演人数，一般茶艺表演的组合有一人、二人、三人和多人，如南昌女子职业学校的《仿唐宫廷茶艺》、《禅茶》表演可以多达十几人。一人型茶艺表演多数是生活型茶艺表演，或是给客人表演冲泡技艺。二人型茶艺表演一般是一个为主泡，另一个为助泡。主泡负责泡茶，助泡负责端茶具、奉茶等，配合主泡进行泡茶。三人型的由一人担任主泡，另外两人为助泡，配合主泡泡茶。一般主泡位居中间，助泡分别立于左右两旁。多人型的也一般是选择一个为主泡，其余的人为助泡，但分工会有所不同。多人型的还有一种表演方式，可以每个人都是主泡，如《集体工夫茶》每个人的服装、道具、动作都完全统一，没有主次之分。

确定了表演人数之后，接下来就要挑选演员了。茶艺是门高雅的艺术，表演者的文化修养与气质将直接影响茶艺表演的舞台效果，因此必须仔细挑选。茶艺表演人员的形象要求除了要根据大众的审美标准之外，还要综合考虑演员的文化素质和艺术修养，所以应尽可能挑选有一定文化修养又懂茶艺的演员。目前我国茶艺表演一般是以年轻女性为多，但也可以根据节目的主题选择男士或年龄较大的演员。如《仿唐宫廷茶艺》、《将进茶》中就可选用男演员参与泡茶。此外，茶艺表演反映的主题与内容不同，选择的演员形象也要有所不同。例如《仿唐宫廷茶艺》，因为唐代是以肥胖为美，故选择的演员就应该丰满一些；宋代是以瘦为美，故《仿宋茶艺》中的演员就应以清秀为主；《擂茶》、《新娘茶》等民俗茶艺则应选那些表情活泼的女孩。主泡和助泡相比，主泡应略高于助泡，其形象、气质更好一些。不管主泡还是助泡，手都应该纤细、匀称、白皙。

（三）动作的设计

主要是指表演者的肢体语言，包括眼神、表情、走（坐）姿等。总的要求是动作要轻盈、舒缓，如行云流水般。期间可以运用一些舞蹈动作，但动作幅度不宜太大，也不能过于夸张，以免给人做作之感。泡茶时动作要娴熟、连贯、圆润，避免茶具碰撞，放在左边的茶具应用左手拿，最好不要使双手交叉。茶汤不能洒在桌上。表情要自然，既不能板着面孔，也不能嬉皮笑脸。眼神要专注、柔和，不能飘移，更不能东张西望或窥视，给人以不庄重感，但也不能埋头苦干，要有与观众交流的时候。此外编排者还应注意整个程序要紧凑，有变化，要能吸引人。

（四）服饰的选配

包括服装、发型、头饰和化妆。具体包括：

（1）服饰要根据主题来设计，主要以中国传统服饰为主，一般是旗袍或对襟衫和长裙。裙子不宜太短，不能太暴露。手上不宜佩戴手表、手饰，更不能涂指甲油，也不能染发。妆容以淡妆为好，不宜过于浓艳，以免显得俗气。

（2）服饰选择方面要考虑应与历史相符合。表演《仿唐宫廷茶艺》就应选用具有唐朝典型特点的服饰，《仿宋茶艺》就应选择宋代服饰，一些具有特殊意义的茶服饰也应相互辉映，如《禅茶》、《道茶》中就要选择特定的僧、道服饰。

（3）服饰选择时最好还能与所泡的茶相符合，如泡的是绿茶，其特点是叶绿汤清，那就最好不要穿红色、紫色等色泽太深的服饰，最好选择白色、绿色等素雅的颜色。如杭州袁勤迹表演《龙井问茶》时身着白底镶绿边的旗袍，就显得特别清新脱俗，效果非常好。

（五）表演用具的选择

主要是指泡茶的器具，包括茶具、桌椅、陈设等，是茶艺表演的重要组成部分之一。道具的选择主要是根据茶艺表演的题材来确定，如反映现代生活题材的就可选用紫砂、盖碗、玻璃等多种茶具，但如果是古代题材就不能选用玻璃器具。青花瓷是在元代才出现的，那么元代以前的茶艺表演就不能选用青花瓷，紫砂茶具是在明清时期才开始逐渐流行，那么在宋代点茶中就不应出现紫砂壶。茶艺表演中应力戒出现明显的败笔。其次选用的茶具色彩还应呼应主题，最好能与服饰色彩相互呼映，那样效果会更好。如南昌女子职业学校表演的《文士茶》中，选用了青花瓷茶具、青色镶蓝边的罗裙，这些都与所泡的绿茶相吻合，而且青花瓷又是江西景德镇的特色，这样使得整个茶艺表演显得十分协调。再如《仿宋茶艺》中选用了宋代盛行的兔毫盏，还插上一枝色彩素雅的鲜花，不仅起到装饰作用还符合了当时宋代茶人将挂画、焚香、插花、点茶融在一起的喜好。至于民俗茶艺则要选用当地的茶具，但也不能太土,需要适当的艺术化,以免给人一种俗气、难登大雅之堂的感觉。

(六)背景音乐的选配

音乐可以营造浓郁的艺术气氛,吸引观众注意力,带领大家进入诗意的境界。茶艺表演过程中,演员不宜开口说话,更不能唱歌,所以选用音乐对氛围的营造十分重要。一般来说,民俗类的茶艺多选用当地的民间曲调。如江西的《擂茶》就选用当地名歌《斑鸠调》和《江西是个好地方》;广西的《茉莉花茶艺》则选用民歌《茉莉花》。历史题材的应注意时空,不要时空错乱。如《仿唐宫廷茶艺》就要用唐代音乐,《仿宋茶艺》就要选用宋代音乐,总之要与主题相符,并能帮助营造氛围。

我国有很多古典名曲,可供茶艺表演使用。如反映月下美景的有:《春江花月夜》、《月儿高》、《霓裳曲》、《彩云追月》等;反映山水之音的有:《流水》、《汇流》、《潇湘水云》、《幽谷清风》等;反映思念之情的有:《塞上曲》、《阳关三叠》、《情乡行》、《远方的思念》等;拟禽鸟之声态的有:《海青拿天鹅》、《平沙落雁》、《空山鸟语》、《鹧鸪飞》等。

(七)舞台背景的搭配

表演型茶艺多在舞台上进行演出,因此要根据表演主题进行背景布置。茶艺表演的背景不宜太过复杂,应力求简单、雅致,以衬托演员的表演为主,让观众的注意力集中在泡茶者身上而不能喧宾夺主。如果没有条件可选择屏风作为背景隔开,在屏风上可挂些与主题相关的字画。如《禅茶》表演在背景屏风上挂有"煎茶留静者,禅心夜更闲"的书联,既点明了主题,突出了禅意,又淡化了宗教色彩,十分巧妙。当然背景布置也可以是动态的,如杭州袁勤迹表演《日本茶道》时,让片片枫叶从舞台上空飘落下来,意境十分美妙。

(八)灯光效果的处理

茶艺表演中灯光一般要求柔和,不宜太暗也不能太亮、太刺眼,太暗会看不清茶汤的颜色。更不能使用舞厅中的旋转灯。南昌白鹭原茶艺馆在表演《禅茶》时,将灯光打暗,只留下照在主泡身上的一盏聚光灯,将所有观众的注意力都集中在泡茶者身上,既吸引了目光,又增加了庄严肃穆的氛围,达到了很好的效果。

以上这些都是单个茶艺节目编创中应注意的地方,但如果是整台晚会则还应考虑演出效果。由于茶艺表演普遍都偏静,看久了会让人坐不住,所以中间还可以加入一些活泼热闹的民间茶俗,来活跃大家的情绪。同时还要注意整场节目的形式、风格和色彩的调换,以免给人雷同感。

三、解说词编写的一般要求

茶艺表演作为新兴的艺术,许多观众对此操作过程、原理、功能等不熟悉,所以需要对表演内容进行解说。这样可以更好地引导观众欣赏茶艺表演,帮助观众理解表演的主题和相关内容,使茶艺表演能更好地达到艺术表现效果。

茶艺解说词是从生活中提炼出来的语言,作为茶艺表演的一部分,当归入艺术语言。

它也注重词语的选择、配置、组合与加工，但又不同于一般的书面艺术语言那样，可通过对常规语法规则的突破来达到审美主体情感的喷发。解说词在选词组合上的要求，正是为了更好地服从于茶艺表演的整体美学风格，体现"和"的意境。具体表现在词语结构、词采音韵、用语修辞等方面与茶艺美学规则存在一一对应。解说词的选择还要视不同的情况而定，古风古韵的茶艺表演可选择古诗词作为主体，具有现代气息的茶艺表演可以选择现代散文等形式，而充满民族风情的茶艺表演可以加入民族习语等以增加气氛。但并没有规定哪种表演类型要选择哪种风格，创作者可以根据自己的需要进行选择。

一般来说，解说词的内容应包括表演茶艺的名称、主题、艺术特色及表演者单位、参与表演人员的姓名等。创作茶艺解说词时首先应该考虑的是适合观看茶艺表演的群体类别的口味，比如观看者是比较懂茶叶和茶文化的专业人士，解说词要简明扼要，并要将表演的重点突出出来，否则会有画蛇添足之嫌。而如果是普通人士，解说词就要通俗易懂，专业术语不能太多，不然会使观看者如坠云雾之中。

其次，要注意解说词的内容。解说词的内容应是对茶艺表演的文化背景、茶叶特点、人物等进行的简单介绍，应能够使人明白此次表演的主题和内容。如陈文华教授创作的《客家擂茶表演》在表演前有一段这样的解说词："客家擂茶是流行于江西、湖南、广东等地区客家人的饮茶习俗。很早以前客家人为了躲避战乱，举族迁居到南方的山区。他们保留了一种传统的饮茶习俗，就是将花生、芝麻、陈皮、茶叶等原料放在特制的擂钵内擂烂，然后冲入开水调制成一种既芳香可口，又具有疗效的饮料，民间称之为擂茶。"这段解说词简明扼要地概括了擂茶的历史、流行地点、饮用主体、制作过程等，让观众对擂茶有了一定的了解，又增添了茶艺欣赏的兴趣。又如《禅茶》表演前的介绍："中国饮茶之风早在唐代就普及全国，这与佛教有着密切的关系……，整个表演在深沉悦耳的佛教音乐中进行，表演者庄重、文静的动作使您不知不觉进入一种空灵静寂的意境。"解说词中对禅茶的起源、盛行的原因、追求的意境都作了阐述，即使从未接触过禅茶的人，通过这番介绍，也能略知一二。

第三是解说词的艺术性。茶艺表演有着非常强的艺术性。如果解说词太过直白，就会降低整个茶艺表演的质量，显得俗气。江西婺源的《文士茶》在表演前这样介绍道："文士茶是流行于江西婺源地区民间传统品茶艺术之一。婺源自古文风鼎盛，名人辈出，文人学士讲究品茶，追求雅趣。因此文士茶以儒雅风流为特征，讲究三雅：饮茶之士儒雅，饮茶环境清雅，饮茶器具高雅。追求三清：汤色清、气韵清、心境清，以达到物我合一、天人合一的境界。"如此美妙的解说词将人们带入了"天人合一、物我两忘"的品茗境界。话虽不多，却将茶艺所具有的和、静、雅的特征一一点出，具有很强的艺术感染力。当然，解说词的艺术性并不代表在其创作中一定要用一些晦涩难懂、过于专业或过于艺术化的词语，以免给人在听觉上带来障碍。

第四要注意解说词的艺术语言的应用。在选择词语结构方面，要注意整齐对称。茶艺解说的艺术语言在选词组词时受汉民族崇尚对称和谐，重视均衡和谐的心理特点影响，表现在造句用词上喜欢成双成对的格式。如台式乌龙茶的程式解说词，较多采用主谓结构的四字格：孟臣净心、乌龙入宫、春风拂面、关公巡城、韩信点兵、祥龙行雨、鲤鱼翻身、三龙护鼎等。在选词上还要注意音韵柔美和谐。茶艺解说是一种有声语言，解说词应便于讲者气运丹田、语调柔美、娓娓道来。在茶艺表演中，古典诗词形式的词采，则迎合了这种功能需要。在解说词中，艺术性语言的表达是对泡煮动作要点的概括，并不是直白式的，而是采用一种简雅素朴的词语尽量让其形象化、含蓄化，但又不失茶艺程式说明的本义。这种形象化的过程，实则是借此融入传统文化，或哲学的、或文学的、或民俗的意象内容，以引起欣赏者抽象思维最大限度的调动。意象是内在的主观感受与已有经验的心理积淀在情感中的交融、统一。解说词采用修辞则是丰润茶艺表演审美意象的常用方式。如茶艺师分茶汤时的往复动作，在解说中以"关公巡城"喻指，两者的相似点在于，经温润过后的紫砂壶热气腾腾，有如关公之威风凛凛，带捕役巡弋，又以"韩信点兵"类比分茶汤时的点茶技巧；将品茗杯倒扣于闻香杯的动作比喻为"祥龙行雨"；以品茗端杯时拇指、食指、中指托杯之形比喻为"三龙护鼎"；将沏茶时高冲低斟的往复动作比喻为"凤凰三点头"，等等。这类典故可显见茶艺的大众化，更可拉近表演者与欣赏者的审美距离。

茶艺解说词在语言的表达上要注意以下几个方面：一是使用标准普通话。作为面向公众茶艺表演的解说，应采用普通话，让观众都能听懂。如果不能使用普通话，或者普通话不标准则会使人听不明白，大大降低茶艺词的艺术性。二是要脱稿。在解说时最好不要拿稿，不然会给人留下对表演不熟悉的印象，同时，在解说当中还应与观众交流互动，而拿着稿子就无法达到理想的效果，也给人一种不尊敬的感觉。三是语言应带有感情色彩。同样的文字，不同人阐述可以达到不同的效果，我们在解说时应投入感情，语气要抑扬顿挫，注意语言表达技巧。否则即使表演得再精，解说词写得再美，毫无感情的解说也会使人倒胃口。解说宜亲切自然，但也要切忌矫揉造作。

四、茶艺表演材料的准备

定下主题、设计好流程后，就要着手准备各种表演器材，并对表演进行编排。在排练前最好能将表演所需要的所有器物都准备好。如果一时没有办法将所有东西都准备好，也可以先拿一些替代物品进行练习，但这只限于排练初期。如果整个排练过程都没有用到正式表演器具，会对表演产生不良影响。很多人都有这样的体会，当一个东西用惯了之后，突然换另一样东西会出现不适应的症状，在舞台上不适应就会造成失误，影响表演效果。因此在排练时要将所有东西都准备好，让表演者习惯应用这些器物。

对于茶艺表演所需要的材料，可以采用以下方式准备：

（1）直接选购。可以去相对比较集中的大型市场上购买所需物品是最简单直接的方法。如茶具茶品可以去茶叶批发市场购买；服饰、铺垫等可以到轻纺市场购买。还有一个选择就是去碎料市场，碎料市场主要经营一些零碎布料以及配件如珠子、扣子、缎带等，适合小批量的采购；艺术品则可以去文化艺术品市场购买。

（2）自制。一部分物品因为主题的要求而需要特别制作，一般难以在市场上购买到，如果有条件有能力的话可以自己动手制作。比如一些耳环头饰之类的，可以直接购买一些材料进行制作；书画方面可以自己创作或请人绘制；一些竹木制品也可以自制。自制的器具成本低，具有一定的独特性。

（3）订制。如果一部分物品难以购买而自制又有困难时，可以交由专门制作的单位或公司进行制作，比如瓷器、陶器等。订制花费较多，但一般质量有保证，且独一无二，具有一定收藏价值。

（4）邮购和网购。一些物品可以通过网购或邮购的方式进行购买。如一些市面上十分少见的茶叶，就可以通过资料查找联系一些生产该茶叶的厂家进行邮购。随着互联网的普及和网购行业的兴起，加之网购市场的逐步规范化，在网上购买物品也不失为一个好的选择。网购方式方便快捷，足不出户就可以买到想要的物品。但因为在网上只能通过卖家描述和图片观看来了解所购物品，所以网购产品的质量无法完全保障，在进行网购时要谨慎小心。

五、茶艺表演的训练

（一）茶艺表演技术的排练

1．基本茶技的编排与训练

茶技是茶艺表演的基础，因此茶艺表演首先要训练的就是茶技。茶技的训练可以依泡茶的程序进行：布具，洁具（温杯热壶），投茶，冲泡，分茶，奉茶，收具，等等。茶技训练的目标是：动作熟练，姿势自然美观，投茶适量，倒水准确，茶汤色香味俱佳。

2．动作的训练

茶艺表演的动作与茶技的动作不同，要更优美，更具艺术性。动作的训练主要是手的训练。手是茶艺表演中运用最多的肢体语言，要注意多进行手型、手姿和手位的训练。手型，就是手执拿物品或者闲放时的形状；手姿是运动变化中手的姿态；手位就是相对于身体而言手的位置。手姿的训练主要是柔韧度、细致度、美观度等方面。

3．仪态和表情的训练

关于各种姿态和表情的训练在茶艺礼仪一章中具体有讲，这里就不再重复。

（二）茶艺程式训练

1．了解主题

开始进行某个茶艺表演的排练时，创作者要先让表演者明白表演的主题，了解表演所要达到的最终效果。表演者也要自己对主题进行进一步消化，要思考，比如这个茶艺表演要表达的艺术氛围是什么，是平和、欢乐还是悲壮？表演者只有深刻理解表演主题，才能将茶艺表演所要表达的东西表演出来。

2．记住流程，分步训练

首先将表演的流程记下，这样才会对表演有个整体的概念。接着进行分步强化训练，就是所谓的"化整为零"。对表演程序的每个步骤进行分别的训练，可以强化表演者的技艺，也有利于较为精准地掌握表演细节。分步训练更容易看出表演者的某个方面的缺点，要对不满意的地方进行反复修正。对于与音乐节奏配合特别紧密的动作,也需要在分步练习中不断改进。

3. 整体训练

在分步训练之后,就要进行整体练习。这是不可或缺的一步。亚里士多德说过:"整体大于部分之和"。也就是说整体的表演并不是简单的步骤的叠加。某种艺术境界的表现要通过各个步骤流畅的链接,就像铁链一样要一环扣一环,才能成为一条链子。因此,在整体训练中要注意分步之间的衔接,还有整体风格的把握。

形象要统一。在多人茶艺表演中,要注意整体形象的统一,并不一定要所有服饰都一样,但是要给人一种整体的风格。表演者的仪态、动作风格方面要统一,表现的气质最好也能统一,这样才能营造出一种纯净的氛围。比如表现一种平和的氛围,有些表演者表现得有些浮躁的话,那么整个氛围就夹杂着浮躁,并不利于表演最终目的的达到。所以表演者对于表演的理解十分重要,只有大家在思想上有个统一认识,然后经过练习,才能达到气质的统一。

动作要一致。整个表演过程中的动作要协调,步调一致,不能忽快忽慢的。在多人表演形式中,表演者的动作要求整齐协调。对于同一节奏的同一动作,动作一定要整齐,比如手的高度,转动的速度和次数,都要统一。

同一节奏的不同动作,也要在某些地方比如开头结尾处统一。动作的速度最好一致,这样才有整体感。有时候舞台比较大,人员比较分散,此时动作的统一就更为重要,稍有不慎就会造成散乱的感觉。总之,要表现出散而不乱,形散神聚,有一种变化着的统一感。

音乐要协调。整体练习中还要练习与音乐节奏的协调。也许在表演中某些动作不需要与音乐配合,但是在不知不觉中,你的动作还是会受到音乐节奏的影响,不自觉地跟随音乐节奏的脚步。茶艺表演的基本要求是动作与音乐的节奏要协调,最佳状态是动作与音乐融为一体,这需要通过训练表演者的"节奏感"来达到。首先让表演者抓住音乐的节奏,然后再表现出来。

4. 团队精神

前任中国足球国家队教练米卢认为,世界级球员的标准首先考虑的就是"团队精神"。同样,这也应该是优秀茶艺师所需具备的。

在茶艺表演的创作和训练中,队员之间难免会有些冲突,特别是共同创作一个茶艺表演时,很容易因为观点不同而产生矛盾。而此时,对于茶艺表演队伍来说,最需要的就是团队精神。那么什么是团队精神呢?团队精神是指团队的成员为了团队的利益和目标而相互协作、尽心尽力的意愿和作用。

团队精神首先要求团队具有凝聚力,让成员有一种归属感,理解并认同团队价值观。其次,要有合作的意识,要学会宽容,不能因为个人意见不同就与人不和,要学会倾听别人的意见,尊重彼此的差异。再次,考虑事情时要从团队利益出发,不能只顾个人利益。有时候为了团队的利益要损失个人的小利益,此时队员就应该舍小我为大我,切不能因为个人的利益而损害了团队的利益。

第二节　茶艺评价与鉴赏

一、茶艺表演的评判准则

以茶事功能来分,可分为生活型茶艺、经营型茶艺、表演型茶艺。生活型茶艺包括个人品茗、奉茶待客。经营型茶艺主要指在茶馆、茶艺馆和茶叶店以及餐饮、宾馆和其他经营场所为消费者服务的茶艺。表演型茶艺又可以分为规范型茶艺表演、技艺型茶艺表演、艺术型茶艺表演。由于功能的不同,操作流程可能会有很大差异,如生活型茶艺,强调的是"生活的艺术","艺术地生活",着重与生活本身的契合,要自然、自在、自如、自由。当然,这又有室内和室外、自饮和待客等差别。生活型茶艺,要依家庭条件、个人嗜好、消费需求来定,一般来说不需要刻意的安排。而表演型茶艺是将茶艺思想内涵、礼仪规范、艺术表现、技术要求整合在一起。其操作规范、评判标准与生活型茶艺自然会有较大的差异。根据当前茶艺规范的要求,一般来说,茶艺的评判准则可归纳为4个方面：

（一）程序设计的科学性

科学性又称适用性,即茶艺要符合茶的特性特征。不同的茶都有不同的特征和不同的表现手法。六大茶类各自还有千变万化的茶形、茶性、茶名。器、水、火、境更是千姿百态。根据茶叶基本特性的要求,选择合适的冲泡技艺来体现茶汤的特征,完成饮茶的活动,体现科学的原则,是茶艺的基础。科学性在目前的茶艺表现中基本实现了普及,这与20年来茶文化的推广力度紧密相关。

（二）表演技艺的实用性

也可称为生活性,即茶艺表演要符合消费者饮茶的生活习惯。茶艺表演最根本的目标是营造人与人、人与物之间平和融洽的气氛。因此,它不仅体现人类情感传达的生活价值,也体现出对饮茶活动的艺术加工,其最终以"泡一杯好茶"为实用目的。实用性具体表现为茶艺的程序与规则,是茶艺行为特有的。茶艺的程序和规则以五要素分解。一是位置,主要指茶具的摆放,泡茶桌在茶环境的位置,茶盘在茶桌的位置,各茶具的相对位置,泡茶人的位置,与客人的相对位置等。二是动作,执行每一步骤,每一器具拿持的动作要领。三是顺序,泡每种茶的步骤和前后顺序。四是姿势,主要指人的坐、站、行的姿势、仪态。五是移动线路,主要指泡茶人的泡茶行动及奉茶行动等路线。这五个要素的基本标准来源于生活的规定,不对生活进行审视的人不能获得其中的真谛,基于生活的审视,茶艺中即使有各种因素的冲突综合而似乎不合常规,它依旧会存在合理性。

（三）茶艺要注入思想内涵

即茶艺表演活动要表达一定的主题思想。茶艺思想可以认为是茶艺的灵魂。茶艺是结合生态文化、历史文化、乡土文化、精神文化以及茶文化理念等的文化再创作。茶艺的思想内涵不仅使茶艺具有多样性和丰富性,也突出了茶艺与人文价值的紧密关联,使茶艺具有生命力。

茶艺在表现时，广义地讲，已经呈现出它的文化性。由于目前茶艺基本是经验的、嫁接的、随性的，很少进行理性的文化提炼，因而茶艺主题经常模糊不清，有的还自相矛盾。因此，茶艺文化思想内容的关注是目前茶艺界重点解决的问题。

（四）要具有一定的艺术表现能力

即符合审美情趣。茶艺是以饮茶为核心的综合性艺术组合，茶具、服装、音乐、道具、布景、行为、语言等无不体现美的元素。不论是生活型茶艺还是舞台型茶艺，艺术性是必须重点研究的内容，也是茶艺的点睛之处。艺术性并不能很容易地获得，它是茶人的修养和艺术品位的综合体现，需要长年的历练和积累。同时，艺术性的自由夸张还必须符合茶艺的科学性、生活性和文化性。因此茶艺的艺术性更有其精妙的表达方式。

二、茶艺表演评价内容

（一）仪表仪容

总体要求是：仪表自然端庄，发型、服饰与茶艺表演类型相协调。形象自然、得体、高雅，表情自然，具有亲和力。动作、手势、站立姿势端正大方，能够正确运用礼节。表情自然，面带微笑。泡茶姿势优雅、动作符合卫生要求。

出现如下表现为明显失误：发型散乱，服装穿着随意，发型、服饰与茶艺表演类型不相协调。表情生硬；视线不集中，表情平淡，目低视；表情不自如，说话举止略显惊慌；不注重礼貌用语；礼节表达不够准确；泡茶姿势不够美观；站姿、走姿摇摆，坐姿不正，双腿张开；手势中有明显多余动作。

（二）茶席布置

与环境协调，席面布置合理、美观、有序，色彩协调，茶具空间符合操作要求。冲泡前应检查所用器具并逐一归位，应注重所有用具摆放的整齐美观。

在茶艺表演评比中，对于出现如下问题者可酌情扣分：茶具配套不齐全，或有多余的茶具；茶具色彩不够协调；茶具之间质地、形状大小不一致；茶席布置不协调；茶具配套齐全，茶具、茶席相协调，缺乏艺术感；器具摆放零乱，或冲泡时发现缺少用具，临时拿取。

（三）茶艺操作程序的总体要求

行茶动作连绵、协调并有创新，编排科学合理，全过程完整、流畅。过程不能过于冗长，一般不能超过一定的时间。

冲泡过程中，要求程序契合茶理，投茶量适宜，水温、冲水量及时间把握合理，操作动作适度，手法连绵、轻柔、顺畅，过程完整，奉茶姿态、姿势自然，言辞恰当。

对于泡茶程序不符合茶理，顺序混乱；未能正确选择所需茶叶、配料；选择水温与茶叶不相符合，水温过高或过低；冲水量过多或太少，各杯中茶水有明显差距；未能连续完成，中断或出错；能基本顺利完成，中断或出错 2 次以下；表演技艺平淡，缺乏表情及艺术品位；表演尚显艺术感，但艺术品位平淡；奉茶姿态不端正；奉茶次序混乱；脚步混乱；不注重礼貌用语；收回茶具次序混乱等情况出现者，要酌情扣分。

所冲泡的茶汤质量：要求茶汤温度适宜，汤色透亮均匀，滋味鲜醇爽口，香高持久，叶底完美，符合所泡茶类要求。出现未能表达出茶色、香、味、形；茶汤温度过高或过低；茶量过多，溢出茶杯杯沿等情况，要酌情扣分。

（四）解说词

总体要求有创意，讲解口齿清晰婉转，能引导和启发观众对茶艺的理解，给人以美的享受。对于创新型茶艺还要求：解说词完整，包括导入介绍、茶艺程序解说、结束语；解说用语正确、规范，没有程序上的错误；语言流畅、富有感情，能够与音乐相互应和、协调一致；根据主题配置音乐，具有较强艺术感染力；能够正确介绍主要茶具的名称及用途；能够介绍茶叶的名称、产地及品质特征等。

另外，为使自己的表演艺术能够得到人们的喜爱，从观众的角度出发，表演者还应重视以下一些问题。

1. 服饰宜大方忌庸俗

女士的着装，常见的有色彩鲜艳的绸缎旗袍、江南蓝印花布服饰，较为大方。只要衣服着身宽松自然，不刻意紧身，都易被多数观众接受。切忌穿轻浮的袒胸衣或无袖衣或半透明衣。男士可穿西装、打领带，或着中式服装。除少儿茶道表演者外，不宜穿短裤、超短裙，否则有损雅观。

2. 化妆淡雅忌浓艳

茶艺表演者的化妆，应重视如下一些问题：

（1）脸部和手部：应以显示白净为主。指甲须剪平整，切忌涂指甲油。眉和唇可作淡淡的勾画，做到似画非画较合适。切忌涂浓重的唇膏，画粗黑的眉毛，粘贴假睫毛，勾浓黑的眼线，涂厚重的胭脂。

（2）发型：女性茶道表演者，以留短发或中长发为宜，并用发胶固定。如头发过肩的须束起，给人以清新、整洁的感觉，并可避免因头发飘到脸上而影响表演。男性表演者的发型以整齐为好，切忌发长过肩。

3. 表演动作娴熟忌做作

取茶、泡茶的各种动作要自然、真实、细腻，切忌为表演而表演，动作过于做作。敬茶时要有礼有节、不卑不亢，给人一种亲切感。整个过程动作要娴熟，操作忌凌乱，**避免因撞击茶具而发出丁当声**。泡茶斟茶时应做到滴水不漏。

4. 用茶精良忌粗老

表演用茶必须精良，条件许可的话采用名优茶更好。经讲解茶的品名，易引起观众的好奇心，提高品尝的欲望，从而有利于活跃全场气氛。不宜用红碎茶、袋泡茶、速溶茶、罐装茶和杂味茶，因这些茶不易看清外形，而使表演逊色。

5. 音乐柔和忌无声

表演时应配有柔和的音乐，以使观众情绪轻松自然，提高观赏欲望。用古筝、扬琴、提琴、琵琶等乐器演奏"广东音乐"较合适,如无乐队伴奏,播放轻音乐也可。

6．舞台灯光明亮忌灰暗

舞台灯光必须明亮,若光线太差,会使物体失真,特别是干茶和茶汤色泽观众不易判别优劣,有损表演效果。

扩展阅读 附1 首届全国茶道、茶艺大奖赛审评细则

一、俭

（一）爱茶

1．表演者应对所用之茶十分熟悉、爱饮,并有多次冲泡的体验。

2．应选用最宜其茶的茶罐及茶则,不能碰损干茶。

3．应把装茶的容器放在茶台较显著的位置。

4．应用小罐装茶,并以盛装能冲泡2～3次的茶量为宜。

5．应尽量保护茶之香气,不使干茶在无遮盖的状态下搁置时间超过5分钟。

6．应掌握表演用茶的最佳投入量并能准确表达。

7．应掌握表演用茶的最佳水温并能准确表达。

8．应掌握表演用茶的最佳浸泡时间并能准确表达。

9．应熟知表演用茶的色、香、味、形的品质特征并能准确表达。

（二）珍具

10．所用茶具应是表演者平日倍加养护之物,具有良好的光泽。

11．表演之前,应将一部分茶具过水清洗再拭去水痕,使之有润洁感。

12．禁止茶具之间不必要的碰撞。

13．禁止在茶台上平行拖动茶具。

14．不能使用有缺口有裂痕的茶具,有历史意义的茶具除外。

15．表演时所有茶巾应是新洗过的。

16．应熟知所有茶具的质地、形状、基本工艺并能准确表达。

17．表演结束后,应认真耐心地收拾茶具,运输过程中茶具应得到很好的爱护。

（三）怜水

18．应知道表演用水的产地、泉名及水质特征并能准确表达。

19．洗茶洗具时用水要适量。

20．茶台上不洒水,如有不应有的水滴应及时揩拭。

21．冲茶应适量,不应随意倒掉多余的茶汤。

22．奉茶时的茶杯外侧及底部不应沾有水珠。

（四）克己

23．表演者应在表演之前不食生葱蒜及带有强烈刺激的食物,不饮酒,保持平和心态。

24．表演者应衣着自然大方,发型简约,不戴手镯戒指手表,不擦香水,不化浓妆,不留长指甲。

25．所有行茶动作应作用于倾心泡好茶及诚心待客上,不能有为展示个人形体美或其他内容的浮夸动作。

二、美

（一）茶汤美

26. 应展示表演用茶的最佳汤色——透亮均匀。
27. 应展示表演用茶的最佳茶味——浓淡适宜。
28. 应展示表演用茶的最佳茶香——高而持久。
29. 应展示表演用茶的最佳茶形——整齐无渣。

（二）茶点美

30. 所备茶点应色泽美丽、造型精致、软硬适中，并能考虑到或能说明所含糖分。
31. 所备茶点的味道应与所用之茶相配，使茶点助茶味。
32. 提倡使用与时令有关的茶点或地方特产茶点。
33. 所备茶点应分量合适，让客人可以一次用完。
34. 不提倡使用带果壳的茶点，如使用，应备有放置果壳的容器。

（三）茶具美

35. 所用茶具应造型典雅、质地优良。
36. 所用茶具应光滑润泽，手感柔和。
37. 壶、杯、烧水器等的容量大小应匹配。
38. 茶具色彩要调和搭配，有主有次。
39. 所用茶具的花纹图案应与茶文化有关（山川、花鸟、鱼虫在内）。

（四）行茶美

40. 表演者行茶动作应谦和、流畅、准确、优美。
41. 行茶动作应有张有弛，有韵律感。
42. 表演开始和结束时应与客人有充分的目光交流或简短的问候。
43. 拿起茶具时，应判断好位置，一次拿起。
44. 手持茶具时，应拿紧拿稳，不能有看似要脱落之现象。
45. 放置茶具时，应判断好位置，一次放好，不应有令茶具悬空、倾斜之现象。
46. 以表演者的胸口为中心，左右两侧的道具应由左右手分别拿放。
47. 左右手的工作量应相对均匀。
48. 单手动作时，另一只手的停放动作应美观。
49. 冲水斟茶时，水流应均匀，不能有断断续续的现象。
50. 应把水盂放在客人看不到或不显眼的地方。
51. 茶具摆放位置应紧凑有序，行茶中随时注意调整造型。
52. 客人所用茶杯的上方空间不应有物体通过。

三、和

（一）天和

53. 提倡表演者使用所属地区生产的茶叶或本地区群众普遍饮用的茶叶。
54. 提倡整理挖掘所属地区的饮茶习俗，以贴近生活为好。
55. 提倡在表演本地区饮茶习俗时，穿着有特色的服装并配以有特色的音乐。
56. 提倡在展示本地区茶叶的品质特征时，使用本地区的名泉名水。

（二）乐和

57. 茶艺表演过程中应配有音乐。
58. 其音乐应具有优美、典雅的风格，或与其表演相应的风格。
59. 其音乐的音量应大小适度。
60. 表演者应知道其乐曲的曲名和乐曲本身所要表现的意境。

61. 乐曲的始终与茶艺表演的始终相吻合。

62. 采用现场器乐演奏时，演奏者位置应处于附属地位，不能喧宾夺主。

（三）声和

63. 茶艺表演时应配有解说。

64. 解说内容应丰富、全面、生动、准确。

65. 解说声音应优美流畅，应使用普通话。

66. 在表演中，解说应有间歇，应给表演和音乐留出相应的空当。

67. 解说词应安排恰当，应与茶艺的进行配合默契。

68. 解说时，应正确使用麦克风，控制好音量。

（四）境和

69. 茶艺表演的环境布置应雅致协调。

70. 应摆放符合时节的瓶花或常绿植物。

71. 所用花卉应肥嫩鲜活，养护状态良好。

72. 表演者应能说出其花卉的名称及特性。

73. 茶艺表演空间应挂有与茶文化有关的字画。

74. 表演者应理解并能解说其字画的内容。

75. 茶艺表演空间应有焚香或摆放相应的古玩雅饰。

四、敬

（一）心诚

76. 表演者应主动询问客人的饮茶嗜好及口味习惯情况。

77. 表演者应根据客人的情况选取用茶叶，或调整茶汤的浓度。

78. 表演者应根据客人的情况备用茶点，或调节茶点的甜度。

（二）体恭

79. 端送茶、茶点时应先行礼，再上前一步，然后再递茶或点心。

80. 递送茶、茶点时应用手势和语言劝茶、劝点心。

81. 送完茶、茶点，应后退一步再次行礼，然后离开。

82. 收茶杯及点心盘时应先行礼，致谢后再上前一步收器皿。

83. 拿好器皿之后应后退一步再转身离开。

84. 表演者应在表演开始前和表演结束后向客人行礼。

（三）敬客

85. 表演者应把沏泡好的茶汤立即端给客人。

86. 为客人送去的茶汤应温度适中，茶量适量。

87. 如为客人再次斟茶时，表演者应双手执壶，或一手执壶一手抚巾。

（四）惜缘

88. 珍惜客人的宝贵时间，上下场动作迅速，并在预定的时间性内完成表演。

89. 表演者在有条件的情况下，应主动迎送客人。

90. 表演结束后，应不忘记客人的名字。

91. 表演者为复数时，在开始和结束时应有相互的问候。

92. 提倡表演者在表演结束后做茶事记录。

（资料来源：陈文华. 首届全国茶道茶艺大奖赛审评细则. 农业考古，2004，2: 84-87）。

附2 2006全国茶艺职业技能大赛总决赛（规定茶艺）评分表

参赛选手号：

序号	项目	分值(%)	要求和评分标准	扣分标准	扣分	得分
1	礼仪仪表仪容 15分	5	发型、服饰与茶艺表演类型相协调	(1)发型散乱，扣0.5分 (2)服饰穿着不端正，扣0.5分 (3)发型、服饰与茶艺表演类型不相协调，扣1分		
		5	形象自然、得体、高雅，表演中用语得当，表情自然，具有亲和力	(1)视线不集中，表情平淡，扣0.5分 (2)目低视，表情不自如，扣0.5分 (3)说话举止略显惊慌，扣1分 (4)不注重礼貌用语，扣1分		
		5	动作、手势、站立姿势端正大方	(1)站姿、走姿摇摆，扣1分 (2)坐姿不正，双腿张开，扣1分 (3)手势中有明显多余动作，扣1分		
2	茶席布置 10分	5	茶器具之间功能协调，质地、形状、色彩调和	(1)茶具配套不齐全，或有多余的茶具，扣3分 (2)茶具色彩不够协调，扣1分 (3)茶具之间质地、形状大小不一致，扣2分		
		5	茶器具布置与排列有序、合理	(1)茶席布置不协调，扣1分 (2)茶具配套齐全，茶具、茶席相协调，欠艺术感，扣0.5分		
3	茶艺表演 40分	5	根据主题配置音乐，具有较强艺术感染力	(1)音乐与主题不协调，扣1分 (2)音乐与主题基本一致，欠艺术感染力，扣0.5分		
		10	冲泡程序契合茶理，投茶量适用，水温、冲水量及时间把握合理	(1)冲泡程序不符合茶理，顺序混乱，扣2分 (2)未能正确选择所需茶叶、配料，扣1分 (3)选择水温与茶叶不相符合，过高或过低，扣1分 (4)冲水量过多或太少，扣1分 (5)各杯中茶水有明显差距，扣1分		
		15	操作动作适度，手法连绵、轻柔、顺畅，过程完整	(1)未能连续完成，中断或出错三次以上，扣2分 (2)能基本顺利完成，中断或出错二次以下，扣1分 (3)表演技艺平淡，缺乏表情及艺术品位，扣1分 (4)表演尚显艺术感，艺术品位平淡，扣1分		
		5	奉茶姿态、姿势自然，言辞恰当	(1)奉茶姿态不端正，扣1分 (2)奉茶次序混乱，扣1分 (3)脚步混乱，扣1分 (4)不注重礼貌用语，扣1分 (5)收回茶具次序混乱，扣1分		
		5	收具	(1)收具顺序混乱，茶具摆放不合理，扣1分 (2)离开表演台时，走姿不端正，扣1分		
4	茶汤质量 30分	20	茶色、香、味、形表达充分	(1)未能表达出茶色、香、味、形，扣3分 (2)能表达出茶色、香、味、形其一者，扣2分 (3)能表达出茶色、香、味、形其二者，扣1分		
		5	奉客人茶汤应温度适宜	(1)茶汤温度过高或过低，扣2分 (2)茶汤温度与较适宜饮用温度相差不大，扣1分		
		5	茶汤适量	(1)茶量过多，溢出茶杯杯沿，扣1分 (2)茶量偏少，扣0.5分		
5	时间 5分	5	在15分钟内完成茶艺表演，超时扣分	(1)表演超过规定时间1～3分钟，扣1分 (2)表演超过规定时间3～5分钟，扣2分 (3)表演超过规定时间5～10分钟，扣3分 (4)表演超过规定时间10分钟，扣5分		

评委签名：　　　　　　　　　　年　　月　　日

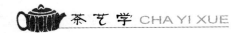

附3 茶艺职业技能大赛（自创茶艺）评分表

参赛选手号：

序号	项目	分值(%)	要求和评分标准	扣分标准	扣分	得分
1	创新 15分	5	主题立意新颖，有原创性；意境高雅、深远	(1)主题立意较新，原创性不明显，扣1分 (2)主题立意新颖，有原创性，缺乏文化内涵，扣0.5分		
		5	茶席设置、茶具配置有新意	(1)茶席、茶具布置合理，但缺乏新意，扣1分 (2)茶席、茶具布置合理，有新意，与主题不相符，扣0.5分		
		5	泡茶手法、音乐服饰有新意	(1)泡茶手法、音乐服饰无新意，扣1分 (2)泡茶手法中有新意，不具高难度动作，扣0.5分 (3)音乐、服饰有新意，与主题不相符，扣1分		
2	茶水、具布置 5分	5	茶、水、具配置协调	(1)茶具色彩不够协调，扣1分 (2)茶具之间质地、大小不协调，扣1分 (3)茶具摆放错乱，扣1分 (4)茶具配套齐全，茶具、茶席相协调，欠艺术感，扣0.5分		
3	茶艺表演 40分	10	根据主题配置音乐，音乐、服饰配置具有较强艺术感染力	(1)无背景音乐，扣1分 (2)音乐与主题不协调，扣0.5分 (3)音乐与主题基本一致，欠艺术感染力，扣0.5分		
		15	动作适度、手法连绵、轻柔，冲泡程序合理，过程完整、流畅	(1)未能连续完成，中断或出错三次以上，扣2分 (2)能基本顺利完成，中断或出错二次以下，扣1分 (3)表演技艺平淡，缺乏表情及艺术品位，扣1分 (4)表演尚显艺术感，艺术品位平淡，扣1分		
		7	沏泡过程中语言运用恰当，语气、语调得体	(1)语言运用不恰当，扣2分 (2)语言运用恰当，语气语调与冲泡手法不一致，扣1分		
		8	奉茶姿态、姿势自然，言辞恰当	(1)奉茶姿态不端正，扣1分 (2)奉茶次序混乱，扣1分 (3)脚步混乱，扣1分 (4)不注重礼貌用语，扣1分 (5)收回茶具次序混乱，扣1分		
4	茶汤质量 30分	20	茶汤色、香、味、形表达充分	(1)未能表达出茶色、香、味、形，扣3分 (2)能表达出茶色、香、味、形其一者，扣2分 (3)能表达出茶色、香、味、形其二者，扣1分		
		5	奉客人茶汤应温度适宜	(1)茶汤温度过高或过低，扣2分 (2)茶汤温度与较适宜饮用温度相差不大，扣1分		
		5	茶汤适量	(1)茶量过多，溢出茶杯杯沿，扣1分 (2)茶量偏少，扣0.5分		
5	解说	5	有创意，讲解口齿清晰婉转，能引导和启发观众对茶艺的理解，给人以美的享受	(1)讲解与表演过程不协调，扣2分 (2)讲解不能很好地表达主题，扣1分 (3)讲解口齿不清晰，扣1分 (4)讲解欠艺术表达力，扣1分		
6	时间 5分	5	在15分钟内完成茶艺表演，超时扣分	(1)表演超过规定时间1~3分钟，扣1分 (2)表演超过规定时间3~5分钟，扣2分 (3)表演超过规定时间5~10分钟，扣3分 (4)表演超过规定时间10分钟，扣5分		

评委签名：　　　　　　　　　　　　　年　月　日

第十一章　茶艺与茶文化活动

第一节　古代茶文化活动

古代的茶文化活动最早以茶宴形式展现。公元前1066年周武王在"伐纷会盟"时，南方八个小国将部落子民药用的茶作为礼品献给武王，于是武王用茶设宴、以茶代酒招待各路诸侯、部落酋长，这可谓是最早的一种茶宴形式。而茶宴一词的最早文字记载见于南朝山谦之的《吴兴记》，文中提到"每岁吴兴，昆陵二郡太守采茶宴会于此。" 茶宴的出现是一种以茶待客、崇尚简朴风俗的象征。

中国的茶文化活动虽然在公元前就已萌生，但在唐代才得以真正形成和极大发展，至宋代茶文化活动发展至极致，这与唐、宋两代的茶业及整个社会经济文化的环境是密不可分的。

一、唐代茶会与茶宴

唐代是茶文化历史变迁的一个划时代的朝代，茶史专家朱自振曾写道："在唐代，荼去一划，始有茶字；陆羽作经，才出现茶学；茶始收税，才建立茶政；茶始边销，才开始有茶的贸易和边销"，因此，中国茶史虽然可追溯到先秦时期，但真正饮茶蔚然成风和品茗艺术的完善，还是在唐代。换言之，茶文化在唐代才真正形成。

说到唐代的茶文化，不得不提到茶圣陆羽（公元733～804年），他在考察了各地饮茶习俗以及总结了历史的饮茶经验后，撰写了中国乃至世界上第一部茶书《茶经》。唐人封寅曾在《封氏见闻记》中记述："楚人陆鸿渐为茶论，说茶之功效，并煎茶炙茶之法，造茶具二十四事，以都统笼贮之。远近倾慕，好事者家藏一副。有常伯熊者，又因鸿渐之论广润色也。于是茶道大行。"

唐代是中国进入文明时代之后最为鼎盛的年代，国家的繁荣有力促进了社会各行包括茶业的发展。交通的发达以及开明的经济政策，促进了商人贩茶、卖茶的积极性，为饮茶的传播和普及提供了不可缺少的市场条件，进一步促成了"举国之饮"、"比屋皆饮"的饮茶之势。另一方面唐茶文化的发展，也激发了文化创作的激情，文人、士大夫尽兴饮茶，将茶作为一种愉悦精神、修身养性的手段，视为一种高雅的文化体验过程。茶性宁静清雅、质朴致和、淡泊去欲，与佛性相合，深得僧人喜爱并渗透到了宗教文化之中，丰富了中国宗教文化的内涵。佛教寺院兴起的种茶、制茶、研茶，尤其是饮茶风尚，在唐朝佛教极大的社会影响下，由僧及俗，促成了唐"风俗贵茶"的局面。

唐代随着茶叶产量的提高，茶风日盛、茶艺日精，茶会即以茶会友开始盛行。所谓茶会指以茶为主进行的较为隆重的待客形式，根据规模大小，又称茶宴、茶席、茗宴、茶话会。我国真正以茶为主的茶宴始见于唐代的一些诗篇，如钱起（公元722～约780年）的《与赵莒茶宴》："竹下忘言对紫茶，全胜羽客醉流霞。尘心洗尽兴难尽，一树蝉声片影斜。"

唐代成为茶文化确立的时代，茶宴是唐代茶文化繁荣的标志之一。茶宴根据文化圈的不同，初步可分为4种：宫廷茶宴、文人茶宴、禅林茶宴和民间茶宴。以上4种茶宴中，规格最高的应属宫廷茶宴，李郢在《茶山贡焙歌》中曾写道："十日王程路四千，到时须及清明宴"，此中提到的"清明宴"即指宫廷茶宴中最典型的"清明茶宴"。此茶宴是在清明节时，由皇上做东宴请群臣，尽人主之礼，并联络感情。"清明茶宴"的亮点是品尝明前茶，为使江南的明前茶能赶上京城的清明茶宴，专门设置了贡茶院，并开辟了千里传递的贡茶路，称之为"急程茶"。清明茶宴属皇家大宴，御前礼官主持烦琐的仪式，太监宫女跪侍敬奉。茶宴过程中有皇上的诏谕，文人的颂词，百官的唱赞，美女歌伎的妙曼乐舞及精美的宫廷茶具。在法门寺出土的13件金银茶具足以考证唐朝宫廷茶宴的奢华，这13件金银茶具是皇家以宫廷茶具供奉佛骨，鎏金镂空鸿雁球路纹银笼子、壶门高圈足座银风炉、鎏金壶门座茶碾子等，其精美程度让人惊叹，很好地说明了当时宫廷茶宴有一套完整的宫廷茶具，并且在造型做工上都十分奢华精美（图11-1至图11-3）。

张文规在《明州贡焙新茶》一诗中描绘的"牡丹花笑金钿动，传奏吴兴紫笋来"，生动地描写了"急程茶"由千里飞骑运抵京时，宫廷欣喜若狂、奔走相告的情景。

除"清明茶宴"这种大型宫廷茶宴外，

图11-1　鎏金壶门座茶碾子

图11-2　蕾钮摩羯纹三足架银盐台

图11-3　鎏金镂空鸿雁球路纹银笼子

还有小型宫廷茶宴,唐代的"茶会画"《宫乐图》就形象地描绘了妃嫔相约的宫廷茶会。唐历代皇帝大都嗜茶,这有力地促进了茶为国饮地位的确立,以及唐代茶叶生产面积的扩大和茶文化的发展。

在唐代文人茶风盛行,办茶宴对于文人可谓是一件高雅之事。提倡节俭、朴素的儒家思想以及茶清醒文思的作用,使文人通过烹茶品饮,激发文思,吟诗唱和,互相交流思想。文人们一边喝茶一边啜句连诗的场面,在唐代诗文中屡有所见,例如:

《过长孙宅与郎上人茶会》

钱起

偶与息心侣,忘归才子家。

言谈兼藻思,绿茗代榴花。

岸帻看云卷,含毫任景斜。

松乔若逢此,不复醉流霞。

《东亭茶宴》

鲍君徽

闲朝向晓出帘拢,茗宴东亭四望通。

远眺城池山色里,俯聆弦管水声中。

幽篁引沼新抽翠,芳槿低檐欲吐红。

坐久此中无限兴,更怜团扇起清风。

以上两首诗描述了几个人参与的小型茶宴,并生动地点出了作者与朋友参与茶会之惬意及令人留恋之心境。文人雅士一般在环境优美的山林、庭院举行茶宴,唐人吕温(公元774～约813年)在《三月三日茶宴序》和《全唐诗》十一函九册《五言月夜啜茶联句》中提到的茶宴,参与者人数稍多,对茶宴环境也做了生动的描述,特别是前一首:"三月三日,上巳禊饮之日也,诸子议以茶酌而代焉。乃拨花砌,爱诞阴,清风逐人,日色留兴,卧借青霭,坐攀香枝,闲莺近席而未飞,红蕊拂衣而不散。乃命酌香沫,浮素杯,殷凝琥珀之色,不令人醉,微觉清思。虽玉露仙浆,无复加也。座右才子南阳邹子、高阳许侯,与二三子顷为尘外之赏,而曷不言诗矣。"此序文虽不长,但形象生动地描述了茶宴的缘起、优美环境、茶汤的香气、滋味等,茶宴场景如现眼前,令人陶醉。

五言月夜啜茶联句(唐)

泛花邀坐客,代饮引情言。——陆士修

醒酒宜华席，留僧想独园。——张荐

不须攀月桂，何假树庭萱。——李萼

御史秋风劲，尚书北斗尊。——崔万

流华净肌骨，疏瀹涤心原。——颜真卿

不似春醪醉，何辞绿菽繁。——皎然

素瓷传静夜，芳气清闲轩。——陆士修

唐代文人饮茶风气的发展，极大地推动了他们文化创作的激情，流传下来的茶文、茶诗、茶画都可以证明这些，可以说在唐代不饮茶做不了名诗人，名诗人无人不写茶。

自古佛、道修行在名山，而名山又往往产好茶，因此，佛、道与茶有不解之缘，很早就已形成饮茶传统，时至大唐，因佛教禅宗盛行，禅宗重视"坐禅修行"，而茶可以提神养心，有利禅修，于是寺院饮茶之风大盛。唐代寺院内设有"茶堂"，专供禅僧辩论佛理、招待施主、品尝香茶。法堂内设有"茶鼓"，用来召集众僧前来饮茶。禅林茶宴可以说是茶宴的一种代表形式。唐宪宗时期赵州从谂禅师的禅林法语"吃茶去"在当时僧侣界广泛流传，这较为生动地反映了当时"吃茶"在佛教界的风靡。禅林茶宴中最为出名的属径山寺茶宴。径山寺建于唐代，每年春季都要举行茶宴，自唐以来径山境会亭茶宴形成一套颇为讲究的茶宴礼仪，包括了献茶、闻香、观色、尝味、论茶、叙谊等程序。南宋开庆元年日本高僧南浦昭明禅师来径山寺求佛法，回国后将径山寺茶宴仪式传到日本，对于日本茶道的形成具有重要影响。

唐阎立本所绘的《萧翼赚兰亭图》一画描绘了老僧辩才与萧翼烹茶而谈的情形，可见当时僧侣与文人之间的相会也多以茶会形式进行。应该说唐代文人茶风的形成也与僧人的熏陶有莫大的关系，封演《封氏闻见记》载："开元中，泰山灵岩寺有降魔师大兴禅教，学禅务于不寐，又不夕食，皆许其饮茶。人自怀挟，到处煮饮，从此转相仿效，遂成风俗。"如其所言，唐代茶事盛于玄宗开元年间，缘起禅教，而最先效尤者则是文人。

图 11-4　阎立本《萧翼赚兰亭图》【唐】

民间茶会相关记载较少，但我们从某些资料的只言片语中可窥见其蛛丝马迹。在《膳夫经手录》中曾提到："唐人不可一日无茶"。唐穆宗时人李珏说："茶为食物，无异米盐，于人所资，远近同俗。既祛竭之，难舍斯须。田闾之间，嗜好尤切"。这说明"唐人"也包括占人口绝大多数的农民和市民，他们视茶为米盐，是最主要的消费者。因为普通大众无钱亦无闲，且无高深的文化素养，饮茶只为止渴、满足口腹之欲，不同于宫廷茶会、僧道茶会、文人茶会，与前三者茶宴相比，民间茶会最不拘泥形式，而且长盛不衰。

径山为浙西天目山的东北余脉，因有路径可通天目山而得名。径山群峰罗立，峰岭叠嶂，古木参天，翠竹掩映，四季青翠，风景宜人。径山万寿禅寺位于浙江省杭州市余杭区径山镇径山，肇建于中唐，兴盛于宋元，是佛教禅宗临济宗著名寺院。而起源于此的"径山茶宴"始于唐代中期，在宋元时期的江南禅院盛行一时。

"径山茶宴"是我国古代茶宴礼俗的存续和传承，是径山寺接待贵客上宾时的一种大堂茶会。径山茶宴原属禅院清规的一部分，是禅僧修持和僧堂生活的必修功课，也是佛门禅院与世俗士众结缘交流的重要形式。在宋元时期，禅院的法事法会、内部管理、檀越应接和禅僧坐禅、供佛、起居，无不参用茶事茶礼。径山茶宴是按照寺院普请法事的程式来进行的，礼仪备至，程式规范，主躬客恭，庄谨宁和，体现了禅院清规和茶俗礼仪的完美结合。以茶论道，以茶播道，是径山茶宴的精髓所在。径山茶宴在代相传习中形成了品格高古、清雅绝伦、禅茶一体、僧俗圆融的独特艺术风格，堪称我国源远流长、博大精深的禅茶文化的经典样式和至尊瑰宝。

径山茶宴还是佛教文化、茶文化、礼仪文化在物质和精神上的高度统一，涉及禅学、茶道、礼俗、茶艺等传统文化领域。径山茶宴对每个举止动作都有具体要求，特别是僧俗之间的礼节有严格详尽的规定，意境清高，程式规范，形成了一整套完善严密的礼仪程式，追求一种和敬庄谨、清雅禅悦的至高境界，具有高古绝伦、清雅无比的艺术风格，能获得清心净心、祥和喜悦的内心体验，给人带来难得的身心享受和艺术熏陶，是中国茶会、茶礼发展历程中的最高形式。

径山茶宴还把禅院清规的修持仪轨与儒家礼法、茶会技艺等融合在一起，营造出品格清绝、气氛庄谨、礼法周详、心境和悦的茶会境界，禅茶一体、禅茶一味，提升了中华民族的精神品格。径山茶宴把中唐以后在禅僧士林中流行的茶会推向了极致，形成了高度程式化的茶会礼仪，使茶在以茶待客、以茶会友之外，又具有了以茶论道、以茶弘法的功能，从而丰富并大大提升了中国茶文化的内涵和品格。径山茶宴影响广泛，意义深远，不仅在我国佛教文化史、茶文化史和礼俗文化史上有着至高地位，对当时和后世产生了广泛而深远的影响。

径山寺曾经是中日文化交流的窗口，径山茶宴是两国文化交流的重要内容和主要载体，也是日本茶道的渊源。曾经两度入宋求法的日本高僧千光荣西，受径山茶宴思想影响，归国时带去了天台山茶叶、茶籽以及植茶、制茶技术和饮茶礼法，著成《吃茶养生记》，介绍种茶、饮茶方法和茶的功用，被誉为日本的"茶圣"。

二、宋代的点茶与斗茶

史籍记载："茶兴于唐，盛于宋"，茶文化在宋代发展达到了"盛造其极"的境界。随着茶叶生产技术进一步提高以及茶区面积的不断扩大，茶的种类也逐渐增多，在宋朝名茶的数量达到了200种左右。饮茶风俗在宫廷贵族和文人之间更为流行，而且也更深入地传到平民百姓的生活当中。王安石《议茶法》记载："茶之为民用，等于米盐，不可一日无。"茶成为了宋代社会普遍接受的饮料，因而与社会生活的诸多方面发生了联系，出现了不少与茶有关的社会现象、习俗或观念，这些进一步丰富了茶文化的内容。

（一）宋代点茶过程

宋代点茶是宋代茶人在继承和改革唐人品饮方式的基础上建立的一种饮茶方法。主要操作流程包括炙茶、碾茶、罗茶、候汤、熁盏、调膏、点汤、击拂等步骤。

炙茶：用茶夹夹住茶叶置于火上慢慢烤干，其目的一是可使茶叶中的水分充分散发，便于碾茶；二是使茶叶发出烘烤香。

碾茶：先用干净的纸将茶叶包裹后捣碎，再放于碾中反复碾压，使茶叶呈粉末状。古人以金银所制的茶碾为上，认为此法不会损伤茶色。碾茶是十分重要的一步，只有掌握好碾茶时间，才能碾出鲜白的茶色，为后面点出好的汤色及汤花打好基础。

罗茶：将碾好的茶末放入茶罗中进行筛分。茶罗一般选用细密的画绢，要求绢"细、紧、轻、平"。《茶录》中写有"罗细则茶浮，粗则水浮"，罗得过细，则茶浮；过粗则水浮在茶上，都不利于汤花的形成。

候汤：即掌握点茶用水的沸滚程度，它是点茶中比较难掌握的一步。蔡襄《茶录》中说："候汤最难，未熟则沫浮，过熟则茶沉。前世谓之蟹眼者，过熟汤也。沉瓶中煮之不可辨，故曰候汤最难。"蔡襄认为蟹眼汤已是过熟，煮水用汤瓶，气泡难辨，故候汤最难。

熁盏：预热茶盏。古人认为茶盏若冷，则茶末不可以浮于水面。

调膏：将茶末置入烫热的茶盏中，向茶盏中注入少量沸水，用茶筅加以搅动，使盏中茶末呈有黏度和浓度的膏状。

点汤和击拂：点汤是继续往茶盏中注入一定比例的沸水，击拂是在点汤的同时用茶筅在茶盏中环回击拂，使之泛起汤花。点汤对于茶水比以及点汤手法有很高的要求，《茶录》中写到："茶少汤多，则云脚散；汤少茶多，则粥面聚。"在实际操作过程中注水和击拂同时进行。所以要创造出点茶的最佳效果：一要注意调膏，二要有节奏地注水，三是茶筅击拂得视情况而有轻重缓急的运用。这种高明的点茶能手被称为"三昧手"。北宋苏轼《送南屏谦师》诗曰："道人晓出南屏山，来试点茶三昧手"，说的就是这个意思。

根据《大观茶论》中点茶的描述，调制出如同融胶状的好茶汤，必须取茶粉适量，注入沸水方法得当，具体方法是沸水要分次注入。

第1次注入沸水时，不应直接冲到茶粉上，要沿着碗内壁周围注入。开始注水时，用茶筅搅动的手势宜轻，先搅成茶浆糊，然后边注水，边快速旋转击拂，使之上下透彻，乳沫随之产生。

第2次注入沸水时，可直冲茶汤表面，但宜急注急止，这时已形成的乳沫没有消失，同时用力击拂（搅动），可看到白绿色小珠粒状乳沫堆积起来。

第3次注入沸水的量如前，但击拂的动作宜轻，搅动要均匀，这时白绿色粟米蟹眼般水珠和粒状乳沫已盖满茶汤表面。

第4次注入沸水的量可以少一些，茶筅击拂动作要再轻一点，让茶汤表面的乳沫增厚堆积起来。

第5次注入沸水时，击拂宜轻宜匀，乳沫不多时可继续击拂，乳沫足够时即停止击拂，使乳沫凝聚如堆积的雪花为止，形成最理想的茶色。

第6次注水要看乳沫形成的情况而为之，乳沫多而厚时，茶筅只沿碗壁轻轻环绕拂动即可。

第7次是否注水，要看茶汤稀稠程度和乳沫形成的多少而定，茶汤稀稠程度适可，乳沫堆积很多时，就可不必注入沸水。经过上述7次注水和击拂，乳沫堆积很厚，紧贴着碗壁不露出茶水，这种状况称之为"咬盏"。这时才可用茶匙将茶汤均分至茶盏内供饮用。

（二）宋代斗茶

所谓斗茶，又名茗战、点试、点茶，实际上就是点茶比赛，此法源于唐、盛于宋、终于元明。唐代冯贽在《记事珠·茗战》中云："建人谓斗茶为茗战。"其意是说京畿一带叫斗茶，福建一带叫茗战，这说明唐代帝京和重要茶区已存在斗茶习俗。斗茶是以竞赛的形态品评茶叶品质及冲点、品饮技术高低的一种风俗，具有技巧性强、趣味性浓的特点。

唐代文人白居易在《夜闻贾常州崔湖州茶山境会亭欢宴》诗中这样写到："遥闻境会茶山夜，珠翠歌钟俱绕身。盘下中分两州界，灯前各作一家春。春娥递舞应争妙，紫笋齐尝各斗新。"紫笋是唐代著名的贡茶，诗中描绘了人们伴着歌舞将斗紫笋新茶的过程。唐代《梅妃传》也有宫廷斗茶的记载：开元年间，玄宗与梅妃斗茶，顾谓王戏曰："此梅精也。吹白玉笛，作《惊鸿舞》，一座光辉，斗茶今又胜我矣。"唐朝后期是茶道形式由煮煎茶向点茶发展的过渡期，至宋代斗茶之风开始真正盛行。宋代斗茶对于用料、器具、烹试方法及优劣评定都有严格的要求，其中"点汤"与"击拂"的好坏是评价斗茶技巧高低优劣的主要指标。

宋人在斗茶过程中评判点茶效果，一是看茶面汤花的色泽和均匀程度，二是看盏的内沿与茶汤相接处有没有水的痕迹。汤花面上要求色泽鲜白，民间把这种汤色叫做"冷粥面"，意思是汤花像白米粥冷却后稍有凝结时的形状。汤花要均匀，叫做"粥面粟纹"，就是像白米粟粒一样细碎均匀。汤花保持的时间较长，能紧贴盏沿而不散退的，叫做"咬盏"。散退较快的，或随点随散的，叫做"云脚涣乱"。汤花散退后，盏的内沿就会出现水的痕迹，宋人称为"水脚"。汤花散退早，先出现水痕的斗茶者，便是输家。《大观茶论》里如此描述汤色："点茶之邑，以纯白为上真，青白为次，灰白次之，黄白又次。"以茶叶加工技术来论，汤色纯白，表明茶质鲜嫩，蒸时火候恰到好处；色偏青，表明蒸时火候不足；色泛灰，是蒸时火候太老；色泛黄，则采制不及时；色泛红，是烘焙火候过了头。《茶录》中写道"汤上盏可四分则止，视其面色鲜白，著盏无水痕为绝佳。建安斗茶，以水痕先者为负，耐久者为胜，故较胜负之说，曰相去一水两水"。

随着宋代贡茶制度的实施，大小龙凤团茶的制作愈发精良。苏轼在《荔枝叹》中描绘了当时茶农通过斗茶来决出官茶的情景："武夷溪边粟粒芽，前丁后蔡相宠加，争新买宠各出意，今年斗品充官茶。"黄儒《品茶要录》称"茶之精绝者曰斗、曰亚斗，其次拣芽，斗品最为上"。由此可见斗茶兴起的重要原因是，民间制茶处通过斗茶，胜者作为贡品进献给皇帝。此外苏轼在《荔枝叹》中提到的福建武夷山历来是出产贡茶的地方，在武夷九曲溪之五曲的接笋峰下间樵台后面的巨石上有一方摩崖，上刻"竞台"，其下有一石台，长约1.5m，宽0.8m，高约0.7m，台面修平为"评茶台"，人们视为古代斗茶的遗迹。

宋代斗茶之风不仅盛行于制茶界，更是延伸到了皇室贵族、文人骚客以及平民百姓的日常生活之中。宋代皇帝赵佶一生嗜茶，所著的《大观茶论》中点茶一篇对斗茶中点茶的步骤、评判标准以及点茶前的备水备器都进行了详细的论述。宋臣蔡京在《延福宫曲宴记》中记载到："宣和二年十二月癸巳，召宰执亲王军曲宴于延福宫……上命近侍取茶具，亲手注汤击拂，少顷白乳浮盏面，如流星淡月，顾诸臣曰，此自布茶，饮毕皆顿首谢。"宋代的达官贵人及文人如苏轼、欧阳修、蔡襄、陆游等也热衷于斗茶，与斗茶相关的茶诗茶画以及茶文流世颇多，这些诗词画作进一步提升了斗茶的文化内涵以及影响力。其中较为出名的茶诗有范仲淹的《和章岷从事斗茶歌》、蔡襄的《茶录》、黄儒的《品茶要录》等。刘松年的《斗茶图卷》和元代画家赵孟頫的《斗茶图》则生动地再现了当时民间的斗茶之风，在街头巷尾人们担着茶具就地斗茶。

图 11-5　赵孟頫《斗茶图》

（三）宋代斗茶的器具与茶叶

宋代茶人斗茶所使用的器具，以黑釉瓷为最佳，这与斗茶以茶汤鲜白为佳有很大关系。宋人祝穆所著《方典胜览》写到："茶色白，入黑盏，其痕易显。"据研究表明：黑釉瓷的烧制始于东汉，盛于唐，在宋代达到了高峰。宋代的黑釉瓷与建窑黑釉瓷的造型和釉色极为相近，其工艺也难分高低。黑釉瓷中最为出名的莫过于建窑的"兔毫盏"，蔡襄《茶录》论茶盏有如下之说："茶色白，宜黑盏，建安所造者绀黑。纹如兔毫，其坯微厚，熁之久热难冷，最为要用。出他处者，或薄或色紫，皆不及也。"

斗茶对茶盏的形状也有一定要求，《大观茶论》中提到，盏底一定要稍深，面积稍宽，深则茶宜立，宽则运用茶筅自如。茶盏大小也要与茶量相配合。盏高茶少会掩蔽茶色，茶多盏小无法把茶泡透。

宋代点茶用茶亦用饼茶。"茶之品，莫贵于龙凤，谓之团茶，凡八饼重一斤。庆历中，蔡君谟（襄）为福建路转运使，始造小片龙茶以进，其品精绝，谓之小团，凡二十饼重一斤，其价值金二两。然金可有而茶不可得……中书、枢密院各赐一饼，四人分之。官人往往镂金花于其上，盖其珍贵如此。"（欧阳修《归田录》）。宋代的龙团有大小之分，大龙团由丁谓创立，他曾任福建漕运使，督造贡茶。小龙团则由蔡襄所创，也在福建督造贡茶，在大龙团基础上改进成小龙团。大龙团八只一斤,小龙团二十只一斤,因制饼模具中有龙凤图纹而得名。与唐朝的饼茶一样,宋代的龙凤团茶,也需炙烤加工后使用。

扩展阅读　　1.《大观茶论》(节录)

《大观茶论》是宋徽宗赵佶关于茶的专论,因成书于大观元年(公元1107年)而得名。全文共2800多字,篇首为序言。其后依次分地产、天时、采择、蒸压、制造、鉴辩、白茶、罗碾、盏、筅、瓶、构、水、点、味、香、色、藏焙、品名、外焙20个章节。对北宋时期蒸青团茶的产地、采制、烹试、品质、斗茶风尚等均有详细记述。其中"点茶"一篇,见解精辟,论述深刻。从一个侧面反映了北宋以来我国茶业的发达程度和制茶技术的发展状况,也为我们认识宋代茶道留下了珍贵的文献资料。

鉴辩:茶之范度不同,如人之有首面也。膏稀者,其肤蹙以文;膏稠者,其理敛以实,即日成者,其色则青紫;越宿制造者,其色则惨黑。有肥凝如赤蜡者,末虽白,受汤则黄,有缜密如苍玉者,末虽灰,受汤愈白。有光华外暴而中暗者,有明白内备而表质者,其首面之异同,难以概论,要之,色莹彻而不驳,质缤绎而不浮,举之凝结,碾之则铿然,可验其为精品也。有得于言意之表者,可以心解,又有贪利之民,购求外焙已采之芽,假以制造,碎已成之饼,易以范模。虽名氏采制似之,其肤理色泽,何所逃于鉴赏哉。

罗碾:碾以银为上,熟铁次之,生铁者非掏拣捶磨所成,间有黑屑藏于隙穴,害茶之色尤甚,凡碾为制,槽欲深而峻,轮欲锐而薄。槽深而峻,则底有准而茶常聚,轮锐而薄,则运边中而槽不戛。罗欲细而面紧,则绢不泥而常透。碾必力而速,不欲久,恐铁之害色。罗必轻而平,不厌数,庶已细青不耗。惟再罗则入汤轻泛,粥面光凝,尽茶之色。

盏:盏色贵青黑,玉毫条达者为上,取其燠发茶采色也。底必差深而微宽,底深则茶宜立而易于取乳,宽则运筅旋彻不碍击拂,然须度茶之多少。用盏之大小,盏高茶少则掩蔽茶色,茶多盏小则受汤不尽。盏惟热则茶发立耐久。

水:水以清轻甘洁为美。轻甘乃水之自然,独为难得。古人品水,虽曰中泠惠山为上,然人相去之远近,似不常得。但当取山泉之清洁者。其次,则井水之常汲者为可用。若江河之水,则鱼鳖之腥,泥泞之污,虽轻甘无取。凡用汤以鱼目蟹眼连绎并跃为度。过老则以少新水投之,就火顷刻而后用。

点:点茶不一。而调膏继刻,以汤注之,手重筅轻,无粟文蟹眼者,调之静面点。盖击拂无力,茶不发立,水乳未浃,又复增汤,色泽不尽,英华沦散,茶无立作矣。有随汤击拂,干筅俱重,立文泛泛。谓之一发点、盖用汤已故,指腕不圆,粥面未凝。茶力已尽,云雾虽泛,水脚易生。妙于此者,量茶受汤,调如融胶。环注盏畔,勿使侵茶。势不欲猛,先须搅动茶膏,渐加周拂,手轻筅重,指绕腕旋,上下透彻,如酵蘖之起面。疏星皎月,灿然而生,则茶之根本立矣。第二汤自茶面注之,周回一线。急注急上,茶面不动,击指既力,色泽惭开,珠玑磊落。三汤多置。如前击拂,渐贵轻匀,同环旋复,表里洞彻,粟文蟹眼,泛结杂起,茶之色十已得其六七。四汤尚啬。筅欲转稍宽而勿速,其清真华彩,既已焕发,云雾渐生。五汤乃可少纵,筅欲轻匀而透达。如发立未尽,则击以作之,发立已过,则拂以敛之。结浚霭,结凝雪。茶色尽矣。六汤以观立作,乳点勃结则以筅著,居缓绕拂动而已。七汤以分轻清重浊,相稀稠得中,可欲则止。乳雾汹涌,溢盏而起,周回旋而不动,谓之咬盏。宜匀其轻清浮合者饮之,《桐君录》曰,"茗有饽,饮之宜人,虽多不力过也。"

色:点茶之邑,以纯白为上真,青白为次,灰白次之,黄白又次之。天时得于上,人力尽于下,茶必纯白。天时暴暄,芽萌狂长,采造留积,虽白而黄矣。青白者蒸压微生。灰白者蒸压过熟。压膏不尽,则色青暗。焙火太烈,则色昏赤。

2. 北苑龙凤团茶

据《福建通志》援引的有关古籍记载,它是一种饼状茶团,属片茶类,名叫龙凤团茶,也被称为"龙凤茶"、"龙团"、"北苑茶"、"北苑贡茶",等等。北苑是产地,在今建瓯县凤凰山,当时制茶团的焙房面北开户,名为"北苑",又因所产茶叶供官廷享用因称:"北苑龙焙"。《北苑别录》说:"建安之东三十里有山曰凤凰,其下值北苑,旁联诸焙,厥土赤壤,厥茶惟上"。

龙凤团茶又分为大龙团、大凤团和小龙团、小凤团等四种。大团八饼重一斤,小团二十饼重一斤。大小团茶又按质量不同分为十个等级,分别名为龙茶、凤茶、京挺、的乳、石乳、头金、白乳、面、头骨、次骨。官廷的官员也按等级享用。《谈苑》说,"龙茶以供乘舆及赐执政、亲王、长主,余皇族、学士、将帅皆凤茶,舍人、近臣赐京挺、的乳,馆阁赐白乳"。小龙团茶中,最精绝的称为"密云龙",用黄袋子包装,专供皇帝享用。

关于龙凤团茶的发展,《画墁录》中说:"有唐茶品以阳羡为上供,建溪北苑未著也。贞元中,常衮为福建刺史,始蒸焙而研之,谓研膏茶。其后稍为饼样。……迨至本朝,建溪独盛,采焙制作,前世所未有也。士大夫珍尚,鉴别亦过古先。丁晋公为福建转运使,始制为凤团,后又为龙团,贡不过四十饼,专拟上供。……天圣中,又为小团,其品迥加于大团。……熙宁末,神宗有旨,建州制密云龙,其品又加于小团矣"。

北苑龙凤团茶每年上贡有十纲:第一纲叫试新,第二纲叫贡新,第三纲有十六色:龙团胜雪、万寿龙芽、御苑玉芽、上林第一、乙夜清供、龙凤英华、玉除清赏、承平雅玩、启沃承恩、云叶、雪英、蜀葵、金钱、玉华、寸金、白茶,第四纲十二色:无比寿芽、宜年宝玉、玉清庆云、无疆寿龙、万春银叶、玉叶长春、瑞雪翔龙、长寿玉圭、香口焙、兴国岩、上品拣芽、新收拣芽,第五纲有十二色:太平嘉瑞、龙苑报春、南山应瑞、兴国岩小龙、兴国岩小凤、御苑玉芽、万寿龙芽、无比寿芽、瑞雪翔龙、旸谷先春、太平嘉瑞、长寿玉圭,以下五纲从小团到大团而止。

北苑龙凤团茶有独特的制作工艺,根据《东溪试茶录》的记载,龙凤团茶的总体要求:择之必精,濯之必洁,蒸之必香,火之必良。一失其度,俱为茶病。

采茶:必须在清晨太阳还没有出来之前采摘,认为"日出露晞,则芽之膏腴立耗于内,及受水而不鲜明"。采摘的时候,必须用指甲迅速夹断,不能用手指扯断,认为"以指则多温易损"。选择茶芽必须肥乳,不要瘦短的,认为"芽择肥乳,则甘香而粥面,著盏而不散。土瘠而芽短,则云脚涣散,去盏而易散"。采摘时,茶梗必须留有一半长,不能太短,认为"梗半则浸水鲜白,叶梗短则色黄而泛",认为"梗谓芽之身,茶之色味俱在梗中"。

拣芽:每一个茶芽要先去掉外两小叶,叫做去乌蒂,接着又要去掉两片嫩叶,叫做取白合,认为"乌蒂白合,茶之大病。不去乌蒂则色黄黑,不去白合则味苦涩"。

濯芽:茶芽拣好以后,用"御泉水"进行洗涤。《舆地名胜志》说,"瓯宁县凤凰山,其上有凤凰泉,一名龙焙泉,又名御泉,宋以来上供茶取此水濯之,其麓即北苑"。

蒸芽:蒸芽必须蒸熟蒸香,"蒸芽未熟则草木气存"。

压片去膏:研碾之后进行压片去膏,即所谓"压以银板为大小龙团"。要求做到去膏必尽,"去膏未尽则色浊而味重"。压片时间要求适当,"久留茶黄未造,使黄经宿,香味俱失。"

烘焙:《宋史》说,"片茶蒸造,实卷模中串之。唯建剑则蒸而研,编竹为格,置焙室中,最为精洁,他处不能造"。烘焙团茶必须用纯净的炭火,不能使火中有烟。如果火中有烟,就会"使茶香尽而烟臭不去也"。

第二节　现代茶文化活动形式

新中国成立后的前30年，茶业是处于恢复和发展阶段。改革开放后随着茶业经济的发展，人们将注视的目光又投向了茶文化。在各界人士的努力下，茶文化重新登上了历史的舞台，焕发出生机与活力。

一、现代斗茶

现代斗茶的定义有别于古代斗茶。如果按照比拼茶叶品质高低的标准来看，现代斗茶可以指代各类茶叶品质评比等一系列活动，例如福建安溪每年都举行的铁观音茶王比赛、浙江杭州举行的龙井茶评比大赛等，这些比赛多采用茶叶感官审评的方式进行。如果按照比拼茶人的泡茶技艺及茶叶知识来看，现代斗茶还包括了一系列茶人茶叶知识比拼、茶艺技能比赛或者其他各种类似活动。例如2009年勐海斗茶大会的比赛规则是初赛猜唛号，这是现代大多数斗茶会上采取的一种：店家从比赛用的茶品中任意挑出5款供斗茶者品饮，斗茶者把茶品的唛号写在答卷上，答对最多的为胜。决赛仿照日本古代流行的斗茶游戏，将5款不同的茶品分别以"花"、"鸟"、"风"、"月"、"客"命名，参赛者品茶猜茶名，将代表不同茶名的骨牌放在指定的地方。之后冠亚季军争夺赛则采用比拼茶艺的斗茶方式：斗茶者任意挑选自己熟悉的茶饼进行冲泡，由专家评分，评分内容包括汤色滋味等项，技高者胜。这类斗茶活动融合了各种斗茶形式，是包含茶叶专业知识及泡茶技能又充满趣味的斗茶活动。

二、现代茶文化活动

现代茶文化活动多种多样，随着人们生活水平的提高，茶叶在产茶区和非产茶区都越来越受到人们的欢迎，从而应运出各式各样的茶文化活动，包括敬老茶会、无我茶会、茶话会、少儿茶艺、各类茶文化节、茶叶博览会等。

茶艺活动是茶文化活动的重要组成部分。如今诸如佛家茶艺、文士茶艺、少数民族茶艺、宫廷茶艺等茶艺表演层出不穷。茶艺表演是一种外在美与内在美相结合的茶艺形式，通过茶艺形式的不断探索和创新，通过对古代茶艺的复古及其精神的不断提炼、升华、自我更新和进一步完善，逐渐形成自己的体系。其中少儿茶艺对于茶文化在青少年中的推广有重要意义。少儿茶艺活动针对青少年儿童开展，具有针对性较强的特点，也有普通茶艺的共性。少儿茶艺活动包括中小学校专门开设的少儿茶艺团、少儿茶艺培训班、一些社区组织的少儿茶艺活动，等等。通过开展少儿茶艺活动，培养青少年对中国茶文化的浓厚兴趣，也为茶文化的可持续发展提供了有利条件。

敬老茶会、茶话会是在现代生活中出现频率较高的两种茶文化活动形式，是以茶为主题，透过茶文化进行敬老，亲友之间的交流活动，将茶的社交功能及茶文化的"和、敬、廉、美"的特性与中国传统文化结合起来，由于其形式简单、主题鲜明，受到越来越多人的喜爱。

各类茶文化节、茶业博览会是我国各茶区每年的重要茶文化活动。通过茶文化节和茶业博览会这种规模较大、参与人数较多的茶文化活动，在普通群众中推广茶文化，也让更多的人从更深的层面了解茶叶和茶文化。不仅各地政府定期举办大型茶文化节活动，而且越来越多的高校和社区也举办大型茶文化活动。例如华南农业大学每年都会举行全校性的茶文化节活动，通过展示各类茶叶知识、举行茶艺表演、现场品茶等活动在高校学生中推广茶文化。

三、无我茶会

"无我茶会"是由原台湾陆羽茶艺

图 11-6 2009 年北京孔庙首届无我茶会会场

中心总经理、现陆羽茶学研究所所长蔡荣章先生首先提出并构思创建的一种新的茶会。"无我茶会"追求的是以茶会友，达到"无尊卑之分、无报偿之心、无好恶之心、求精进之心、遵守公共约定、培养默契、体现团体律动之美、无流派与地域之分"的境界，故曰："无我"。它是号召大家都参与的一种茶会，以简单、和谐、默契为最高境界。1990 年 12 月 18 日举办了首届国际无我茶会，而后 2000 年元旦香港中环举办了"迎千禧年大型国际无我茶会"，这标志着这一茶会形式日趋成熟圆满。

无我茶会自 20 世纪 80 年代兴起以来，先后流传到日本、韩国、新加坡、马来西亚等地，并在日本、韩国、我国台湾省、福建省、浙江省等地都曾举办过这种茶会。"无我"原为教语，意思是世界上不存在实体的自我。提倡"无我"即要消灭人们的一切妄想，达到清净的境界。"无我"也可作"忘我"、"无私"解释，茶会以"无我"命名，意在达到"德行修养至善"，提倡和平友好，以茶会友。

（一）无我茶会七大精神的体现

（1）坐位由抽签决定，也不设贵宾席、观礼席，但可以有围观的朋友，体现的是"无尊卑之心"的精神。

（2）每人奉茶给左边（或右边）的茶友，但喝到的茶却来自右边（或左边），这样的奉茶法目的在训练人"无报偿之心"。

（3）茶叶每人自行携带，种类不拘，由于茶系自备，每人喝到的可能是每杯都不一样的茶，大家以超然的心情接纳、欣赏，体现的是"无好恶之心"。

（4）茶具形式与泡法皆不受拘束，体现的是"无地域与流派之分"。

（5）一定要专心泡茶，而且事先有足够的练习，这是无我茶会"求精进之心"的体现。

（6）茶会进行中没有指挥与司仪，大家依事先排定的程序进行，且表现团体行动自然协调。在社交功能上培养"遵守公共约定"的习惯。

（7）泡茶之前的茶具观摩与联谊时间可以走动、交谈、拍照留念，开始泡茶后就不可以随意交谈。这是"培养团体默契、体现团体律动之美"的精神。

（二）无我茶会的基本流程

（1）会场地点的选择：根据茶会人数多少而定，多数选择露天举行。日程预先决定，但也要有替代的地方,主办单位必须有充分的考虑和精细布置。

(2) 抽签入场:在入会场口设置数个抽签点,与会者先抽签,依号码定坐位,不得任意挑选,要将纸号码放在坐位旁,以示正确无误。

(3) 备具:在坐垫号码前铺放茶巾,放置茶具,泡茶巾前方是奉茶盘,内置4只茶杯,热水瓶放在泡茶巾左侧,书包放在坐垫右侧。

(4) 奉茶方法及茶会程序:按约定时间开始泡茶;将泡好的第一泡茶分于4只茶杯中,将留给自己的一杯放在自己茶盘(泡茶巾)的最右边,然后端奉茶盘将茶奉给左侧的三位茶侣,需要注意的是奉茶时要先行礼再奉茶再行礼。如果对方也去奉茶时,只要将茶放好就可以了。待4杯茶奉齐,就可以自行品饮了。品完自己面前的4杯茶后,如有需要可以开始冲第二泡茶。

(5) 音乐欣赏:泡完茶后回到自己的位置,保持良好的姿态,专心欣赏音乐,音乐演奏结束后以掌声表示感谢。

(6) 收具:欣赏完音乐后检查自己面前的茶是否已经全部喝完,若没喝完将茶水倒入保温瓶中,不可倒在地上,使杯子和壶中均没有水,并用纸巾将面前的茶杯擦干净,端起奉茶盘从第三位茶侣那里开始收拾自己的茶杯,注意先行礼再拿杯后再行礼,收完茶杯后在自己的位置上收拾好所有的物品,清理好自己坐位的场地,注意要把地上的坐位号也收起来,使会后的场地保持清洁。

(7) 到指定地点集合,拍照留影。

(三) 参加无我茶会注意事项

(1) 礼仪要求:最好穿中式或民族服装,要整洁大方,便于跪坐,以短装长裙为宜;鞋要易脱,不要用手辅助。

(2) 阅读茶会公告:无我茶会之前主办单位均要印发公告,指导茶会的进行。公告内容常列表一张,茶会的时间、地点、程序和注意事项等一目了然。

 无我茶会所用茶具组合

1. 小壶泡法:适用于各种茶类,色彩依茶类而定。

名优绿茶宜用白瓷、青瓷、青花瓷茶具;花茶宜用斗彩、五彩茶具;黄茶类可用奶白瓷、黄釉瓷、黄橙为主色的五彩茶具;红茶类可用白瓷、白底红花瓷和紫砂茶具;乌龙茶中等发酵和重焙火茶可用紫砂茶具;乌龙茶中重发酵、高香型可用红釉瓷茶具。

每套为4人壶一把,容量为100~150ml,大小与壶相配的杯子4个,壶要用保壶巾包好,杯子要有杯套。

2. 小杯泡法:适用于名优绿茶。

可选用无色透明玻璃杯、无盖白瓷、青花瓷杯,容量为50ml左右,共4只,杯子要有杯套。

3. 小盖碗(杯)泡法:适用于花茶及红茶。

茶具色彩应与茶具相配,容量为50ml左右,共4只,盖碗(杯)要有杯套。

四、开茶节

开茶节是近年来我国各产茶区争相举办的茶文化活动,一般是由政府牵头,各方支持,民间参与,以弘扬地方特色茶叶和茶乡传统文化的一个活动。开茶指开始采摘每年的新茶,即所谓的头茶。开茶节顾名思义,是指每年头春茶开采前人们进行庆祝的活动形式。举办规模小到寺庙、乡村,大到一个市、地区,它包含了人们开采新茶的浓浓喜悦以及对当年茶叶生产取得好收成的期盼与祝福。开茶节一般在每年的3~4月举行,视当地的茶叶生长情况而定,历时几天到一个月不等,现已成为茶乡的一个重要茶文化盛会。

现代开茶节已经不仅仅局限于新茶采摘的启动,而是被人们赋予了更多推广茶文化以及推动当地茶产业发展的意义。通常在开茶节中人们会载歌载舞,唱采茶歌,跳采茶舞,用歌舞表达当地的风俗文化。开茶节上还会举办各式炒茶大赛、斗茶大赛、采茶大赛,甚至茶菜肴比赛等。炒茶大赛是开茶节上的一个重头戏,通过现场炒茶比赛评选出当地的炒茶能手,颁发奖励,既让人们欣赏到炒茶者的高超技艺,也促进了手工炒茶技能的传承与发展。以2008年西湖国际茶文化博览会开幕式暨中国杭州西湖龙井开茶节为例,在开幕式上宣布了西湖龙井茶制作技艺入选第二批国家非物质文化遗产名录的重要信息,宣读了由杭州市首次推选、考核确认的西湖风景名胜区和西湖区西湖龙井茶手工制作技艺传承人名单,并颁发高级炒茶技师荣誉证书。同时,现场还设置40余只炒茶锅,由炒茶高手现场表演和展示炒茶技艺。

从精神文明建设来说,举办开茶节推动了中国各地茶文化的发展,让更多的人接触并了解茶文化,有利于提高人民的文化素质;其次,通过开茶节,对茶乡传统民歌和民族风俗的流传和茶乡文化的整理发掘,以至茶乡民间文学、音乐舞蹈、美术服饰、文物史迹等文化事业的丰富和发展,具有很大的促进作用。从物质文明建设来说,开茶节为地方经济发展打开了一个新的窗口,通过开茶节的举办,既可提高茶乡知名度、拓宽民族文化风情旅游领域,又开通了交流渠道,商品得以促销,扩大了贸易市场,极大地刺激了茶乡经济的繁荣。现在,开茶节已经成为很多茶乡的重要旅游项目,各地游客到茶乡参加开茶节,了解茶文化,体验茶乡风情,带动了茶乡的旅游与茶业经济发展。

第三节　茶艺活动对社会政治经济的影响

茶文化活动是茶文化在社会生活中的具体体现形式。茶文化活动的举行有利于推动茶文化在社会中的传播,促进茶产业经济的发展。同时,茶产业的不断发展,也促进了更多茶文化活动的改进与创新,丰富了茶文化活动。

一、茶文化的兴盛对古代社会政治经济的影响

在晋代、南北朝时,饮茶还只在文人之间兴起,而在唐代宋代,茶已与社会各阶层生活息息相关。王安石在《议茶法》中曾写道:"夫茶之为民用,等于米盐,不可一日无。"究其原因,要归功于唐宋茶文化的兴起。特别是在宋代,除了宫廷中茶仪已成礼制外,在下层社会,茶文化更是无处不在,如有人迁徙,邻里要"献茶";有客来,要敬"元宝茶";

订婚时要"下茶",结婚时要"定茶",同房时要"合茶",等等。茶成了宋代社会生活中不可或缺的一部分。

唐宋时期茶文化的兴盛在很大程度上推动了茶业产业的发展,进而拉动社会经济。茶宴斗茶的兴起使得各地茶业产业规模都不断扩大,茶叶花色也越来越多;也使人们有机会认识更多不同花色的茶叶,并且通过斗茶这种形式不断提升茶叶生产及制造技术,进一步推动了茶产业的发展。同时,茶文化的兴起促使与茶叶有关的各类法律制定、更新和完善,另一方面各类制度的完善也大大促进了整个茶产业规模的提升。此外茶文化活动的地区性传播也使茶业贸易地区不断扩大。例如唐代文成公主将饮茶之风带到了边疆地区,引起边疆地区饮茶之风的逐渐兴盛,这也促成了之后茶马互市制度的形成及边销茶产业的形成。

茶文化活动普遍追求的"廉美和静"的思想对于政治家们来说也是一种政治态度。在古代君王们就以"以茶代酒"、"以茶为赏赐"的方法宣扬俭朴、清廉。中国茶文化活动的思想符合了君王们的政治观,茶会成为君臣议事和交流的重要形式。茶文化活动可以说从某个方面影响了君王们的政治观。

自从茶叶的生产和消费成为社会经济生活中不可缺少的一部分,国家也随之加强了对茶业的监督和管理,并制定了一系列相应的规章制度。在中国历史上出现的有关茶业的政策、法令有以下几种:①贡茶制。一般采取两种形式:一是通过地方政府由下而上地选送各地名茶,供皇帝和朝廷享用;二是由朝廷选定名茶产区,设置御茶苑,特制精品,专供皇帝及其皇室成员使用。大规模的贡茶并形成制度,主要是在唐代之后。②茶税制。茶税是随着茶叶生产的发展和市场的扩大而应运产生的一种国家税制。因唐代之后,饮茶蔚然成风,市场销量增大,统治阶级以其有利可图,故开始课以赋税,此后茶税变成了历代国家财政收入的重要来源之一。③榷茶制。榷茶制指茶叶由统治阶级专营的一个制度,此制度在唐代提出,至宋代得以大力推行,为了防止茶叶私自买卖,宋代的统治阶级采取了一系列严厉的控制措施,以确保其从中获取丰厚的利益。④茶马互易。此政策是从唐代开始实行的,也是一项治边政策。茶马互易,顾名思义,是以茶易马。初期的茶马互易,不纯粹属于商业性交易,而主要是对边疆少数民族所纳贡物的一种回赠。后历朝相袭,渐成制度,至唐德宗贞元年间,正式得以实行,但此时还未设立正式的官职和专门掌管此事的机构。宋代因边事频繁,马匹需求巨大,成立了专门的管理机构负责茶马互易,也开始有了"茶马法"。至雍正年间,茶马互易制度才终止。

茶业政策和法令是当时统治阶级为获取更多利益而推出,同时给底层的茶叶生产者带来了极重的负担。但茶业政策和法令的推行却在一定程度上推动了茶业的发展,如贡茶制,由于要选送贡品,各地在造茶中,极尽精工巧制之能事,以致历代名茶迭出,因而也促进了我国茶叶生产技术的提高和茶艺的发展。

二、茶文化活动对当代社会政治经济的影响

改革开放以来,我国茶叶生产获得飞速发展。物质财富的大量增加为我国茶文化的发展提供了坚实的基础,1982年在杭州成立了第一个以弘扬茶文化为宗旨的社会团体——"茶

人之家",1983年湖北成立"陆羽茶文化研究会",1990年"中华茶人联谊会"在北京成立,1993年"中国国际茶文化研究会"在杭州成立,1991年中国茶叶博物馆在杭州西湖乡正式开放。1998年中国国际和平茶文化交流馆建成。随着茶文化的兴起,各地茶艺馆越办越多。国际茶文化研讨会已开到第五届,吸引了日本、韩国、美国、斯里兰卡及我国港台地区纷纷参加。各省市主要产茶地区纷纷举办"茶叶节"。这些现代茶文化活动都以茶为载体,促进经济贸易全面发展。

(一)茶文化对当代社会生活的影响

茶文化涉及科学、道德、审美、礼仪等范畴,其内涵极为丰富。中国茶文化的内涵,蕴含着中国传统文化的养生(茶文化的功利追求),修性(茶文化的道德完善),怡情(茶文化的艺术趣味),尊礼(茶文化的人际协调),等等。因此,通过品茶,可以平和人的心情,陶冶人的情操,而且也能促进人与自然之间的交流,促进人与人之间的相互理解和尊重,最终促进社会精神文明的建设。

茶文化可促进人与人之间的交流。以茶会友、客来敬茶,一直是中华民族的传统美德,而茶性至俭至清的本性又与"君子之交淡如水"的境界相符,以茶会友、以茶联谊被视为是一项高雅之事。当今社会人际交往颇多,或大型活动,或亲朋好友相聚于茶楼,或于家中待客,清茶一杯必不可少。一杯清茶就可引出话题、拉近交流者的距离,促进彼此的了解,推动友情向更高层次的发展。

茶文化活动是社会道德教育资源之一。中国的茶文化,作为中国传统文化的一部分,融入儒释道思想,具有诸如中庸、俭德、明伦、谦和等思想内涵。从当代著名茶叶专家庄晚芳先生倡导的"中国茶德"——廉、美、和、敬(即廉俭育德、美真康乐、和诚处世、敬爱为人)以及当今茶叶界泰斗张天福教授所提倡的"中国茶礼"——俭、清、和、静(即节俭朴素、清正廉洁、和睦相处、恬淡安静)中,我们也可以看到这些内涵。通过参与茶文化活动,不但成为日常生活的享受,更可以通过重拾传统文化,对品饮者的道德、礼仪、修养以及人生观、世界观进行一次精神洗礼。以茶抒情,以茶阐理,以茶施礼,以茶颂德,以茶审美,以茶怡情,以茶教伦……均是以茶为主体的一种教化方式,一种陶冶育化的意识形态。当代社会处于一个各种文化相互碰撞与交融的时期,西方文化对我国社会民众的思想、信念、心态形成了强烈的冲击,泛滥的自由主义、拜金主义等一些负面的价值观在不断的滋生,所以应在社会层面上,尤其是校园内大力宣传我国博大精深的茶文化,通过一系列以茶为主体的德育方式,积极促进现代精神文明的建设。如上海市一直将弘扬茶文化、提高市民素质为己任,从1994年起每年都举办一次国际茶文化节,让广大市民接触茶文化、了解茶文化,接受传统茶文化的熏陶,以利于精神文明的建设。还积极推广少儿茶艺,运用茶文化知识,对广大青少年进行爱国主义、传统文化和德育教育。

茶文化可丰富人们的精神生活,使人达到修身养性的目的。随着社会经济的发展,社会竞争也越加激烈,生活节奏明显加快,人们的精神压力剧增,人们对精神享受的渴求越来越强烈。而茶文化正是一种高雅脱俗,使人放松身心的文化。丰富多样的茶类,优美动人的茶艺表演，幽静安宁的茶馆，碧绿无边的茶园都可使人忘却烦恼，精神享受得以满足。

（二）茶文化活动对茶产业经济的影响

1. 名优茶产业的发展及茶叶消费量的增加

在当代社会，茶文化活动与整个茶产业的发展密不可分。一个好的茶产品想要深入人心，都必须塑造出其独具一格的茶文化内涵品质。而茶文化内涵品质的塑造离不开茶文化活动的推广作用。茶文化活动的推广使得更多的人认识茶叶，认识茶文化，认识某一个茶叶品牌的特殊文化背景，将茶叶的消费从物质层面更多地向精神层面扩充。近10年来我国名优茶的发展一直呈增长趋势，成为茶业经济的增长点。我国茶园面积稳定增加，2005年茶园面积为145.13万公顷，比上年增长7%。产量、产值快速增长，2006年全国茶叶总产量达98万吨，比上年93.4万吨增长5%，继2005年我国茶叶总产量超过印度，成为世界第一大生产国后，又取得了新的历史性突破。茶叶销售屡创新高，这些都与茶文化活动有关。

2. 推动茶馆及服务行业的发展

我国茶馆在唐代已有雏形，在宋代得到了较大的发展，到清朝茶馆遍布全国各地，茶馆成为人们日常生活休闲的好去处。近年来，随着茶文化宣传活动的不断增加，茶馆又在全国各地复苏。据不完全统计，我国现有的各种茶馆、茶楼、茶亭、茶庄、茶坊、茶座共计8万多个，为世界之最。目前无论是繁华的大街还是清幽的公园，随处可见茶馆的影子，一些宾馆、商场也附设茶座，一些旅游城市还出现了茶馆一条街。不论是南方还是北方，茶馆服务业都成了都市新兴的一个产业。同时，茶馆服务行业的兴起大大拉动了茶叶消费量。

3. 茶叶展会及茶文化旅游兴起带动了茶叶经济

近年来，我国主要茶叶产销省、市、自治区，都频繁举办了茶叶节、茶博览交易会。参加展会的有茶叶生产商、茶叶包装企业、茶叶加工企业、茶具生产企业、茶饮料生产企业、茶食品生产企业、茶机械生产企业、茶科技研究单位、非茶类植物饮品生产企业和其他相关产品生产企业等。茶叶节、茶博览会一般分为展览、会议、茶艺活动等内容。茶业会展不仅可以给参展商带来巨大的商机，相应的茶文化活动还可以将旅游文化、饮食文化等都紧密地联系在一起，使之成为推动茶业经济发展的有效载体。我国名优茶产区一般有良好的生态条件，拥有良好的旅游资源，与旅游资源、茶叶资源、饮食文化等资源结合起来的茶文化活动，如茶文化节、茶园生态旅游等方式，可以有力地推动茶乡地区的经济发展。例如四川省雅安市本身旅游资源就较为丰富，而其蒙顶山茶素有历史名茶美誉，并且具有较深茶文化渊源。当地通过建立生态旅游茶园、茶叶博物馆、开展茶文化活动推广地方茶叶品牌等方式，将茶文化与当地的旅游资源很好地结合起来，促进了当地的茶业及地区经济的发展。再如率先在国内推广茶文化旅游的杭州梅家坞茶，2003年，结合梅家坞茶文化村整治工程，家家户户开出了乡间茶坊，是茶文化、茶产业、茶旅游完美结合的典范，是生态文明与现代文明完美结合的典范，极大地带动了当地茶产业。苏州东山镇借鉴梅家坞茶文化村的发展模式，对区域内12.5km的太湖沿线进行规划，建设了多个茶文化休闲度假区，将沿线的景点串珠成链，推出了赏茶、采茶、炒茶、品茶等休闲观光旅游项目。

4. 促进茶饮料行业的快速成长

茶文化的发展推动了茶饮料在我国的发展，据全球第三大调查公司AC尼尔逊公司对我国饮料市场的一项调查显示，茶味饮料的销售近几年在我国正以每年300%的速度增长。茶饮料已成为继碳酸饮料、饮用水之后的第三大软饮料。而且，专家预测，茶饮料市场的增长空间还将保持在50%左右。

5. 茶医药保健业的兴起

茶文化的普及使世人共知茶叶是一种对人体健康有益的物质，其内含成分特别是茶多酚具有抗癌、抗衰老、抗辐射、清除人体自由基、降低血糖血脂等一系列重要的药理功能，运用于医药、食品、化工等行业。其他茶叶内含成分如咖啡碱、茶色素、茶多糖、茶皂素等有效成分也都是十分有前途的产品。

茶文化活动中所包含的思想也符合我国精神文明建设的思想。茶文化活动的推广有利于社会上形成廉俭育德、美真康乐、敬爱为人的良好社会风尚。我国当代领导人历来提倡茶为国饮，历代领导集体在重要外事活动中，往往以清茶接待外宾，体现出我国政治文明的风范。茶文化也成为国际交流的重要媒介，现今国际茶文化交流活动频繁，世界各国茶人相聚一起，共同探讨茶文化的历史与现状，并展望茶文化的未来，在交流中相互学习，相互了解，增进友谊。如在"国际茶文化节"中，来自韩国、日本、新加坡、马来西亚等国家和地区的茶人每年都有不同程度的增加。在古代随着我国茶叶的传播，世界才慢慢了解中国，在当今随着我国茶艺文化的发展，越来越多的国外友人开始更多地关注中国的传统文化，中国的茶艺思想与精神正潜移默化地影响着更多的茶人们。

附录一 茶艺师国家职业标准

1. 职业概况

1.1 职业名称：茶艺师。

1.2 职业定义：在茶艺馆、茶室、宾馆等场所专职从事茶饮艺术服务的人员。

1.3 职业等级：本职业共分为五个等级，分别为：初级（国家职业资格五级）、中级（国家职业资格四级）、高级（国家职业资格三级）、技师（国家职业资格二级）、高级技师（国家职业资格一级）。

1.4 职业环境：室内、常温。

1.5 职业能力特征：具有一定的语言表达能力，一定的人际交往能力、形体知觉能力，较敏锐的嗅觉、色觉和味觉，有一定的美学鉴赏能力。

1.6 基本文化程度：初中毕业。

1.7 培训要求

1.7.1 培训期限

全日制职业学校教育，根据其培养目标和教学计划确定。晋级培训期限：初级不少于160标准学时；中级不少于140标准学时；高级不少于120标准学时；技师、高级技师不少于100标准学时。

1.7.2 培训教师

各等级的培训教师应具备茶艺专业知识和相应的教学经验。培训初、中级茶艺师的教师应具有本职业高级以上职业资格证书；培训高级茶艺师的教师应具有本职业技师以上职业资格证书或相关专业中级以上专业技术职务任职资格；培训技师的教师应具有本职业高级技师职业资格证书或相关职业高级专业技术职务任职资格；培训高级技师的教师应具有本职业高级技师职业资格证书2年以上或相关专业高级专业技术职务任职资格。

1.7.3 培训场地设备

满足教学需要的标准教室及实际操作的品茗室。教学培训场地应分别具有讲台、品茗台及必要的教学设备和品茗设备；有实际操作训练所需的茶叶、茶具、装饰物，采光及通风条件良好。

1.8 鉴定要求

1.8.1 适用对象：从事或准备从事本职业的人员。

1.8.2 申报条件

——申报初级茶艺师培训、考核（具备以下条件之一者）

a、经本职业初级正规培训达规定标准学时数，并取得毕（结）业证书。

b、在本职业连续见习工作2年以上。

——申报中级茶艺师培训、考核（具备以下条件之一者）

a、取得本职业初级职业资格证书后，连续从事本职业工作3年以上，经本职业中级正规培训达规定标准学时数，并取得毕（结）业证书。

b、取得本职业初级职业资格证书后，连续从事本职业工作5年以上。

c、取得经劳动保障行政部门审核认定的、以中级技能为培养目标的中等以上职业学校本职业（专业）毕业证书。

——申报高级茶艺师培训、考核（具备以下条件之一者）

a、取得本职业中级职业资格证书后，连续从事本职业工作3年以上，经本职业高级正规培训达规定标准学时数，并取得毕（结）业证书。

b、取得本职业中级职业资格证书后，连续从事本职业工作7年以上。

c、取得高级技工或经劳动保障行政部门审核认定的、以高级技能为培养目标高等职业学校本职业（专业）毕业证书。

d、取得本职业中级职业资格证书的大专以上本专业或相关专业毕业生，连续从事本职业工作2年以上。

——申报茶艺技师培训、考核（具备以下条件之一者）

a、取得本职业高级职业资格证书后，连续从事本职业工作5年以上，经本职业技师正规培训达规定标准学时数，并取得毕（结）业证书。

b、取得本职业高级职业资格证书后，连续从事本职业工作7年以上。

c、取得本职业高级职业资格证书的高级技工学校本职业（专业）毕业生，连续从事本职业工作3年以上。

——申报高级茶艺技师培训、考核（具备以下条件之一者）

a、取得本职业技师职业资格证书后，连续从事本职业工作4年以上，经本职业高级技师正规培训达规定标准学时数，并取得毕（结）业证书。

b、取得本职业技师职业资格证书后，连续从事本职业工作5年以上。

1.8.3 鉴定方式：分为理论知识考试和技能操作考核。理论知识考试采用闭卷笔试方式，技能操作考核采用实际操作、现场问答等方式，由2～3名考评员组成考评小组，考评员按照技能考核规定各自分别打分，取平均分为考核得分。理论知识考试和操作考核均实行百分制，成绩皆达60分以上者为合格。技师和高级技师还须进行综合评审。

1.8.4 考评人员与考生配比

理论知识考试考评人员与考生配比为1:15，每个标准教室不少于2名考评人员；技能操作考核考评员与考生配比为1:3，且不少于3名考评员。综合评审委员不少于5人。

1.8.5 鉴定时间：各等级的理论知识考试时间为120分钟；初、中、高级技能操作考核时间为50分钟，技师、高级技师技能操作考核时间为120分钟；综合评审时间不少于30分钟。

1.8.6 鉴定场所设备：理论知识考试在标准教室进行，技能操作考核在品茗室进行。品茗室设备及用具应包括：品茗台、泡茶、饮茶主要用具，辅助用品、备水器、备茶器、盛运器、泡茶席、茶室用品、泡茶用水、冲泡用茶及相关用品，茶艺师用品。鉴定场所设备可根据不同等级的考核需要增减。

2. 基本要求

2.1 职业道德

2.1.1 职业道德基本知识

2.1.2 职业守则

①热爱专业，忠于职守；②遵纪守法，文明经营；③礼貌待客，热情服务；④真诚守信，一丝不苟；⑤钻研业务，精益求精。

2.2 基础知识

2.2.1 茶文化基本知识

①中国用茶的源流；②饮茶方法的演变；③茶文化的精神；④中外饮茶风俗。

2.2.2 茶叶知识

①茶树基本知识；②茶叶种类；③名茶及其产地；④茶叶品质鉴别知识；⑤茶叶保管方法。

2.2.3 茶具知识

①茶具的种类及产地；②瓷器茶具；③紫砂茶具；④其他茶具。

2.2.4 品茗用水知识

①品茶与用水的关系；②品茗用水的分类；③品茗用水的选择。

2.2.5 茶艺基本知识

①品饮要义；②冲泡技巧；③茶点选配。

2.2.6 科学饮茶

①茶叶主要成分；②科学饮茶常识。

2.2.7 食品与茶叶营养卫生

①食品与茶叶卫生基础知识；②饮食业食品卫生制度。

2.2.8 法律法规知识

①《劳动法》常识；②《食品卫生法》常识；③《消费者权益保障法》常识；④《公共场所卫生管理条例》常识；⑤劳动安全基本知识。

3. 工作要求

本标准对初级、中级、高级、技师及高级技师的技能要求依次递进，高级别包括低级别的要求。

3-1 初级茶艺师

职业功能	工作内容	技能要求	相关知识
一、接待	（一）礼仪	1. 能够做到个人仪容仪表整洁大方 2. 能够正确使用礼貌服务用语	1. 仪容仪表仪态常识 2. 语言应用基本常识
	（二）接待	1. 能够做好营业环境准备 2. 能够做好营业用具准备 3. 能够做好茶艺人员准备 4. 能够主动、热情地接待客人	1. 环境美常识 2. 营业用具准备的注意事项 3. 茶艺人员准备的基本要求 4. 接待程序基本常识
二、准备与演示	（一）茶艺准备	1. 能够识别主要茶叶品类并根据泡茶要求准备茶叶品种 2. 能够完成泡茶用具的准备 3. 能够完成泡茶用水的准备 4. 能够完成冲泡用相关用品的准备	1. 茶叶分类、品种、名称 2. 茶具的种类和特征 3. 泡茶用水的知识 4. 茶叶、茶具和水质鉴定知识
	（二）茶艺演示	1. 能够在茶叶冲泡时选择合适的水质、水量、水温和冲泡器具 2. 能够正确演示绿茶、红茶、乌龙茶和花茶的冲泡 3. 能够正确解说上述茶艺的每一步骤 4. 能够介绍茶汤的品饮方法	1. 茶艺器具应用知识 2. 不同茶艺演示要求及注意事项
三、服务与销售	（一）茶事服务	1. 根据顾客状况和季节不同推荐相应的茶饮 2. 能够适时介绍茶的典故、逸文，激发顾客品茗的兴趣	1. 人际交流基本技巧 2. 有关茶的典故和逸文
	（二）销售	1. 能够揣摩顾客心理，适时推荐茶叶与茶具 2. 能够正确使用茶单 3. 能够熟练使用茶叶茶具的包装 4. 能够完成茶艺馆的结账工作 5. 能够指导顾客进行茶叶的储存和保管 6. 能够指导顾客进行茶具的养护	1. 茶叶茶具的包装知识 2. 结账的基本程序知识 3. 茶具的养护知识

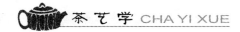

3-2 中级茶艺师

职业功能	工作内容	技能要求	相关知识
一、接待	（一）礼仪	1. 能保持良好的仪容仪表 2. 能有效地与顾客沟通	1. 仪容仪表知识 2. 服务礼仪中的语言表达艺术
	（二）接待	能够根据顾客特点，进行针对性的接待服务	3. 服务礼仪中的接待艺术
二、准备与演示	（一）茶艺准备	1. 能够识别主要茶叶品级 2. 能够识别常用茶具的质量 3. 能够正确配置茶艺茶具和布置表演台	1. 茶叶质量分级知识 2. 茶具质量知识 3. 茶艺茶具配备基本知识
	（二）茶艺演示	1. 能够按照不同茶艺要求，选择和配置相应的音乐、服饰、插花、熏香、茶挂 2. 能够担任3种以上茶艺表演的主泡	1. 茶艺表演场所布置知识 2. 茶艺表演基本知识
三、服务与销售	（一）茶事服务	1. 能够介绍清饮法和调饮法的不同特点 2. 能够向顾客介绍中国各地名茶、名泉 3. 能够解答顾客有关茶艺的问题	艺术品茗知识
	（二）销售	能够根据茶叶、茶具销售情况，提出货品调配建议	货品调配知识

3-3 高级茶艺师

职业功能	工作内容	技能要求	相关知识
一、接待	（一）礼仪	保持形象自然、得体、高雅，并能正确运用国际礼仪	1. 人体美学基本知识及交际原则
	（二）接待	用外语说出主要茶叶、茶具品种的名称，并能用外语对外宾进行简单的问候	2. 外宾接待注意事项 3. 茶艺专用外语基本知识
二、准备与演示	（一）茶艺准备	1. 能够介绍主要名优茶产地及品质特征 2. 能够介绍主要瓷器茶具的款式及特点 3. 能够介绍紫砂壶主要制作名家及其特色 4. 能够正确选用少数民族茶饮的器具、服饰 5. 能够准备饮茶的器物	1. 茶叶品质知识 2. 茶叶产地知识
	（二）茶艺演示	1. 能够掌握各地风味茶饮和少数民族茶饮的操作（3种以上） 2. 能够独立组织茶艺表演并介绍其文化内涵 3. 能够配制调饮茶（3种以上）	1. 茶艺表演美学特征知识 2. 地方风味茶饮和少数民族茶饮基本知识
三、服务与销售	（一）茶事服务	1. 能够掌握茶艺消费者需求特点，适时营造和谐的经营气氛 2. 能够掌握茶艺消费者的消费	1. 顾客消费心理学基本知识 2. 茶文化旅游基本知识
	（二）销售	能够根据季节变化、节假日等特点，制订茶艺馆消费品调配计划	茶事展示活动常识

3-4 茶艺技师

职业功能	工作内容	技能要求	相关知识
一、茶艺馆布局、设计	(一)提出茶艺馆设计要求	1. 提出茶艺馆选址的基本要求 2. 能够提出茶艺馆的设计建议 3. 能够提出茶艺馆装饰的不同特色	1. 茶艺馆选址基本知识 2. 茶艺馆设计基本知识
	(二)茶艺馆布置	1. 根据茶艺馆的风格，布置陈列柜和服务台 2. 能够主持茶艺馆的主题设计，布置不同风格的品茗室	1. 茶艺馆布置风格基本知识 2. 茶艺馆氛围营造基本知识
二、茶艺表演与茶会组织	(一)茶艺表演	1. 担任仿古茶艺表演的主泡 2. 能够掌握一种外国茶艺的表演 3. 能够熟练运用一门外语介绍茶艺 4. 能够策划组织茶艺表演活动	1. 茶艺表演美学特征基本知识 2. 茶艺表演器具配套基本知识 3. 茶艺表演动作内涵基本知识 4. 茶艺专用外语知识
	(二)茶会组织	能够设计、组织各类中小型茶会	茶会基本知识
三、茶艺培训	(一)茶事服务	1. 编制茶艺服务程序 2. 能够制定茶艺服务项目 3. 能够组织实施茶艺服务 4. 能够对茶艺馆的茶叶、茶具进行质量检查 5. 能够正确处理顾客投诉	1. 茶艺服务管理知识 2. 有关法律知识
	(二)茶艺培训	能够制订并实施茶艺人员培训计划	培训计划和教案的编制方法

3-5 高级茶艺技师

职业功能	工作内容	技能要求	相关知识
一、茶艺服务	(一)茶饮服务	1. 根据顾客要求和经营需要设计茶饮 2. 能够品评茶叶的等级	1. 茶饮创新基本原理 2. 茶叶品评基本知识
	(二)茶叶保健服务	1. 能够掌握茶叶保健的主要技法 2. 能够根据顾客的健康状况和疾病配置保健茶	茶叶保健基本知识
二、茶艺创新	(一)茶艺编制	1. 能够根据需要编创不同茶艺表演，并达到茶艺美学要求 2. 能够根据茶艺主题，配置新的茶具组合 3. 能够根据茶艺特色，选配新的茶艺音乐 4. 能够根据茶艺需要，安排新的服饰布景 5. 能够用文字阐释新编创的茶艺表演的文化内涵 6. 能够组织和训练茶艺表演队	1. 茶艺表演编创基本原理 2. 茶艺队组织训练基本知识
	(二)茶会创新	能够设计并组织大型茶会	大型茶会创意设计基本知识
三、管理与培训	(一)技术管理	1. 制订茶艺馆经营管理计划 2. 能够制订茶艺馆营销计划并组织实施 3. 能够进行成本核算，对茶饮合理定价	1. 茶艺馆经营管理知识 2. 茶艺馆营销基本法则 3. 茶艺馆成本核算知识
	(二)人员培训	1. 主持茶艺培训工作并编写培训讲义 2. 能够对初、中、高级茶艺师进行培训 3. 能够对茶艺技师进行指导	1. 培训讲义的编写要求 2. 技能培训教学法基本知识 3. 茶艺馆人员培训知识

附录二 茶艺表演常用专业术语

一、茶叶专业术语的英译

（一）茶叶分类

1. 发酵程度 fermentation degree
不发酵茶 non-fermented
后发酵茶 post-fermented
半发酵茶 partially fermented
全发酵茶 complete fermentation
2. 绿茶 green tea
蒸青绿茶 steamed green tea 粉末绿茶 powered green tea 银针绿茶 silver needle green tea 卷曲绿茶 curled green tea 剑形绿茶 sword shaped green tea 条形绿茶 twisted green tea 圆珠绿茶 pearled green tea
3. 黑茶 dark green tea
普洱茶 puer tea 陈放普洱 age-puer 渥堆普洱 pile-fermented puer
4. 红茶 black tea
工夫红茶 congou black tea 红碎茶 shredded/broken black tea
5. 乌龙 oolong tea
条形乌龙 twisted oolong 球形乌龙 pelleted oolong 焙火乌龙 roasted oolong 白毫乌龙 white tipped oolong
6. 白茶 white tea
7. 黄茶 yellow tea
8. 花茶 scented tea
熏花绿茶 scented green tea 熏花红茶 scented black tea 茉莉花茶 jasmine scented tea 珠兰花茶 chloranthus scented tea 玫瑰花茶 rose scented tea 玉兰花茶 magnolia scented tea 桂花花茶 sweet osmanthus scented tea

（二）茶叶加工术语

1. 茶树 tea bush
2. 采青 tea harvesting
3. 茶青 tea leaves
4. 萎凋 withering 日光萎凋 sun withering 室内萎凋 indoor withering 静置 setting 摇青 tossing
5. 发酵 fermentation
6. 杀青 fixation 蒸青 Steaming stir 炒青 fixation 烘青 baking 晒青 sunning
7. 揉捻 rolling 轻揉 Light rolling 重揉 heavy rolling 布揉 cloth rolling

8. 干燥 drying 炒干 pan firing 烘干 baking 晒干 sunning

9. 渥堆 piling

10. 精制 refining 筛分 screening 剪切 cutting 拣梗 de-stemming 整形 shaping 风选 winnowing 拼配 blending 紧压 compressing 复火 re-drying 陈化 aging

11. 再加工 added process 焙火 roasting 窨花 scenting

12. 包装 packing 真空包装 vacuum packaging 充氮包装 nitrogen packs 碎形袋茶 shredded-tea bag 叶茶小袋茶 leaves-tea bag

（三）常见茶名英译

1. 西湖龙井 West lake dragon well tea/Xihu longjing tea
2. 黄山毛峰 Yellow mountain fuzz tip
3. 碧螺春 Biluochun tea
4. 蒙顶黄芽 Mengding huangya
5. 庐山云雾 Lushan yunwucha/Lushan cloud tea
6. 安吉白茶 Anji white leaf
7. 六安瓜片 Liu'an leaf
8. 太平猴魁 Taiping houkui tea
9. 信阳毛尖 Xinyang maojian tea
10. 珠茶 Gunpower
11. 玉露 Long brow jade dew
12. 君山银针 Jun mountain silver needle
13. 白毫银针 White tip silver needle
14. 白牡丹 White peony
15. 白毫乌龙 White tipped oolong
16. 武夷岩茶 Wuyi rock tea
17. 凤凰单丛 Fenghuang unique bush
18. 大红袍 Dahongpao tea
19. 肉桂 Cassia tea
20. 水仙 Narcissus
21. 佛手 Finger citron
22. 铁观音 Tieguanyin oolong tea
23. 桂花乌龙 Osmanthus oolong
24. 人参乌龙茶 Ginseng oolong
25. 茉莉花茶 Jasmine tea
26. 台湾阿里山乌龙 Taiwan alishan oolong tea
27. 台湾冻顶乌龙 Taiwan dongding oolong tea
28. 台湾金萱乌龙 Taiwan jinxuan oolong tea
29. 台湾人参乌龙 Taiwan ginseng oolong tea
30. 祁门红茶 Keemun black tea
31. 大吉岭茶 Darjeeling tea
32. 伯爵茶 Earl grey tea
33. 薄荷锡兰茶 Mint tea

34. 云南普洱茶 Yunnan puer tea

（四）茶叶功能成分及主要功效英译

1. 茶多酚 TP(tea polyphenol)
2. 茶氨酸 theanine
3. 咖啡碱 caffeine
4. 茶色素 tea pigment
5. 维生素 vitamin(e)
6. 矿物质 mineral composition
7. 茶皂素 tea saponin
8. 抗癌、抗突变作用 anti-cancer; anti-mutation/anti-mutagenicity
9. 抗高血压和防治动脉粥样硬化作用 antihyptensive; atherosclerosis
10. 预防衰老和增强机能免疫作用（清除自由基、抗氧化）Retard ageing process.Delay immunosenescence.Delay senility Antioxidation function. Enhance immunologic function Develop immunity Clean radicals
11. 降低血糖和防治糖尿病作用 hypoglucemic effect; prevent diabetes
12. 抗辐射作用 antiradiation effect
13. 健齿防龋和消除口臭作用 anticarious; halitosis
14. 杀菌抗病毒作用 sterilization; antivirus
15. 防治肝病作用 prevent liver disease
16. 兴奋和利尿作用 excite; diuresis
17. 助消化和解毒作用 improve digestion and detoxifcation
18. 止渴、消暑和明目作用 quench thirst; remove summer-heat; improve eyesight

二、泡茶用具及泡茶程序英译

（一）泡茶用具

茶具 tea set 茶壶 tea pot 茶船 tea plate 茶杯 tea cup
杯托 cup saucer 茶罐 tea canister 茶荷 tea holder 盖碗 covered bowl
公道壶 fair pot 茶巾 tea towel 茶刷 tea brush 茶夹 chajia
茶刮 cha gua 茶匙 tea spoon 茶刀 tea knife 茶滤 tea strainer
奉茶盘 tea serving tray 定时器 timer 煮水器 water heater 水壶 water kettle
热水瓶 thermos 茶桌 tea table 侧柜 side table 坐垫 cushion
煮水器底座 heating baseseat 个人品茗组（茶具）personal tea set

（二）泡茶程序

1. 备具 prepare tea ware
2. 从静态到动态 from still to ready position
3. 备水 prepare water
4. 温壶 warm pot
5. 备茶 prepare tea
6. 识茶 recognize tea
7. 赏茶 appreciate tea

8. 温盅 warm pitcher

9. 置茶 put in tea

10. 闻香 smell fragrance

11. 第一道茶 first infusion

12. 计时 set timer

13. 烫杯 warm cups

14. 倒茶 pour tea

15. 备杯 prepare cups

16. 分茶 divide tea

17. 端杯奉茶 serve tea by cups

18. 冲第二道茶 second infusion

19. 持盅奉茶 serve tea by pitcher

20. 供应茶点或品泉 supply snacks or water

21. 去渣 take out brewed leaves

22. 赏叶底 appreciate leaves

23. 涮壶 rinse pot

24. 归位 return to seat

25. 清盅 rinse pitcher

26. 收杯 collect cups

27. 结束 conclude

（三）茶艺活动中常用短语短句及英译

1. 淡茶 weak tea

2. 浓茶 strong tea

3. 头春茶 early spring tea, first season tea

4. 头道茶 first infusion of tea

5. 茶渣 tea residue

6. 沏新茶 making fresh tea

7. 上茶 offering tea, tea serving

8. 泡一杯好茶，要做到茶美、水美、器美、人美、环境美。

To prepare a good cup of tea, you need fine tea, good water, beautiful cup, nice people and proper environment sets.

9. 泡茶之水以山水为上。

Natural mountain spring water is best for tea.

10. 烧水讲究三沸，一沸为"蟹眼"，二沸为"鱼眼"，三沸为"沸波鼓浪"。

There are three stages when water is boiling. At the first stage, the bubbles look like crab eyes; at the second, the bubbles look like fish eyes; finally, they look like surging waves.

11. 好茶需要泡茶技巧。

A cup of good tea requires skills in preparing.

12. 根据不同茶类选择泡茶水温。

Choose water temperature according to different kinds of tea.

13. 茶用热水冲泡。

Tea is brewed in hot water.

14. 现在为大家冲泡乌龙茶。

Now, I am preparing Oolong tea for you.

15. 现在为大家展示茶具。

Now I will show you the tea set.

16. 中国茶具一般有紫砂茶具、陶瓷茶具、陶土茶具、金属茶具、竹制茶具等。

Chinese tea sets include ceramic tea-pot, pottery tea sets, metal tea sets, bamboo tea set, and so on.

17. 请赏茶。

Please appreciate the tea.

18. 请用茶。

Please help yourself to some tea.

19. 很多名茶都有一个或者几个有趣的传说。

There are one or more interesting stories of some famous tea.

20. 冲泡后汤色碧绿明亮，栗香持久，滋味醇爽回甘，耐冲泡。

It has mellow and brisk savor and sweet after taste. Its chestnut flavor is long-lasting. It is also resistant to brewing.

21. 花茶以花香鲜灵持久，茶味醇厚回甘为上品。

Top-grade Jasmine tea always has enduring fragrance and unforgettable after taste.

22. 一杯茶可以分为几小口慢慢啜饮，您会感到口鼻生香，喉底回甘。

Slowly taste a cup of tea with several sips, then you can sense the fragrance, which lingers over one's throat with sweetness.

23. 内质香气浓郁高长，似蜜糖香，又蕴藏兰花香。

The tea is tasted pure and mellow, sweet as honey and fragrant as orchid.

24. 干茶外形细紧带毫，苗峰秀丽。

The dried tea appears to be slim, tight and brushy with elegant shoot points.

25. 碧螺春的干茶细卷呈螺，毫毛满披，俗称"满身毛、铜丝条、蜜蜂腿"；色泽银绿隐翠。

The dried tea leaves of Biluochun tea are dry and slim with shape of snail, so brushy that it's got folk names "brushy all over, brass wires, bee legs".

26. 开汤后看冲泡后的叶底（茶渣），主要看柔软度、色泽、匀度。

Watch the Leaves in hot water, mainly the softness, color and evenness.

27. 喝茶有益人体健康。

Drinking tea is good for your health.

28. 中国茶叶有六大类，按照发酵程度分为绿茶，白茶，黄茶，乌龙茶，红茶，黑茶。

According to the degree of fermentation Chinese tea can be classified as green tea, white tea, yellow tea, oolong tea, black tea and dark tea.

29. 茶在中国已经有5000年的历史。在漫长的历史中，围绕茶的栽培、养护、采摘、加工、品饮形成了一整套独具特色的茶文化及相关艺术。

Chinese tea has a history of over 5,000 years, during which a series of unique tea culture have come into being, covering from tea plant cultivation and conservation, tea-leaf picking to processing and sampling tea.

参考文献

杨涌主编.茶艺服务与管理[M].南京：东南大学出版社，2007.
梁月荣主编.茶盏茗居话茶艺[M].北京：中国农业出版社，2006.
丁以寿.中华茶道[M].合肥：安徽教育出版社，2007.
朱红缨.茶文化学体系下的茶艺界定研究[J].茶叶，2006，32(3):176-178.
刘勤晋主编.茶文化学（第二版）[M].北京：中国农业出版社，2007.
周巨根，朱永兴主编.茶学概论[M[.北京：中国中医药出版社，2007.
凯亚.中国茶道的淡泊之美[J].农业考古，2004，4：105-107.
凯亚.中国茶道的简约之美[J].农业考古，2006，2:109-113.
余悦.中国茶艺的美学品格[J].农业考古，2006，2：87-99.
陈文华.中国茶道与美学[J].农业考古，2008，5:172-182.
陈文华.中国茶艺的美学特征[J].农业考古，2009，5:78-85.
范增平.茶艺美学论[J].广西民族学院学报(哲学社会科学版)，2002，24(2):58-61.
朱红缨.中国茶艺规范研究[J].浙江树人大学学报，2006，6(4):96-99.
朱红缨.关于茶艺审美特征的思考[J].茶叶，2008，34(4):251-254.
徐晓村主编.茶文化学[M].北京：首都经济贸易大学出版社，2009.
卓敏，李家贤，王秋霜等.我国茶叶饮用的4个阶段及其特点[J].广东农业科学，2009，7:39-42.
乔木森编著.茶席设计[M].上海：上海文化出版社，2005.
周文棠编著.茶道[M].杭州：浙江大学出版社，2003.
林治编著.中国茶道[M].北京：中华工商联合出版社，2000.
余悦编著.中国茶韵[M].北京：中央民族大学出版社，2002.
刘勤晋编著.茶馆与茶艺[M].北京：中国农业出版社，2007.
孙威江，陈泉宾编著.武夷岩茶[M].北京：中国轻工业出版社，2006.
江用文，童启庆编著.茶艺技师培训教材[M].北京：金盾出版社，2008.
汪莘野编著.茶论[M].杭州：杭州出版社，2007.
陈香白，陈叔麟著.潮州工夫茶[M].北京：中国轻工业出版社，2005.
郑永球主编.国家职业资格茶艺师认证辅导教材[M].华南农业大学农学院职业技能鉴定所，2009.
朱红缨.茶文化学体系下的茶艺界定研究[J].茶叶，2006，32(3):176-178.
陈香白编著.中国茶文化(修订版)[M].太原：山西人民出版社，2002.
李瑞文，郭雅玲.不同风格茶艺背景的分析——色彩、书法、绘画在不同风格茶艺背景中的应用[J].农业考古，1999,4:102-106.
陈香白."茶文化学者"之太极思维[J].农业考古，2002,2:68-73.
张堂恒，刘祖生，刘岳耘编著.茶、茶科学、茶文化[M].沈阳：辽宁人民出版社，1994.

沈冬梅.茶与宋代社会生活[M].北京：中国社会科学出版社，2007.
王朝阳.日本茶道文化传承的教育人类学研究[D].中央民族大学硕士学位论文，2008.
张亚萍.日本茶道的历程[J].贵州茶叶，2001, 3:36-38.
姜天喜.论日本茶道的历史变迁[J].西北大学学报（哲学社会科学版），2005, 4:170-172.
金永淑.韩国茶文化史（续）[J].茶叶，2001, 27(4):56-58.
金永淑.韩国茶文化史[J].茶叶，2001, 27(3):62-63.
周景洪.英国茶文化漫谈[J].武汉冶金管理干部学院学报，2007, 17(2):74-76.
贾雯.英国茶文化及其影响[D].南京师范大学硕士学位论文，2008.
李思颖，谭艳梅，张俊.浅谈茶艺表演中的解说词[J].云南农业科技，2009, 3:6-10.
覃红利，覃红燕.表演型茶艺解说的美学分析[J].湖南农业大学学报（社会科学版），2006,5(5):85-87.
苏松林.白族"三道茶"文化特征初探[J].云南民族学院学报，1991, 4:28-31.
童庆启编著.习茶[M].杭州：浙江摄影出版社，1996.
庄晚芳，唐庆忠，唐力新等编著.中国名茶[M].杭州：浙江人民出版社，1979.
阮浩耕，王建荣，吴胜天编著.中国茶文化系列——中国茶艺[M].济南：山东科学技术出版社，2002.
高红."自然"与日本茶道美学[J].农业考古，2008, 6:171-173.
李日熙.韩国茶文化空间研究[J].韩国家庭资源经营学报，2004, 8(2):62-84.
滕军.论日本茶道的若干特性[J].农业考古，2009, 3:145-149.
邢黎.浅谈日本茶道的文化魅力[J].中国科技信息，2005, 19:175.
何莹.日本茶道建筑[J].科教文汇，2008, 6(中旬刊)：191-197.
滕晓漪.日本茶道建筑研究[D].北京林业大学硕士论文，2009.
高铁周，梁月荣.中华茶艺与韩国茶礼[C].中华茶祖神农文化论坛论文集，2008, pp.217-218.
覃红燕，施兆鹏.茶艺表演研究述评[J].湖南农业大学学报（社会科学版），2005, 6(4):98-100.
陈文华，余悦.国家职业资格培训教程《茶艺师（初级技能、中级技能、高级技能）》[M].北京：中国劳动社会保障出版社，2004.
余悦.中国茶艺的叙事方式及其学术意义[J].江西社会科学，2007, 10: 39-46.
余悦.中国古代的品茗空间与当代复原[J].农业考古，2006, 5:98-105.
沈寅华.紫砂壶的鉴定依据[J].江苏陶瓷，2010, 43(1):29-30.
朱海燕.中国茶美学研究——唐宋茶美学思想与当代茶美学建设[D].湖南农业大学博士学位论文，2008.
江静，吴玲编著.茶道[M].杭州：杭州出版社，2003.
姜天喜，邓秀梅，吴铁.日本茶道文化精神[J].理论导刊，2009, 1：111-112.
黄晓琴.茶文化的兴盛及其对社会生活的影响[D].浙江大学硕士学位论文，2003.
乐素娜，高虹.试论茶艺大赛中的表演形式[C].第四届海峡两岸茶业学术研讨会论文集，2006, pp.676-679.
杨远宏，张文.白族三道茶茶艺表演初探[J].德宏师范高等专科学校学报，2007,16(2):13-15.
周文棠.茶艺表演的认识与实践[J].茶业通报，2000, 22(3):47-48.
张凌云，梁慧玲，陈文品.茶文化教学内容对大学生要文素质与思想首先的影响初探[J].广东茶业，2010, 1:29-32.
林更生.关于"斗茶"的研究[J].农业考古，1996, 4:138-140.
杨秋莎.略谈宋代斗茶与茶具[J].四川文物，1998, 4:42-44.

柯冬英，王建荣．宋代斗茶初探[J]．茶叶，2005，31(2):119-122．

陶兆娟，阮倩．宋人斗茶与建窑黑釉盏[J]．茶叶，2008，34(3):190-191．

朱云松，江平．论茶文化与社会文明之关系[J]．茶业通报，2007，29(1):45-46．

江茗，汪松能，金彩虹．中华茶文化与宗教活动[J]．蚕桑茶叶通讯，2009，3:40-41．

张凯农，肖纯．我国茶税演进与茶业发展[J]．福建茶叶，1996，2:43-45．

姚国坤．茶宴的形式与发展[J]．中国茶叶，1989，1:38．

林安君．从阎立本《萧翼赚立亭图卷》谈唐代茶文化[J]．农业考古，1995，2:221-223．

梁子．法门寺唐代茶文化研究综述[J]．农业考古，1999，2:47-49．